测控系统可靠性基础

王先培 主编

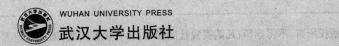

WUHAN UNIVERSITY PRESS
武汉大学出版社

图书在版编目(CIP)数据

测控系统可靠性基础/王先培主编. —武汉:武汉大学出版社,2012.7
ISBN 978-7-307-09682-0

Ⅰ.测… Ⅱ.王… Ⅲ.自动检测系统—系统可靠性 Ⅳ.TP274

中国版本图书馆 CIP 数据核字(2012)第 054015 号

责任编辑:谢文涛　　　责任校对:刘　欣　　　版式设计:马　佳

出版发行:**武汉大学出版社**　　(430072　武昌　珞珈山)
　　　　(电子邮件:cbs22@whu.edu.cn 网址:www.wdp.com.cn)
印刷:通山金地印务有限公司
开本:787×1092　　1/16　　印张:18　　字数:430 千字
版次:2012 年 7 月第 1 版　　　2012 年 7 月第 1 次印刷
ISBN 978-7-307-09682-0/TP·432　　　定价:30.00 元

前　　言

随着微电子技术和信息科学的发展，仪器科学与技术作为众多传统学科的交叉，其研究内涵和应用领域也得到了全新的拓展与诠释。传统的基地集中式局部自动化监测控制系统已经被以通信技术为核心的分散集中控制系统所取代，自动测试系统也由单点测试计量系统发展到以总线技术为基础的多点测试计量的虚拟仪器系统，以及以网络技术为基础的网络化虚拟仪器系统。这些监测控制系统(含检测系统、测试系统、计量系统及控制系统等)也称测控系统，广泛应用在国防、航天、工业以及社会生活的各个方面，负责完成对自身与周边环境的检测，控制系统则根据检测结果改变自身和周边环境的状态。因此，对于测控系统的可靠性要求必然越来越高。试想，一个核反应堆的测量控制系统突然失灵，运行中的空中、铁路等交通调度系统突然失控，战时军事侦察卫星或电子侦察机发生故障，火箭飞行时测控系统不工作，等等，这些后果都不堪设想。可靠性已经成为当今测控系统应用和发展的关键问题之一。

可靠性的研究源于 20 世纪三四十年代，德国人最早用概率论分析了其 V_1 与 V_2 型导弹的可靠性。40 年代，美国人开始用概率论对军用电子设备的可靠性进行研究，以发展壮大其海军。从此，可靠性问题的研究进入了一个高速发展时期。我国自 1964 年起，在钱学森教授的大力提倡下，也开始了可靠性理论的研究与实践，并取得了许多重大成果，为我国"四个现代化"大业做出了重大贡献。目前，可靠性研究已经进入到所有的工程领域，它除了提供定性与定量的可靠性评价与一系列可靠性数量指标，说明系统如何故障和故障后果之外，还能提供一系列设计、试验与维修方法，以解决可靠性优化问题；另外，它还将系统可靠性与其投资和运行经济性等联系起来，使人们得以适当地处理可靠性与经济性的矛盾，合理地做出规划和设计，以及解决运行管理中的决策问题。

由此可知，测控系统可靠性涉及可靠性理论基础、系统工程方法、系统软硬件、通信网络技术等。本教材在编写过程中充分考虑了测控技术与仪器专业的特点和学缘结构，试图将基本的测控系统可靠性技术和设计方法介绍给学生，适合于测控技术与仪器、自动化、机电一体化等专业的本科生教学。

本教材共 8 章，其中：

第 1 章　概论。介绍了测控系统的组成结构、可靠性的概念以及本教材的内容安排。

第 2 章　可靠性理论基础。介绍了可靠性分析的数学基础知识，包括概率论的常见分布及布尔逻辑基本知识。

第 3 章　系统可靠性分析方法。介绍了对系统可靠性分析的常用方法，包括可靠性框图、故障树方法、马尔柯夫链模型等分析方法。

第 4 章　测控系统硬件可靠性。介绍了构成测控系统的硬件可靠性，包括电子元器件可靠性及测控电路可靠性。

第5章 测控系统软件可靠性。介绍了测控系统软件可靠性技术，包括软件可靠性概念及软件可靠性模型。

第6章 测控系统通信网络可靠性。主要介绍测控系统通信网络可靠性技术，包括常用于测控系统的通信网络协议，测探系统网络差错分析、时延分析、流量分析、信息安全等。

第7章 测控系统可信设计。主要介绍了测控系统可信性的概念及属性，设计可信系统的基本方法，及测控系统可信性评估方法。

第8章 测控系统可靠性研究进展。从学科交叉的角度介绍可靠性工程研究中的一些新的研究进展。

本教材的第1、2、4、6章由武汉大学王先培老师编写，第3章由海军工程大学梁前超老师编写，第5章由王先培和东莞理工学院王静老师编写，第7、8章由湖北文理学院张其林老师编写。全书由王先培负责统编并定稿。在编写过程中，得到许多老师和同行的支持，在文字编辑和图形录入方面，多位研究生付出了辛勤的劳动，在此向他们表示衷心的感谢。

本教材的编写吸收了作者在教学、科研和社会实践工作中的诸多心得，同时大量参考了其他相关的教材、专著、论文和研究成果，在此向有关作者表示衷心的感谢。

由于作者水平有限，本教材的编写中错误和遗漏在所难免。恳请广大读者随时提出意见，给予帮助，以便使本教材能不断地得到充实和提高。

编 者

于武昌东湖珞珈山

2011 年 6 月

目　　录

第1章 概 论

自从进入现代工业社会以来，人们更迫切需要了解各种自然和人工系统的变化情况，并根据得到的信息采取措施，使这些自然和人工系统尽可能按照人们希望的方式运行。这个活动有两个基本过程：一是对系统状态的了解，即检测过程；二是对系统状态的改变，即控制过程。用于检测过程的人工系统称为检测系统；用于控制过程的人工系统则称为控制系统。检测的目的是为了更好地控制，控制的结果需要检测来检验，这是一个反馈过程。这两类系统统称为测控系统。

1.1 测控系统的基本组成

传统的测控系统主要由测控电路组成，所具备的功能比较简单。随着计算机技术和通信网络技术的迅速发展，传统的测控系统发生了根本变革，计算机和网络成为了测控系统的主体和核心，形成了现代测控系统。现代测控系统是集测量和控制为一体的综合系统，目的是实现生产过程的自动化。下面以图1.1所示智能变电站监控系统结构为例来说明现代测控系统的基本组成。

智能变电站作为智能电网的物理基础，同时作为高级调度中心的信息采集和命令执行单元，是智能电网的重要组成部分。作为智能电网当中的一个重要节点，智能变电站以变电站一、二次设备为数字化对象，以高速网络通信平台为基础，通过对数字化信息进行标准化，实现站内外信息共享和互操作，并以网络数据为基础，实现测量监视、控制保护、信息管理等自动化功能的变电站。

根据 IEC61850 标准分层的变电站结构，在逻辑层次上，变电站通过过程层网络连接过程层、间隔层设备，通过变电站层网络连接间隔层和变电站层设备。在过程层网络上传输着两类极其重要的信息：SMV 采样值报文和 GOOSE 报文。前者实现电流、电压交流量采样值的上传，后者实现开关量的上传及分合闸控制量的下行。

1. 过程层

该层直接和一次设备的传感器信号、状态信号接口和执行器相接，该层设备可以和一次设备一起实现就地现场安装，通过合并单元 MU 和智能单元实现电力一次设备工作状态和设备属性的数字化，过程层设备通过过程层总线和间隔层设备相连，并通过 GPS 授时信号产生系统同步时钟信号。

2. 间隔层

间隔层设备主要实现保护和监控功能，并实现相关的控制闭锁和间隔级信息的人机交互功能，间隔层设备可以通过间隔层总线实现设备间相互对话机制，间隔层设备可以集中组屏或就地下放。

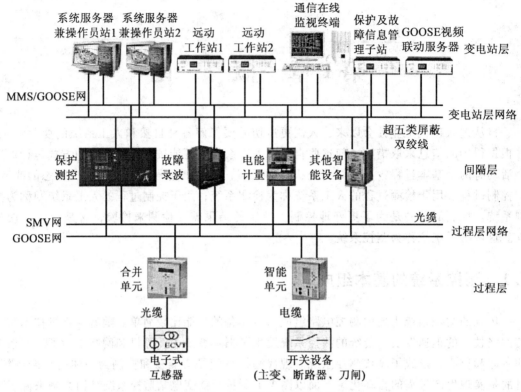

图 1.1　智能变电站监控系统

3. 变电站层

变电站层设备包括变电站就地操作后台系统、外部数据交互接口（控制中心数据转发、保护信息管理系统数据接口、设备管理系统）和通用功能服务等。通用功能服务模块通过间隔层设备传送来的信息实现变电站级跨间隔的控制服务，例如变电站防误闭锁功能、电压无功控制，也可接收来自控制中心的命令实现区域系统防误操作、区域安全稳定控制和区域电压无功优化控制等功能。

1.2　现代测控系统的特点

现代测控系统充分利用计算机技术，广泛集成无线通信、计算机视觉、传感器网络、全球定位、虚拟仪器、智能检测理论方法等新技术，使得现代测控系统具有以下特点。

1. 测控设备软件化

通过计算机的测控软件，实现测控系统的自动极性判断、自动量程切换、自动报警、过载保护、非线性补偿、多功能测试和自动巡回检测等功能。软测量可以简化系统硬件结构，缩小系统体积，降低系统功耗，提高测控系统的可靠性和"软测量"功能。

2. 测控过程智能化

在现代测控系统中，由于各种计算机成为测控系统的核心，特别是各种运算复杂但易于计算机处理的智能测控理论方法的有效介入，使现代测控系统趋向智能化的步伐加快。

3. 高度的灵活性

现代测控系统以软件为核心，其生产、修改、复制都较容易，功能实现方便，因此，现代测控系统实现组态化、标准化，相对硬件为主的传统测控系统更为灵活。

4. 实时性强

随着计算机主频的快速提升和电子技术的迅猛发展，以及各种在线自诊断、自校准和决策等快速测控算法的不断涌现，现代测控系统的实时性大幅度提高，从而为现代测控系统在高速、远程以至于超实时领域的广泛应用奠定了坚实基础。

5. 可视性好

随着虚拟仪器技术的发展、可视化图形编程软件的完善、图像图形化的结合以及三维虚拟现实技术的应用，现代测控系统的人机交互功能更加趋向人性化、实时可视化的特点。

6. 测控管一体化

随着企业信息化步伐的加快，一个企业从合同订单开始，到产品包装出厂，全程期间的生产计划管理、产品设计信息管理、制造加工设备控制等，既涉及对生产加工设备状态信息的在线测量，也涉及对加工生产设备行为的控制，还涉及对生产流程信息的全程跟踪管理，因此，现代测控系统向着测控管一体化方向发展，而且步伐不断加快。

7. 立体化

建立在以全球卫星定位、无线通信、雷达探测等技术基础上的现代测控系统，具有全方位的立体化网络测控功能，如卫星发射过程中的大型测控系统的既定区域不断向立体化、全球化甚至星球化方向发展。

1.3　可靠性的基本概念

可靠性主要分作单元可靠性和系统可靠性。单元可靠性也称作部件可靠性。单元可靠性的研究于 20 世纪 30 年代末开始，当时，概率理论已经发展成型。经过 80 多年的研究发展，已形成以概率论为基础的完善的可靠性理论体系和成熟的工程技术。目前，以其他非确定理论为基础的可靠性理论也在不断发展和完善之中，如证据理论，模糊理论等，这方面的研究成果很多，在此不加赘述。单元可靠性是系统可靠性的基础。20 世纪 50 年代，有人总结了单元可靠性与系统可靠性的关系如图 1.2 所示。

定义：可靠性是指系统或部件在指定的条件下和规定的时间内，完成特定功能的能力。在这个定义中包含以下五个基本因素：

(1)"系统或部件"是定义可靠性的对象。可以是元件、器件、部件、仪器、设备、子系统或系统。具体来说设备或系统可以是电子计算机、雷达、电台、导航设备、导弹系统、卫星通信系统等。

(2)"指定的条件"，通常包括环境条件、使用条件、维修条件和操作技术。环境条件即系统或部件工作的环境，例如实验室、野外、舰船、飞机、导弹等使用环境以及工作时的温度、湿度、雨或雾，工作时的电压、电流、功率等电应力都属于使用条件。此外还有包装、运输、储存以及使用维修人员的技术水平等。这些条件对系统或部件可靠性的影响

图 1.2　系统可靠性分析金字塔

极大。条件越是恶劣，系统或部件的可靠性下降越快。所以，不在指定的条件来讨论可靠性，就失去了比较的前提。

（3）"规定的时间"是可靠性定义中的核心。提到可靠性就一定要明确指出所考虑的时间范围。任何系统或部件随着使用时间的延长，其可靠度总是要逐渐降低的。即一定的可靠度是对一定时间而言的。人们常常要求系统或部件能在规定的时间内具有一定的可靠度。规定时间的长短，又随系统或部件的不同和使用目的的不同而不同。

（4）"规定的功能"是指系统或部件的各项技术性能指标。在工作或是实验时，如果系统或部件的各项规定的性能指标都可达到，则该系统或部件能完成规定的功能，否则该系统或部件已丧失规定的功能。

（5）"能力"是在规定的条件下和规定的时间内，完成规定功能的程度。能力是抽象的定性的衡量，不是定量的表示。规定功能就是技术性能指标、技术要求、完成规定功能的能力，此能力是抽象的、定性的表示。当用数字化的概率表示时，就是系统或部件的可靠度。

因此，可以认为可靠性一词可用在抽象的可靠性或利用概率表示的可靠度两个方面。在英文中两者同是 Reliability 一词。

1.4　测控系统可靠性及测度

1.4.1　可靠性与可靠度

对于无法维修或极难维修的系统（如无人宇宙飞船和通信卫星等）以及在运行期间即使短时间异常工作也不允许的系统（如飞机的飞行控制系统）来说，设计的主要目标是提高可靠性，其定量测度称为可靠度。

可靠度是用概率来表示的零件、设备和系统的可靠程度。它的具体定义是：设备或系统在规定的条件下（指设备或系统所处的温度、湿度、气压、振动等环境条件和使用方法及维护措施等），在规定的时间（指明确规定的工作期限），无故障地发挥规定功能（应具备的技术指标)的概率。

可靠度通常用 $R(t)$ 表示，指在 t_0 时刻系统正常的条件下，系统在时间区间 (t_0, t) 内能正常工作的概率。

与可靠度相对的一个指标是不可靠度。不可靠度的定义是：在 t_0 时刻系统正常的条件下，系统在时间区间 (t_0, t) 内不能正常工作的概率。不妨将不可靠度记为 $F(t)$。

从可靠度及 $R(t)$ 和不可靠度 $F(t)$ 的定义可知：

$$R(t) = 1 - F(t) \tag{1.1}$$

与可靠度 $R(t)$ (或不可靠度 $F(t)$)密切相关的另一个参数指标是失效率 $\lambda(t)$，其定义为系统工作到 t 时刻时，单位时间内发生故障的概率，即

$$\lambda(t) = \lim_{\Delta t \to 0} \frac{F(t + \Delta t) - F(t)}{R(t) \Delta t} = \frac{1}{R(t)} \frac{dF(t)}{dt} = -\frac{1}{R(t)} \frac{dR(t)}{dt} = \frac{f(t)}{R(t)} \tag{1.2}$$

式中，$f(t) = \dfrac{dF(t)}{dt} = -\dfrac{dR(t)}{dt}$ 为系统故障时间的概率密度函数，也叫故障密度。

式(1.2)是用于可靠性分析的基本关系式之一。之所以说它是基本关系式，是因为它与所考虑的统计分布无关。

由式(1.2)可得

$$\int_0^t \lambda(t) d(t) = \int_0^t \left(-\frac{1}{R(x)} \frac{dR(x)}{dx} \right) dx$$

$$\ln R(t) = -\int_0^t \lambda(x) dx$$

$$R(t) = e^{-\int_0^t \lambda(x) dx} \tag{1.3}$$

式(1.3)是可靠度函数与失效率函数之间的一般关系式。

理论和实践都表明，电子元器件及其构成的电子产品和系统，在整个生命周期的失效率 $\lambda(t)$ 随时间的变化规律如图 1.3 的曲线所示。因其图形有些像浴盆，所以常称作浴盆曲线。它充分反映了一个产品或系统的可靠性水平。失效率越高，即单位时间内出故障次数越多，其可靠性水平就越低。从该图可看出，从产品或系统制成开始，它的整个寿命周期可分为三个时期：幼弱期(早期故障期)、正常生命期(随机故障期)和衰老期(损耗故障期)。

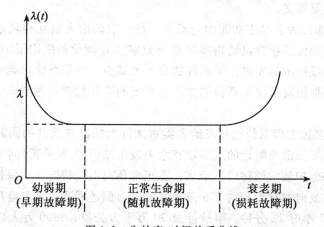

图 1.3　失效率-时间关系曲线

在幼弱期，由于元器件质量差、工艺不好、软件不完善、设计欠佳等原因而发生早期故障，但随着调试的进行，早期故障不断排除，失效率逐渐降低。待失效率基本稳定时，系统可交付使用，进入正常生命期。在正常生命期，故障的发生完全是随机的、偶发的，但大体是均匀的，因此系统的失效率基本上为一恒定值 λ。当系统经长时间使用后，因元器件使用寿命到期或将要到期，失效率逐渐上升，故障次数越来越多，从而进入衰老期。

正常生命期是产品或系统的实际使用期，也是本书将要研究的高可靠性技术真正发挥作用的期间。既然这期间失效率 $\lambda(t)$ 基本恒定，即 $\lambda(t) = t$，则根据一般关系式(1.3)可得到

$$R(t) = e^{-\lambda t} \tag{1.4}$$

可见，在正常生命期中，电子系统的可靠度函数 $R(t)$ 服从指数分布规律。

需特别注意的是，提出可靠性指标时一定要指明时间区间的长度。时间区间的长度取决了系统执行任务期的长度。对于许多空间技术方面的应用，时间区间可能长达十余年。而对于飞机的飞行控制系统等来说，时间区间可能只需几小时。

1.4.2　测控系统可靠性

测控系统的可靠性，是指一个测控系统在一定的条件下和一定的时间内完成预定功能的能力。

该定义表明：

(1)测控系统可靠性的定义和一般系统或部件的可靠性定义一致，同样具有可靠性定义的五个基本因素。

(2)和一般系统可靠性定义中不同的是可靠性的对象，即测控系统。实际上，测控系统的重要程度与它的运行环境相关。

不同的测控系统运行的环境差别很大，例如航空、航天控制系统，核反应堆监控系统，电力系统设备监控与诊断系统，交通管制系统，输油管线监控系统，冶金、化工等工业生产自动化系统等等。现代科学技术的迅速发展使得这些系统日益复杂、规模庞大，构成系统的元器件数目日益增多，同时面临着多变的应用环境。这些测控系统如果不能在规定的时间内稳定可靠地工作，将会造成巨大的损失，甚至灾难性后果。因此，测控系统的可靠性研究有着重要意义。

(1)现代测控系统大多是多功能的自动化系统，它们由大量互相联系、互相依存的组件构成，例如美国的民兵导弹机动指挥网络与数字式处理设备使用了 1017936 个元器件。尽管随着大规模集成技术的发展，元器件数目大大减少，但是系统功能的复杂程度却提高了。因此，如果不加强对系统可靠性的监控，系统的可靠性就会逐渐降低，直至引起系统无法工作。

(2)大规模的测控工程系统的开发给人类带来巨大的经济效益的同时也会带来负面效应。例如，美国尼亚拉瀑布附近的达斯培克水力发电站(135 万千瓦)向加拿大的多伦多地区供电，由于线路保护装置调整的不恰当，在正常负荷电流情况下，保护装置发生错误动作，突然跳闸造成流向加拿大的约 176 万千瓦的电力倒送回达斯培发电厂，造成大片电力系统瓦解，停电 13 小时 22 分钟，事故涉及 20 万平方公里，3000 万人口，对生活和生产带来诸多不便，造成重大损失。

随着对测控系统要求的日益提高，系统规模也迅速扩张，所用器件不断增多。虽然所用器件的可靠性已经大幅度提高，数字化产品将诸多功能软件化能避免所用器件的无限增长，但是随着系统所控对象的重要性和规模的不断增长，以及数字化硬件分时处理不同安全级别的功能所带来的系统安全性问题，仍然增加了对系统可靠性方面的忧虑。解决的办法只能是利用系统的可靠性分析对系统进行可靠性预计，并在设计阶段发现可靠性薄弱环节，选出既经济又可靠的系统方案。钱学森曾明确指出，在研究一个大而复杂的系统（不论是技术领域或经济领域）时就不能不考虑它的可靠性，不仅是其作为组成部分的可靠性，更要研究它们组成的整个系统的可靠性。研究测控系统的可靠性应从它的各组成部分来考虑，即硬件部分可靠性、软件部分可靠性、通信网络可靠性。

表征系统可靠性的参数指标很多。在设计和评价一个测控系统的可靠性时，根据不同的应用特点和应用要求，可从不同的角度选用不同的参数指标来表征。

1.4.3 简化可靠性参数

简化参数主要有平均故障前时间 MTTF、平均修复时间 MTTR 和平均故障间隔时间 MTBF 等。

1. 平均故障前时间 MTTF

平均故障前时间 MTTF(Mean Time To Failure)指的是系统从投入运行($t=0$)到发生第一次故障的持续正常运行时间的期望值，也可称为平均无故障时间。

MTTF 是系统故障前工作时间的均值，是不可维修系统可靠性的一种基本参数。

由中值定理知：

$$\text{MTTF} = \int_0^\infty tf(t)\,\mathrm{d}t = \int_0^\infty R(t)\,\mathrm{d}t \tag{1.5}$$

如果 $R(t) = e^{-\lambda t}$，λ 为常数，则

$$\text{MTTF} = \int_0^\infty e^{-\lambda t}\mathrm{d}t = \frac{1}{\lambda} \tag{1.6}$$

若 $R(t)$ 是指系统在 $[0,t]$ 时间段内免于失败的概率，则 MTTF 中的故障应理解为失败。在非容错系统中，故障一定会导致失败，因此两个概念是统一的。但是对于容错系统，两者则未必相同，因为故障不一定会导致失败。

2. 平均修复时间 MTTR

平均修复时间 MTTR(Mean Time To Repair)是对可维修系统而言的，它与可用度 $A(t)$ 直接相关。

MTTR 是系统维修总时间与故障总次数之比，它是完成维修活动的平均时间，是可维修系统可维性的基本参数。

$$\text{MTTR} = \int_0^\infty tm(t)\,\mathrm{d}t = \int_0^\infty (1-M(t))\,\mathrm{d}t \tag{1.7}$$

若 $M(t) = 1 - e^{-\mu t}$，μ 为常数，则

$$\text{MTTR} = \int_0^\infty e^{-\mu t}\mathrm{d}t = \frac{1}{\mu} \tag{1.8}$$

3. 平均故障间隔时间 MTBF

平均故障间隔时间 MTBF(Mean Time Between Failures)是指系统每连续两次故障之间的平均间隔时间。显然，这是对可维修系统而言的。它是可维修系统总的工作时间与故障总数之比。

图 1.4 给出了 MTBF 与 MTTF 之间的联系和区别。从中可看出，MTBF 由平均无故障时间 MTTF 和平均修复时间 MTTR 两部分组成，即

$$MTBF = MTTF + MTTR \tag{1.9}$$

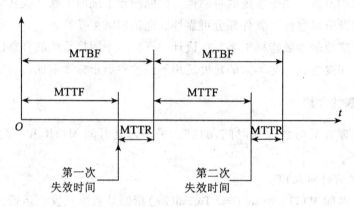

图 1.4 MTBF 与 MTTF 的联系和区别

1.5 测控系统可靠性技术与方法

提高测控系统可靠性的技术途径很多，但大体上可分为两大类：一是提高元器件本身可靠性的技术，即避错技术；二是用给定元器件构成高可靠性系统的技术，即容错技术。除此之外，还有两个与实现高可靠性系统紧密相关的方面也是可靠性研究的重要内容，这就是可测性设计和失败安全设计。前者是加快故障诊断速度，从而加速修复过程，提高系统可用性的重要途径；后者则是当系统万一出现恶性故障时作为保证系统安全可靠的最后一道防线。

1.5.1 避错技术

一个典型的测控系统一般是由计算机、模拟或(和)数字 I/O 通道、传感器、执行机构和测控对象等各子系统组成的，各子系统又由众多的元器件组成。因此，测控系统的可靠性在很大程度上取决于组成系统的元器件的可靠性。而且可以说，提高元器件本身的可靠性是提高系统整体可靠性的基础。提高元器件可靠性的主要技术途径有：

(1)高可靠性元部件的研制、选择和降额使用。一般说来，提高元件的集成度有利于提高元件的可靠性；将系统中由若干元器件构成的硬件电路和某些应用软件、标准子程序库做成专用大规模集成电路芯片，有利于提高系统的可靠性。

(2)环境防护设计。包括电磁兼容性设计、机械应力防护设计、热设计、气候环境

"三防"(防潮湿、防烟雾、防霉菌)设计等。

(3)质量控制。主要指对元部件在实际使用前要进行老化试验和筛选。

1.5.2 容错技术

一个系统无论采用多少避错设计方法,都不能保证永远不出错。实践证明,利用避错技术来提高系统的可靠性,一般最多使系统的平均无故障时间增加一个数量级,超过这个限度会使成本急剧上升。因此,要想进一步提高可靠性,就必须采用容错技术。容错是靠资源的冗余和对资源的精心组织来实现的。容错技术的优越性在于,使用线性增加的冗余资源可换取指数增长的可靠性,它不仅能补偿因系统的规模增大而造成的可靠性损失,而且能使系统的可靠性极大提高,既适用于恶劣环境,又降低成本性能比。

容错技术主要包括下列三方面的内容:

1. 冗余技术

冗余技术是通过增加冗余资源的方法来换取可靠性,使系统在出故障时仍能维持正常功能。根据冗余资源的不同,通常有硬件冗余、软件冗余、信息冗余、时间冗余之分。硬件冗余是通过硬件的重复使用来获得容错能力,常用的方法有堆积冗余、备份冗余和堆积、备份结合运用的混合冗余等。软件冗余的基本思想是用多个不同软件程序执行同一功能,利用软件设计差异来实现容错。信息冗余是通过在数据中附加多余的信息位来构成检错/纠错码而达到容错的目的。时间冗余则是通过消耗时间资源来实现容错的,其基本思想是重复运算以检测故障。按照重复运算是在指令级还是程序段级,时间冗余可分为指令复执和程序卷回。实际应用中,这几种冗余方法可以单独使用,也可以混合使用。

冗余技术实质上就是利用冗余资源将故障影响掩盖起来,所以也叫故障屏蔽技术或屏蔽冗余技术。这种技术主要用于可靠性要求极高且在一段时间内既要保持连续运行又无法修理的地方,例如航空航天、核电站、化工冶金过程控制等应用场合。但是,单纯的故障屏蔽技术只能容忍故障,不能给出故障告警,且故障容忍能力受到本身静态冗余配置的限制,当系统中的冗余因故障增加而耗尽时,再发生故障将使系统失效,产生错误输出。

屏蔽冗余技术的研究内容主要有 N 模表决冗余、纠错码、屏蔽逻辑等。

2. 故障检测与诊断技术

故障检测的目的是回答系统是否发生了故障。故障诊断则是在故障检测的基础上进一步回答系统中哪里发生了故障、发生了什么性质的故障,实现故障定位和定性。

故障检测和诊断不提供对故障的容忍,只提供对故障的告警。故障检测与诊断可以联机进行,也可以脱机进行。

故障检测与诊断技术主要包括检错码、二倍仿作、自校验、监视定时器、一致校验与权限校验等。

3. 系统重组与恢复技术

重组是指在检测、诊断出故障后,用后援备份模块替换掉失效模块,或者切除失效模块,改变拓扑结构,实现系统重新组合。重组的基本方法有后援备份、缓慢降级和自适应表决等。

恢复则是在重组后，使系统操作回到故障检测点或初始状态重新开始。如果是回到初始状态从头开始运行则称为"重启"。常用的恢复算法有重试、检测点、记日志、恢复块等。

对重组时切除或替换掉的失效模块，往往要联机或脱机进行修理使之复原（称为修复）。将修复了的模块重新加入系统则称为重构。修复和重构也属于系统重组与恢复的范畴。

利用上述三种容错技术，可构成四类不同的高可靠性测控系统：

(1)单独用故障检测与诊断技术可构成联机监控系统。这种系统虽然只能提供故障告警与定位的手段，不能容忍故障以直接改善系统可靠性，但利用它可以自动监视系统的运行状态，当系统发生某些局部故障时，可以迅速报警并分离出发生故障的部位，以帮助维修人员快速查明故障源予以排除，防止局部故障在系统中传播而导致更严重故障的发生。其结果不仅提高了系统的可用件，也间接提高了系统的可靠性。

(2)单独运用故障屏蔽技术可构成具有故障容忍能力的静态冗余系统。这种系统在故障效应尚未到达输出端之前即可通过隔离或校正来消除其影响，达到提高可靠性的目的。值得注意的是，由于单纯的屏蔽技术并不给出故障告警，所以这种系统当其配量的冗余因故障增加而耗尽时，再发生故障将产生错误输出。

(3)将故障检测与诊断技术同故障屏蔽技术结合运用可构成既有故障容忍能力，又有故障告警能力的静态冗余系统。当这种系统中发生了故障时，系统可一方面带故障正常运行，一方面根据故障告警和定位信息，实行联机或脱机修复。只要在系统提供的冗余配置耗尽之前能将故障排除，系统就能不中断的正常运行。可见系统可靠性得到了提高。在这种系统中，一般只要增加很少的冗余就能达到高可靠性的目的，前提是具有及时而有力的维修保障。

(4)将故障检测与诊断技术、故障屏蔽技术、系统重组与恢复技术三者综合运用，可构成性能更高的动态冗余系统。当这种系统发生故障时，通过内部的重组可切除或替换掉故障模块，恢复正常工作，而且这种重组可推迟到耗尽屏蔽冗余时再进行，这样，重组实际上起着补充冗余、延长寿命的作用，显然有利于进一步提高系统的可靠性。

上述四方面都是针对硬件而言的，统称为硬件容错技术。为了构建高可靠性的容错计算机应用系统，除了硬件容错外，还应该采用以下两方面的容错、保护技术：

(1)软件容错技术。随着计算机应用技术的不断发展，软件系统的规模和复杂程度持续增长，软件故障已成为各类计算机系统的主要不可靠因素。因此采用一些行之有效的软件容错技术来提高软件可靠性就显得越来越重要。当然，为了提高软件可靠性，像硬件可靠性技术一样，软件可靠性技术也有避错和容错两类，从这两方面都要采取措施。

(2)信息保护技术。目的是使计算机系统中正在处理/传输的信息和存储着的信息不被破坏和泄露。

1.5.3 可测性设计技术

过去，传统的做法是将系统设计和系统测试分离，即由设计人员根据功能、性能要求设计电路和系统，而由测试人员根据已经设计或研制完毕的电路和系统来制定测试方案、研究测试方法、开发测试设备。这种做法在早期以分立元件和小规模集成电路为组件的系统研制中还可以，随着元件集成度越来越高，PCB 板的规模和基本功能单元的规模越来越大，功能越来越复杂，这种做法的弊端日益明显，不仅测试效率显著降低、测试开销急剧增加，而且测试难度太大。据美国一些公司统计，按这种做法，PCB 板的测试开销已占其整个生产过程总开销的 50% 以上。说起来更使人难以置信的是，如果用传统的办法测试一块有 100 个输入端的普通 VLSI 芯片，所花的时间可能要上亿年！因此，老办法已不适应计算机系统设计、制造现实的需要。这就需要系统设计人员在设计电路和系统的同时就充分考虑到测试的要求，即用故障诊断的理论、方法和技术去指导系统设计，实现功能设计与测试设计的统一。衡量一个系统和电路的标准，不仅看其功能的强弱、性能的优劣、所用元件的多少，而且要看其是否可测试和测试是否方便。这就是所谓的可测性设计。

可测性设计的核心思想是提高系统的可控制性和可观测性。可控制性是指通过对系统输入端产生并施加一定的测试矢量，使系统中各节点的值易于控制（故障易于敏化）的程度。可观测性则是使故障信号易于传输至可及端，便于观察和测量的性能。

可测性设计要研究的主要问题是：什么样的结构容易作故障诊断；什么样的系统测试时所用的测试矢量集既小而全，又便于产生；测试点和激励点设置在什么地方、设置多少，才使得测试比较方便而开销又比较少，等等。

可测性设计一般都是通过增加硬件资源来实现的，所以从广义上说，它也属于一种硬件冗余设计。

1.5.4　失败安全设计技术

在一些要求安全性特别高的测控系统中，不仅要求容错，而且要求万一系统中的故障超出了系统容错能力时，应能做到失败安全，不会造成灾难性后果。这类系统称为失败安全系统。在失败安全系统中，系统的失败被区分为危险失败和安全失败两种状态。前者是指对人身或设备造成危害的失败状态，而后者是指不会对人身或设备造成危害的失败状态。失败安全设计的目标是确保系统失败时进入安全失败状态，相应的技术称为失败安全设计技术。

可见，通过失败安全设计可使系统失败时的损失减到最小，起码不出安全事故，所以说它是防卫系统故障、确保系统安全可靠的最后一道防线。失败安全设计技术主要是研究失败安全设计的条件和方法。

1.6　本书内容安排

本书从测控系统各个组成部分来分析其可靠性设计与保障技术。首先介绍可靠性的基本理论与基本分析方法，然后分析测控系统的硬件可靠性、测控系统软件可靠性、测控系统通信网络可靠性、最后简单介绍设计可信测控系统的基本措施以及测控系统可靠性最新研究进展。本书的内容安排如图 1.5 所示。

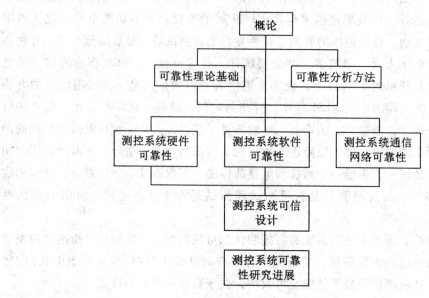

图 1.5　本书内容安排

习　题

1. 什么是测控系统？简述测控系统的组成。

2. 什么是产品可靠性？可靠性如何度量？

3. 如何保障测控系统可靠性？

4. 根据自己所学的知识，以日常生活、生产中的某个测控系统为例，说明其组成及可靠性保障措施。

第2章　可靠性理论基础

概率论和数理统计是可靠性工程重要的数学基础。在可靠性工程中，元件寿命、可靠度、失效率等许多基本概念以及各种寿命试验、可靠性设计等解决可靠性问题的重要方法都与概率统计紧密相关。因此理解和掌握概率统计中最基本的概念、方法是学习和掌握可靠性技术的重要前提。本章首先介绍可靠性特征量、维修性特征量、有效性特征量及其含义，然后讨论可靠性工程中常用的概率论与数理统计基础知识。

2.1　可靠度函数

如前所述，可靠性的确切含义是"系统在规定的条件下和规定的时间内，完成规定功能的能力"。系统的可靠性具有定性和定量两层含义。在定量研究系统的可靠性时，就需要各种数量指标，以便说明系统的可靠性程度。我们把表示和衡量系统的可靠性的各种数量指标统称为可靠性特征量。系统的可靠性特征量主要有可靠度、失效概率密度、累积失效概率、失效率等，下面将分别予以介绍。

2.1.1　可靠度

可靠度是"部件在规定条件下和规定时间内完成规定功能的概率"。显然，规定的时间越短，元件完成规定的功能的可能性越大；规定的时间越长，元件完成规定功能的可能性就越小。可见可靠度是时间 t 的函数，故也称为可靠度函数，记作 $R(t)$。通常表示为

$$R(t) = P(T > t)$$

式中，t 为规定的时间；T 表示元件寿命。根据可靠度的定义可知，$R(t)$ 描述了元件在 $(0, t]$ 时间段内完好的概率，且 $R(0) = 1$，$R(+\infty) = 0$。

假如在 $t=0$ 时有 N 个元件开始工作，而到 t 时刻有 $n(t)$ 个元件失效，仍有 $N-n(t)$ 个元件继续工作(见图 2.1)，则 $R(t)$ 的估计值为

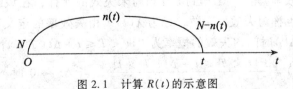

图 2.1　计算 $R(t)$ 的示意图

$$R(t) = \frac{\text{到时刻 } t \text{ 仍在正常工作的元件数}}{\text{试验的元件总数}} = \frac{N - n(t)}{N} \tag{2.1}$$

2.1.2 失效概率密度和累积失效概率

累积失效概率就是寿命的分布函数，也称为不可靠度，记作 $F(t)$。它是元件在规定的条件和规定的时间内失效的概率，通常表示为

$$F(t) = P(T \leqslant t) \tag{2.2}$$

或

$$F(t) = 1 - R(t) \tag{2.3}$$

因此 $F(0) = 0$，$F(+\infty) = 1$。

失效概率密度是累积失效概率对时间 t 的导数，记作 $f(t)$。它是元件在包含 t 的单位时间内产生失效的概率，可用下式表示

$$f(t) = \frac{\mathrm{d}F(t)}{\mathrm{d}t} = F'(t) \tag{2.4}$$

或

$$F(t) = \int_0^t f(x)\,\mathrm{d}x \tag{2.5}$$

由 $F(t) = 1 - R(t)$，得 $F(t)$ 的估计值为

$$F(t) = \frac{\text{到 } t \text{ 时刻失效的元件数}}{\text{试验的元件总数}} = \frac{n(t)}{N} \tag{2.6}$$

由 $f(t) = \dfrac{\mathrm{d}F(t)}{\mathrm{d}t}$，得 $f(t)$ 的估计值（见图 2.2）为

$$f(t) = \frac{F(t + \Delta t) - F(t)}{\Delta t} = \frac{\text{在时间}(t,\ t + \Delta t)\text{内每单位时间失效的产品数}}{\text{试验的产品总数}}$$

$$= \frac{n(t + \Delta t) - n(t)}{N\Delta t} = \frac{\Delta n(t)}{N\Delta t} \tag{2.7}$$

式中，$\Delta n(t)$ 表示在 $(t,\ t + \Delta t)$ 时间间隔内失效的产品数。

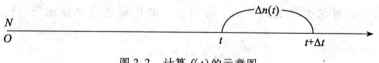

图 2.2　计算 $f(t)$ 的示意图

2.1.3 失效率

1. 失效率的定义

失效率（瞬时失效率）是："工作到 t 时刻尚未失效的元件，在该时刻 t 的单位时间内发生失效的概率"，也称为失效率函数，记为 $\lambda(t)$。由失效率的定义可知，在 t 时刻完好的元件，在 $(t,\ t + \Delta t)$ 时间内失效的概率为 $P\{t < T \leqslant t + \Delta t \mid T > t\}$，在 Δt 时间内的平均失效率为 $\lambda(t, \Delta t) = \dfrac{P\{t < T \leqslant t + \Delta t \mid T > t\}}{\Delta t}$，当 $\Delta t \to 0$ 时，就得到在 t 时刻的失效率

$$\lambda(t) = \lim_{\Delta t \to 0}\lambda(t,\ \Delta t) = \lim_{\Delta t \to 0}\frac{P\{t < T \le t + \Delta t \mid T > t\}}{\Delta t}$$

$$= \lim_{\Delta t \to 0}\frac{P\{t < T \le t + \Delta t \mid T > t\}}{P(T > t)\Delta t} = \lim_{\Delta t \to 0}\frac{P\{t < T \le t + \Delta t\}}{P(T > t)\Delta t}$$

$$= \lim_{\Delta t \to 0}\frac{F(t + \Delta t) - F(t)}{\Delta t R(t)} = \frac{F'(t)}{R(t)}$$

进一步还可推得

$$\lambda(t) = \frac{F'(t)}{1 - F(t)} = \frac{f(t)}{R(t)} = -\frac{R'(t)}{R(t)} \tag{2.8}$$

由 $\lambda(t) = -\dfrac{R'(t)}{R(t)}$ 得

$$\lambda(t)\,\mathrm{d}t = -\frac{\mathrm{d}R(t)}{R(t)}$$

将上式积分

$$\int_0^t \lambda(t)\,\mathrm{d}t = -\ln R(t)$$

即

$$R(t) = \exp\left(-\int_0^t \lambda(t)\,\mathrm{d}t\right) \tag{2.9}$$

由此式可见，元件的可靠性越高；反之，失效率越大，元件的可靠性就越低。

$\lambda(t)$ 的估计值（见图 2.3）为

$$\hat{\lambda}(t) = \frac{\text{在时间}(t,\ t + \Delta t)\text{内每单位时间失效的元件数}}{\text{在时刻 }t\text{ 仍正常工作的元件数}} = \frac{\Delta n(t)}{(N - n(t))\Delta t} \tag{2.10}$$

式中，$\Delta n(t)$ 的含义与式(2.7)中的 $\Delta n(t)$ 相同，$n(t)$、N 与式(2.1)中的 $n(t)$、N 相同。

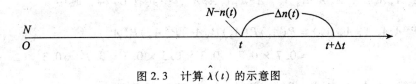

图 2.3　计算 $\hat{\lambda}(t)$ 的示意图

2. 失效率的单位

$\lambda(t)$ 是一个非常重要的特征值，它的单位通常用时间的倒数表示。但对目前具有高可靠性的元件来说，就需要采用更小的单位来作为失效率的基本单位，因此失效率的基本单位用一个菲特(Fit)来定义，1 菲特 = 10^{-9}/h = $10^{-6}/10^3$h，它的意义是每 1000 个产品工作 10^{-6}h，只有一个失效。有时不用时间的倒数而用与其相当的"动作次数"、"转数"、"距离"等的倒数更适宜些。

2.2　常用的失效密度函数

寿命是元件可靠性的一个很重要的指标，我们知道，元件的寿命是一个随机变量，这些事先并不知道，但它有一定的取值范围，服从一定的统计分布。如能知道它的分布规律，可靠性数据的处理就很容易，所以知道元件的寿命分布很重要。

分布的类型很多，要确定元件的寿命服从何种分布是很困难的，一般有两种方法：一种是根据其物理背景来定，即元件的寿命分布与元件的类型（如电子类、机械类）关系不大，而与其所承受的应力情况、产品的内在结构及其物理、化学、机械性能有关，与元件发生失效时的物理过程有关。通过失效分析，证实该产品的故障模式或失效机理与某种类型分布的物理背景相接近时，可由此确定它的失效分布。另一种方法是通过可靠性寿命试验及使用情况，获得产品的失效数据，用统计推断的方法来判断它是属于何种分布。在可靠性工程中，常用的分布有二项分布、泊松分布、指数分布、正态分布、对数正态分布和威布尔分布等。

2.2.1 二项分布

二项分布适用于一次试验中只能出现两种结果的场合，如成功与失败，或命中与未命中，次品与合格品等，这两种结果的事件分别用 A 与 $\bar{A}$ 表示，设它们发生的概率分别为 $P(A)=p$，$P(\bar{A})=q=1-p$，现在独立地重复做 n 次试验，那么在 n 次试验中事件 A 恰好发生 k 次的概率是多少？

例 2.1 某人打靶，每次命中率均为 0.7，现独立地射击 5 次，求恰好命中 2 次的概率。

解：每次射击有"命中"和"未命中"两个可能的结果，设 A_i ="第 i 次命中"（$i=1,2,3,4,5$）。

独立地射击 5 次，"5 次恰好有 2 次命中"的情况有

$A_1 A_2 \bar{A}_3 \bar{A}_4 \bar{A}_5$，$A_1 \bar{A}_2 A_3 \bar{A}_4 \bar{A}_5$，$A_1 \bar{A}_2 \bar{A}_3 A_4 \bar{A}_5$，… 共有 C_5^2 种，其中

$$P(A_1 A_2 \bar{A}_3 \bar{A}_4 \bar{A}_5) = P(A_1)P(A_2)P(\bar{A}_3)P(\bar{A}_4)P(\bar{A}_5)$$
$$= 0.7 \times 0.7 \times 0.3 \times 0.3 \times 0.3 = 0.7^2 \times 0.3^3$$

$$P(A_1 \bar{A}_2 A_3 \bar{A}_4 \bar{A}_5) = P(A_1)P(A_2)P(A_3)P(\bar{A}_4)P(\bar{A}_5)$$
$$= 0.7 \times 0.3 \times 0.7 \times 0.3 \times 0.3 = 0.7^2 \times 0.3^3$$

容易看出在这个 C_5^2 个事件中，每一个事件都有相同的概率 $0.7^2 \times 0.3^3$，且它们互不相容的，而"5 次射击恰好命中 2 次"正是这 C_5^2 个事件之和。若设 A ="5 次射击恰好命中 2 次"则

$$P(A) = C_2^5 \times 0.7^2 \times 0.3^3 = 0.1323$$

一般地，再一次试验中，事件 A 与 $\bar{A}$ 发生的概率为 $P(A)=p$，$P(\bar{A})=q=1-p$，则在 n 次独立地重复试验中，事件 A 恰好发生 k 次的概率为

$$P_n(k) = C_n^k p^k q^{n-k} \quad (k=0,1,2,\cdots,n)$$

上式恰好是二项式 $(p+q)^n = \sum_{k=0}^{n} C_n^k p^k q^{n-k}$ 展开式中的第 $k+1$ 项，故称上式为二项概率公式。如果用 X 表示在 n 次重复试验中事件 A 发生的次数，显然，X 是一个随机变量，X 的可能取值为 0，1，2，…，n，则随机变量 X 的分布律为

$$P(X = k) = C_n^k p^k q^{n-k} \quad (k = 0, 1, 2, \cdots, n) \tag{2.11}$$

此时我们称随机变量 X 服从二项分布 $B(n, p)$。

由式(2.11)可以看出 $P(X = k) = C_n^k p^k q^{n-k} \geqslant 0$,

$$\sum_{k=0}^{n} P(X = k) = \sum_{k=0}^{n} C_n^k p^k q^{n-k} = (p + q)^n = 1$$

随机变量 X 取值不大于 k 次的累积分布函数为

$$F(k) = P(X \leqslant k) = \sum_{r=0}^{k} C_n^r p^r q^{n-r} \tag{2.12}$$

X 的数学期望与方差分别为

$$E(X) = \sum_{k=0}^{n} k P(X = k) = np \tag{2.13}$$

$$D(X) = \sum_{k=0}^{n} [k - E(X)]^2 P(X = k) = npq \tag{2.14}$$

二项分布是一种离散型分布,广泛应用于可靠性领域。在可靠性试验和可靠性设计中,常用于相同单元平行工作的冗余系统的可靠性指标的计算;另外二项分布在可靠性抽样检查中也很有用,在一定意义下,确定 n 个抽样样本中所允许的不合格品数,就需要用二项分布来计算。但在客观实际中,真正完全重复的现象是不多见的,应当根据实际问题的性质来决定是否可以应用此模型来处理,如"有放回"地抽取是重复试验,"无放回"地抽取不是重复试验,但当产品的批量很大而抽取的总次数相对来说很小时可近似地当做"有放回"来处理。

例 2.2 十台发动机进行测试,已知每台失效概率为 0.1,求:

(1)没有一台失效的概率;(2)至少有两台失效的概率。

解:设 X 为失效的发动机台数,则 X 服从二项分布,X 的分布律为

$$P(X = k) = C_{10}^k 0.1^k 0.9^{10-k} \quad (k = 0, 1, \cdots, 10)$$

(1)没有一台失效的概率。

$$P(X = 0) = 0.9^{10} = 0.3486$$

(2)至少有两台失效的概率。

$$P(X \geqslant 2) = 1 - P(X = 0) - P(X = 1) = 1 - 0.9^{10} - C_{10}^1 0.1 \times 0.9^9 = 0.2640$$

2.2.2 泊松(Poisson)分布

在二项分布中,如果 $\lim_{n \to \infty} np = \lambda$(常量),则式(2.11)变为

$$P(X = k) = \frac{\lambda^k}{k!} e^{-\lambda} \quad (k = 0, 1, 2, \cdots, \lambda > 0) \tag{2.15}$$

此时称随机变量 X 服从参数为 λ 的泊松(Poisson)分布。

因此,泊松分布可以认为是当 n 无限大时二项分布的推广。当 n 很大,p 很小时,可用泊松分布近似代替二项分布,有如下的近似公式:

$$C_n^k p^k q^{n-k} \approx \frac{\lambda^k}{k!} e^{-\lambda} \quad (k = 0, 1, 2, \cdots, n)$$

式中,$\lambda = np$,一般地,当 $n \geqslant 20$,$p \leqslant 0.5$ 时,近似程度较好。用泊松分布公式计算,可

直接查泊松分布表，这样可免去许多复杂的计算。

随机变量 X 取值不大于 k 次的累积分布函数为

$$F(k) = P(X \leqslant k) = \sum_{r=0}^{k} \frac{\lambda^r}{r!} e^{-\lambda} \qquad (2.16)$$

X 的期望与方差分别为

$$E(X) = \sum_{K=0}^{\infty} kP(X = k) = \lambda \qquad (2.17)$$

$$D(X) = \sum_{K=0}^{\infty} [k - E(x)]^2 P(X = k) = \lambda \qquad (2.18)$$

在可靠性工程中，式(2.15)常取下式

$$P(X = k) = \frac{(\lambda t)^k}{k!} e^{-\lambda t} \quad (k = 0, 1, 2, \cdots, \lambda > 0) \qquad (2.19)$$

通常可用泊松分布来描述电子仪器在某个时间 $(0, t)$ 内受到外界"冲击"次数。这类随机现象一般具有以下三个特点：

(1)元件在某段时间 $(a, a+t)$ 内受到 k 次"冲击"的概率与时间起点 a 无关，仅与该段时间长短 t 有关。

(2)在两段不相重叠的时间 (a_1, a_2) 和 (b_1, b_2) 内，元件受到"冲击"的次数 s 和 h 是相互独立的。

(3)在很短的时间 $(0, t)$ 内，元件受到两次或更多"冲击"的概率很小，而受到一次的概率近似于 λt。

可以推得电子仪器在时间 $(0, t)$ 内受到外界的"冲击"次数 X 的分布律为式(2.19)，当 $t=1$ 时，X 就表示电子仪器在单位时间内受到外界"冲击"的次数，此时 X 的分布律为式(2.15)。

在实际中，具有泊松分布的随机变量是很多的，例如某段时间内纺纱机上线的断头数，电话总机接到的呼唤数，到某商店去的顾客数等都服从泊松分布。

例 2.3　用泊松分布近似计算例 2.2，并比较其误差。

解：取 $\lambda = np = 10 \times 0.1 = 1$

(1) $P(X = 0) = e^{-1} = 0.3678$

在例 2.2 中，$P(X = 0)$ 为 0.3478，误差为 1.98%。

(2) $P(X \geqslant 2) = 1 - P(X = 0) - P(X = 1) = 1 - 2e^{-1} = 0.2642$

在例 2.2 中，$P(X \geqslant 2)$ 为 0.2640，误差为 0.02%。

例 2.4　设某电话总机平均每分钟接到电话 3 次，求每分钟接到电话多于 5 次的概率。

解：设 X 为某电话总机每分钟接到的呼唤次数，则服从参数 $\lambda = 3$ 的泊松分布。其分布律为

$$P(X = 5) = \frac{3^k}{k!} e^{-3} \quad (k = 0, 1, 2, \cdots)$$

因此　$P(X > 5) = 1 - P(X \leqslant 5) = 1 - \sum_{k=0}^{5} \frac{3^k}{k!} e^{-3} = 1 - 0.9161 = 0.0839$

即每分钟接到电话多于 5 次的概率为 0.0839。

以上所讲的两个分布都是离散型分布。下面所要讨论的四种分布是连续型分布，可用于元件、系统失效模型的分布。

2.2.3 指数分布

如果元件寿命 X 的分布密度函数为

$$f(t) = \lambda e^{-\lambda t} \quad (t \geqslant 0, \ \lambda > 0) \tag{2.20}$$

其分布函数为

$$F(t) = 1 - e^{-\lambda t} \quad (t \geqslant 0) \tag{2.21}$$

则称为服从参数为 λ 的指数分布。

指数分布的有关可靠性特征：

(1)可靠度函数。

$$R(t) = e^{-\lambda t} \tag{2.22}$$

(2)失效率函数。

$$\lambda(t) = \frac{f(t)}{R(t)} = \frac{\lambda e^{-\lambda t}}{e^{-\lambda t}} = \lambda \tag{2.23}$$

即指数分布的失效率函数与时间 t 无关，是一个常数，就是其参数 λ。

(3)平均寿命。

$$E(X) = \frac{1}{\lambda} \tag{2.24}$$

即平均寿命为参数 λ 的倒数。

(4)寿命方差。

$$\sigma^2 = D(X) = \frac{1}{\lambda^2} \tag{2.25}$$

(5)可靠寿命。

$$t(r) = \frac{1}{\lambda} \ln \frac{1}{r} \tag{2.26}$$

(6)中位寿命。

$$t(0.5) = \frac{1}{\lambda} \ln 2 \tag{2.27}$$

若令 $\lambda = \dfrac{1}{\theta}$，式(2.20)和(2.21)通常也表示为

$$f(t) = \frac{1}{\theta} e^{-\frac{1}{\theta}t} \quad (t \geqslant 0, \ \theta > 0) \tag{2.28}$$

$$F(t) = 1 - e^{-\frac{1}{\theta}t} \quad (t \geqslant 0, \ \theta > 0) \tag{2.29}$$

式中，θ 称为指数分布的特征寿命，即指数分布的平均寿命与特征寿命相同。指数分布的重要性表现在它具有"无记忆性"。假如把 X 表示寿命，如果已知寿命长于 s 年，则再活 t 年的概率与年龄 s 无关。换句话说：若一个元件的寿命服从指数分布，当它使用了时间 t 以后如果仍正常，则它在 t 以后的剩余寿命与新的寿命一样，服从指数分布。这点

可用下式表示：

$$P(X > t + s \mid X > t) = P(X > t)$$

这是因为

$$P(X > s + t \mid X > s) = \frac{P(X > s + t)}{P(X > s)} = \frac{e^{-\lambda(s+t)}}{e^{-\lambda s}} = e^{-\lambda t}$$

如果用 $t-\gamma$ 代替指数分布中的 t，则可得到双参数的指数分布，其中 $t \geqslant \gamma$，$\gamma \geqslant 0$，γ 称为位置参数，也称保证寿命。

双参数指数分布的各特征量为

分布密度函数 $\qquad f(t) = \lambda e^{-\lambda(t-\gamma)} \quad (t \geqslant \gamma)$ $\qquad\qquad$ (2.30)

累积分布函数 $\qquad F(t) = 1 - e^{-\lambda(t-\gamma)} \quad (t \geqslant \gamma)$ $\qquad\qquad$ (2.31)

可靠度函数 $\qquad R(t) = e^{-\lambda(t-\gamma)} \quad (t \geqslant \gamma)$ $\qquad\qquad$ (2.32)

失效率函数 $\qquad \lambda(t) = \lambda$ $\qquad\qquad$ (2.33)

平均寿命 $\qquad E(X) = \gamma + \dfrac{1}{\lambda}$ $\qquad\qquad$ (2.34)

可靠寿命 $\qquad t(r) = \gamma + \dfrac{1}{\lambda}\ln\dfrac{1}{r}$ $\qquad\qquad$ (2.35)

中位寿命 $\qquad t(0.5) = \gamma + \dfrac{1}{\lambda}\ln 2$ $\qquad\qquad$ (2.36)

指数分布与双参数指数分布的概率密度曲线和可靠度曲线分别见图2.4和图2.5。

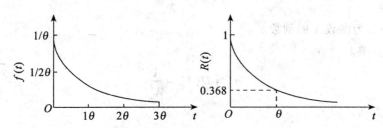

图 2.4　指数分布的概率密度曲线和可靠度曲线

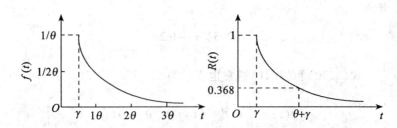

图 2.5　双参数指数分布的概率密度曲线和可靠性曲线

指数分布是一种非常重要的失效分布，其特点是失效率为常数，它不但在电子元器件，机电产品的偶然失效期内普遍使用，而且在复杂系统和整机方面以及机械技术的可靠性领域也得到应用。

例 2.5 设有某种电子器件，根据以往试验资料知道，在某种应力的条件下。其寿命服从参数的指数分布，并且这种器件在 100h 的工作时间内将约有 5% 失效，求可靠寿命 $t(0.9)$ 和可靠度 $R(1000)$。

解：用 X 表示这种电子器件的寿命，已知这种器件在 100h 的工作时间内将约有 5% 失效，有下式：

$$R(X \leqslant 1000) = F(100) = 0.05$$

代入式 (2.21) 得

$$1 - e^{-100\lambda} = 0.05$$

从而

$$\lambda = 0.0005$$

因此可靠寿命

$$t(0.9) = \frac{1}{0.0005}\ln\frac{1}{0.9} = 210.7h$$

可靠度

$$R(1000) = e^{-1000 \times 0.0005} = 0.6065$$

2.2.4 正态分布

如果随机变量 X 的分布密度函数为

$$f(t) = \frac{1}{\sigma\sqrt{2\pi}}\exp\left[-\frac{(t-\mu)^2}{2\sigma^2}\right] \quad -\infty < t < +\infty \tag{2.37}$$

则称随机变量 X 服从参数为 μ 和 σ 的正态分布 $N(\mu, \sigma^2)$，μ 和 σ 分别称为位置参数和尺度参数。

正态分布的概率密度曲线见图 2.6。

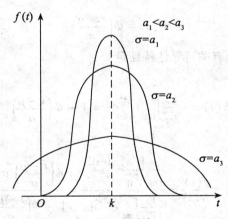

图 2.6 正态分布的概率密度曲线

如果 $\mu = 0$，$\sigma = 1$，此时我们称随机变量 X 服从标准正态分布 $N(0, 1)$。其分布密度函数与分布函数分别用 $\phi(t)$ 和 $\Phi(t)$ 表示，即

$$\phi(t) = \frac{1}{\sqrt{2\pi}}e^{-\frac{t^2}{2}} \quad -\infty < t < +\infty \tag{2.38}$$

$$\Phi(t) = \frac{1}{\sqrt{2\pi}}\int_{-\infty}^{t}e^{-\frac{u^2}{2}}du$$

标准正态分布的概率密度曲线见图2.7，它是以纵轴为对称轴的钟形曲线。

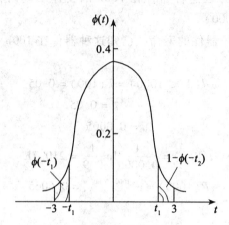

图2.7　标准正态分布的概率密度曲线

对于标准正态分布，有一个很重要的分布值计算公式：

$$\Phi(t) = 1 - \Phi(-t) \tag{2.39}$$

关于$\Phi(t)$有表可查，在一般地数理统计书中都可查到。

令$z = \dfrac{t-\mu}{\sigma}$，可将随机变量$X$标准化，标准化后的随机变量$z$服从标准正态分布。

于是

$$\Phi(z) = \Phi\left(\frac{t-\mu}{\sigma}\right) \tag{2.40}$$

正态分布$N(\mu, \sigma^2)$的有关可靠性特征量：

（1）可靠性函数。

$$R(t) = \frac{1}{\sqrt{2\pi}}\int_{\frac{t-\mu}{\sigma}}^{+\infty} e^{-\frac{u^2}{2}}\,du = 1 - \Phi\left(\frac{t-\mu}{\sigma}\right) \tag{2.41}$$

（2）失效率函数。

$$\lambda(t) = \frac{f(t)}{R(t)} = \frac{\dfrac{1}{\sigma\sqrt{2\pi}} e^{-\frac{(t-\mu)^2}{2\sigma^2}}}{\dfrac{1}{\sqrt{2\pi}}\int_{\frac{t-\mu}{\sigma}}^{+\infty} e^{-\frac{u^2}{2}}\,du} = \frac{\phi\left(\dfrac{t-\mu}{\sigma}\right)\sigma^{-1}}{1 - \Phi\left(\dfrac{t-\mu}{\sigma}\right)} \tag{2.42}$$

（3）平均寿命。

$$E(X) = \mu \tag{2.43}$$

（4）寿命方差。

$$D(X) = \sigma^2 \tag{2.44}$$

正态分布是应用最广泛的一种分布。很多工程问题可用正态分布来描述，如各种误差、材料特性、磨损寿命、疲劳失效都可看作或近似看做正态分布。但在很多情况下，随机试验得到的数据常常不能取负值，如寿命、强度、应力等，因此，用正态分布作为失效分布的理论是不适宜的，此时，可以改用"截尾正态分布"。

2.2.5　截尾正态分布

截尾正态分布的分布密度函数为

$$f(t) = \frac{1}{a\sigma\sqrt{2\pi}}\exp\left[-\frac{(t-\mu)^2}{2\sigma^2}\right] \quad t \geqslant 0, \ \sigma > 0 \tag{2.45}$$

式中，$a>0$ 为常数，它保证 $\int_0^{+\infty} f(t)\mathrm{d}t = 1$，可以算出，$a = \Phi\left(\frac{\mu}{\sigma}\right)$。

截尾正态分布的概率密度曲线见图 2.8。

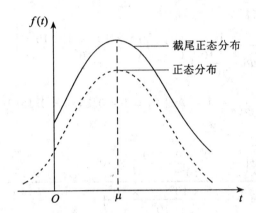

图 2.8　截尾正态分布与正态分布的概率密度曲线之比较

根据截尾正态分布的定义可得各特征量如下：

（1）分布密度函数。

$$f(t) = \frac{1}{\Phi\left(\frac{\mu}{\sigma}\right)\sigma\sqrt{2\pi}}\exp\left[-\frac{(t-\mu)^2}{2\sigma^2}\right] \quad t \geqslant 0, \ \sigma > 0 \tag{2.46}$$

（2）累积分布函数。

$$F(t) = 1 - \frac{1}{\Phi\left(\frac{\mu}{\sigma}\right)}\left[1 - \Phi\left(\frac{t-\mu}{\sigma}\right)\right] \tag{2.47}$$

（3）可靠度函数。

$$R(t) = \frac{1}{\Phi\left(\frac{\mu}{\sigma}\right)}\left[1 - \Phi\left(\frac{t-\mu}{\sigma}\right)\right] \tag{2.48}$$

（4）失效率函数。

$$\lambda(t) = \frac{\phi\left(\frac{t-\mu}{\sigma}\right)\sigma^{-1}}{1 - \Phi\left(\frac{t-\mu}{\sigma}\right)} \tag{2.49}$$

（5）平均寿命。

$$E(X) = \mu + \frac{\sigma}{\sqrt{2\pi}\,\Phi\left(\frac{\mu}{\sigma}\right)}\exp\left[-\frac{1}{2}\left(\frac{\mu}{\sigma}\right)^2\right] \qquad (2.50)$$

(6)可靠寿命。

$$r(t) = \mu + \sigma\Phi^{-1}\left[1 - \Phi\left(\frac{\mu}{\sigma}\right)r\right] \qquad (2.51)$$

例2.6 已知某型号继电器的寿命服从正态分布 $N(4\times10^6, 10^{12})$,求该型号继电器工作至 5×10^6 次时的可靠度 $R(5\times10^6)$、失效率 $\lambda(5\times10^6)$ 及可靠水平 $r=0.9$ 时的可靠寿命 $t(0.9)$。

解:根据式(2.48)得

$$R(5\times10^6) = \frac{1}{\Phi\left(\frac{4\times10^6}{10^6}\right)}\left[1 - \Phi\left(\frac{5\times10^6 - 4\times10^6}{10^6}\right)\right]$$

$$= \frac{1}{\Phi(4)}\left[1 - \Phi(1)\right] = 1 - 0.8413 = 0.1587$$

根据式(2.49)得

$$\lambda(5\times10^6) = \frac{\phi\left(\dfrac{5\times10^6 - 4\times10^6}{10^6}\right)\times 10^6}{1 - \Phi\left(\dfrac{5\times10^6 - 4\times10^6}{10^6}\right)} = \frac{\phi(1)\times 10^{-6}}{1 - \Phi(1)}$$

$$= \frac{0.2420}{(1 - 0.8413)\times 10^6} \approx 1.52\times10^{-6} / \text{次}$$

根据式(2.51)得

$$t(0.9) = 4\times10^6 + 10^6\Phi^{-1}\left[1 - \Phi\left(\frac{4\times10^6}{10^6}\right)\times0.9\right]$$

$$= 4\times10^6 + 10^6\Phi^{-1}\left[1 - \Phi(4)\times0.9\right] = 4\times10^6 + 10^6\Phi^{-1}(0.1)$$

$$= 4\times10^6 + 10^6\times\left[-1.282\right] = 2.718\times10^6(\text{次})$$

(查标准正态分布表得 $\Phi(4)\approx1$, $\Phi(1)=0.8413$, $\Phi^{-1}(0.1)=-1.282$)

2.2.6 对数正态分布

当随机变量 x 的对数 $\ln x$ 服从参数为 μ 和 σ 的正态分布 $N(\mu, \sigma^2)$ 时,那么称随机变量 X 服从对数正态分布 $\ln(\mu\sigma^2)$。它的分布密度函数为

$$f(t) = \frac{1}{t\sigma\sqrt{2\pi}}\exp\left[-\frac{(\ln t - \mu)^2}{2\sigma^2}\right] \quad t > 0 \qquad (2.52)$$

式中,μ 和 σ 是两个参数,且 $-\infty < \mu < +\infty$, $\sigma > 0$。

我们知道,对数变换可以使较大的数缩小为较小的数,且愈大的数缩小得愈厉害,这一特性使较为分散的数据,通过对数变换,可以相对集中起来,所以常把跨几个数量级的数据用对数正态分布去拟合。

对数正态分布的密度曲线见图2.9。

对数正态分布的有关可靠性特征:

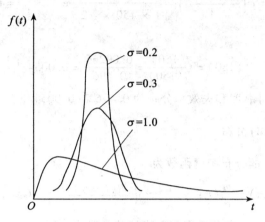

图 2.9　对数正态分布的密度曲线

（1）累积分布函数。

$$f(t) = \int_0^t \frac{1}{x\sigma\sqrt{2\pi}} \exp\left[-\frac{(\ln x - \mu)^2}{2\sigma^2} \right] \mathrm{d}x = \Phi\left(\frac{\ln t - \mu}{\sigma} \right) \tag{2.53}$$

（2）可靠度函数。

$$R(t) = 1 - \Phi\left(\frac{\ln t - \mu}{\sigma} \right) \tag{2.54}$$

（3）失效率函数。

$$\lambda(t) = \frac{\phi\left(\dfrac{\ln t - \mu}{\sigma} \right)(t\sigma)^{-1}}{1 - \Phi\left(\dfrac{\ln t - \mu}{\sigma} \right)} \tag{2.55}$$

（4）平均寿命。

$$E(X) = \mathrm{e}^{\mu + \frac{\sigma^2}{2}} \tag{2.56}$$

（5）寿命方差。

$$\sigma^2 = D(X) = \mathrm{e}^{2\left(\mu + \frac{\sigma^2}{2}\right)} \left(\mathrm{e}^{\sigma^2} - 1 \right) \tag{2.57}$$

在可靠性领域中，对数正态分布近年来受到重视，一般用于由裂痕扩展而引起的失效分布（如疲劳腐蚀失效）。此外，也用于恒定应力加速寿命试验后样品失效时间进行的统计分析。由概率论可知，当随机变量受许多微小偶然因素乘积的影响时，该随机变量的对数服从正态分布，即该随机变量服从对数正态分布。

例 2.7　设某个元件的寿命服从 $\mu = 5$，$\sigma = 1$ 的对数正态分布，求 $t = 150\mathrm{h}$ 的可靠度和失效率。

解：由公式（2.54）得，$t = 150\mathrm{h}$ 的可靠度为

$$R(150) = 1 - \Phi\left(\frac{\ln 150 - 5}{1} \right) = 1 - \Phi(0.01) = 0.496$$

为了计算 $\lambda(150)$，必须先计算 $f(150)$。

$$f(150) = \phi\left(\frac{\ln150 - 5}{1}\right) = \frac{1}{1 \times 150 \times \sqrt{2\pi}} e^{-\frac{(\ln150 - 5)^2}{2}} = 0.00266$$

于是得

$$\lambda(150) = \frac{f(150)}{R(150)} = \frac{0.00266}{0.496} = 0.0054/\text{h}$$

因此，$t = 150\text{h}$ 的可靠度和失效率分别为 0.496 和 0.0054/h。

2.2.7 威布尔(Weibull)分布

三参数威布尔分布的分布密度函数为

$$f(t) = \frac{m}{\alpha}(t - \gamma)^{m-1} \exp\left(-\frac{(t - \gamma)^m}{\alpha}\right) \quad (t \geqslant \gamma) \tag{2.58}$$

式中：m——形状参数，决定分布密度曲线的基本形状；

γ——位置参数，又称起始参数，表示元件在时间 γ 之前具有 100% 的可靠度，失效是从 γ 之后开始的；

α——尺度参数，起缩小或放大 t 标尺的作用，但不影响分布的形状。

1. 参数不同时，威布尔分布相应的特殊分布

(1)当 $\gamma = 0$ 时，相应的威布尔分布就是两参数的威布尔分布，其分布密度函数为

$$f(t) = \frac{m}{\alpha} t^m \exp\left(-\frac{t^m}{\alpha}\right) \quad (t \geqslant 0) \tag{2.59}$$

(2)当 $m = 1$ 时，相应的威布尔分布就是两参数的指数分布。其分布密度函数为

$$f(t) = \frac{1}{\alpha} \exp\left(-\frac{t - \gamma}{\alpha}\right) \quad (t \geqslant \gamma) \tag{2.60}$$

(1)当 $m = 1$，且 $\gamma = 0$ 时，相应的威布尔分布就是常见的指数分布。其分布密度函数为

$$f(t) = \frac{1}{\alpha} e^{-\frac{t}{\alpha}} \quad (t \geqslant 0) \tag{2.61}$$

可见，指数分布是威布尔分布的特例，因此，威布尔分布比指数分布适应性更强。

(2)当 m 很大时，如 $m > 4$，威布尔分布近似于正态分布。

2. 双参数威布尔分布的相关可靠性特征量

累积分布函数：

$$F(t) = 1 - \exp\left(-\frac{t^m}{\alpha}\right) \tag{2.62}$$

可靠度函数：

$$R(t) = \exp\left(-\frac{t^m}{\alpha}\right) \tag{2.63}$$

失效率函数：

$$\lambda(t) = \frac{m}{\alpha} t^{m-1} \tag{2.64}$$

平均寿命：

$$E(X) = \alpha^{\frac{1}{m}} \Gamma\left(1 + \frac{1}{m}\right) \tag{2.65}$$

寿命方差：

$$\sigma^2 = D(X) = \alpha^{\frac{2}{m}} \left[\Gamma\left(1 + \frac{2}{m}\right) - \Gamma^2\left(1 + \frac{1}{m}\right) \right] \tag{2.66}$$

3. 三参数威布尔分布的相关可靠性特征量

累积分布函数：

$$F(t) = 1 - \exp\left(-\frac{(t - \gamma)^m}{\alpha} \right) \quad (t \geqslant \gamma) \tag{2.67}$$

可靠度函数：

$$R(t) = \exp\left(-\frac{(t - \gamma)^m}{\alpha} \right) \quad (t \geqslant \gamma) \tag{2.68}$$

失效率函数：

$$\lambda(t) = \frac{m}{\alpha}(t - \gamma)^{m-1} \quad (t \geqslant \gamma) \tag{2.69}$$

由上式可以看出，当 $m > 1$ 时，$\lambda(t)$ 为单调递增函数，则失效率属于 IFR(Increasing Failure Rate)型，可用来描述浴盆曲线的耗损老化失效阶段的寿命分布；当 $m = 1$ 时，$\lambda(t) = \frac{1}{\alpha}$ 为常数，即 $\lambda(t)$ 为恒定失效率，属于 CFR(Constant Failure Rate)型，可用来描述浴盆曲线的偶然失效阶段的寿命分布；当 $m < 1$ 时，$\lambda(t)$ 为单调递减函数，则失效率属于 DFR(Decreasing Failure Rate)型，常用来描述浴盆曲线的早期失效阶段的寿命分布。

由此可以看出，威布尔分布由于其形状参数，使得它在数据拟合上极富于弹性，它能全面地描述浴盆失效率曲线的各个阶段。

平均寿命

$$E(X) = \gamma + \alpha^{\frac{1}{m}} \Gamma\left(1 + \frac{1}{m}\right) \tag{2.70}$$

寿命方差

$$\sigma^2 = D(X) = \alpha^{\frac{2}{m}} \left[\Gamma\left(1 + \frac{2}{m}\right) - \Gamma^2\left(1 + \frac{1}{m}\right) \right] \tag{2.71}$$

令 $\eta = \alpha^{\frac{1}{m}}$，则称 η 为尺度参数，也称特征寿命。

式中，$\Gamma\left(1 + \frac{1}{m}\right)$ 为伽玛(Gamma)函数，定义 $\Gamma(p) = \int_0^t t^{p-1} \mathrm{e}^{-t} \mathrm{d}t$，$p > 0$。$\Gamma(p)$ 可根据 m 值由数学手册中的 Gamma 函数表查得。但 Gamma 函数表一般只列出 $p = 1 \sim 2$ 范围内的 $\Gamma(p)$ 值，故当 $1 + \frac{1}{m}$ 大于 2 时，应利用 Gamma 函数的下列性质来求 $\Gamma\left(1 + \frac{1}{m}\right)$：

$$\Gamma(p) = (p - 1)\Gamma(p - 1) \tag{2.72}$$
$$\Gamma(n + 1) = n! \tag{2.73}$$

为了使用方便，将不同 m 值时的 $\Gamma\left(1 + \frac{1}{m}\right)$ 及 $\Gamma\left(1 + \frac{2}{m}\right)$ 值列表，如表 2.1 所示。

表 2.1 $\Gamma\left(1 + \dfrac{1}{m}\right)$ 及 $\Gamma\left(1 + \dfrac{2}{m}\right)$ 值

m	$\Gamma\left(1 + \dfrac{1}{m}\right)$	$\Gamma\left(1 + \dfrac{2}{m}\right)$	m	$\Gamma\left(1 + \dfrac{1}{m}\right)$	$\Gamma\left(1 + \dfrac{2}{m}\right)$
0.1	10!	20!	2.1	0.886	0.981
0.2	5!	10!	2.2	0.886	0.965
0.3	9.260	2593	2.3	0.886	0.952
0.4	3.323	5!	2.4	0.886	0.941
0.5	2.000	4!	2.5	0.887	0.931
0.6	1.505	9.260	2.6	0.888	0.923
0.7	1.266	5.025	2.7	0.889	0.917
0.8	1.133	3.323	2.8	0.890	0.911
0.9	1.052	2.478	2.9	0.892	0.907
1.0	1.000	2.000	3.0	0.893	0.903
1.1	0.965	1.702	3.1	0.894	0.899
1.2	0.941	1.505	3.2	0.896	0.897
1.3	0.932	1.366	3.3	0.897	0.894
1.4	0.911	1.266	3.4	0.898	0.892
1.5	0.903	1.191	3.5	0.900	0.891
1.6	0.897	1.133	3.6	0.901	0.889
1.7	0.892	1.088	3.7	0.902	0.888
1.8	0.889	1.052	3.8	0.904	0.887
1.9	0.887	1.024	3.9	0.905	0.887
2.0	0.886	1.000	4.0	0.906	0.886

    威布尔分布不同参数取值的密度曲线、可靠度曲线及失效率曲线见图 2.10 和图 2.11。

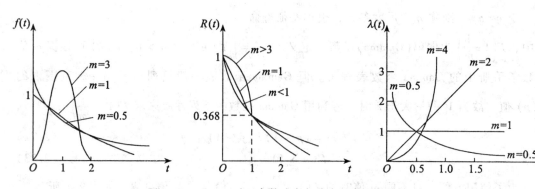

图 2.10 $\alpha = 1$ 时双参数威布尔分布的各函数曲线

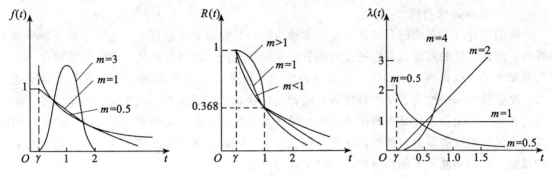

图 2.11　$\alpha = 1$，$\gamma = 0.2$ 时三参数威布尔分布的各函数曲线

例 2.8　某种特定的灯管的失效时间服从威布尔分布，其 $m = 2$，$\eta = 1000\text{h}$，试确定当任务时间为 100h，这种管子的可靠度。

解：由于灯管一开始就存在着失效的可能，此时 $\gamma = 0$，因此可靠度函数为

$$R(t) = \exp\left(-\frac{t}{\eta}\right)^m$$

当任务时间为 100h，这种管子的可靠度为

$$R(100) = \exp\left(-\frac{100}{1000}\right)^2 = e^{-0.01} \approx 0.99$$

威布尔分布是近年来在可靠性分析中使用最为广泛的一种分布。大量实践证明，凡是因为某一局部失效或故障所引起的全局机能停止运行的元件、器件、设备、系统等的寿命服从威布尔分布；特别在研究金属材料的疲劳寿命，例如疲劳失效、轴承失效都服从威布尔分布。威布尔分布在可靠性研究中具有一定的生命力，早在国际电工委员会 1976 ~ 1981 年的标准编制计划中已将它作为一种重要的分布来考虑。

2.3　多态关联系统与多元布尔逻辑

2.3.1　多状态系统

二值状态可靠性模型通常仅考虑系统和元件只有两种状态：要么完全工作，要么完全失效。然而实际中的许多系统具有多种功能、结构复杂，而且这种复杂系统的元件可能呈现出不同的性能水平或者几种失效模式，对整个系统性能也产生各种影响，系统一些元件的失效或者性能衰退会导致系统性能的下降，同时引起整个系统呈现出多个性能水平和多种失效模式，这样的系统称作多状态系统。多状态系统的典型模型有：发电系统其元件的性能由发电量来描述；计算机系统其元件性能由数据处理速率来描述等。

当前多状态可靠性研究的主要方向在于将传统的二值状态系统中一些成熟有效的可靠性分析计算方法应用到多状态系统可靠性分析计算中去。将这些方法扩展应用到多状态系统时遇到的主要困难在于多状态系统中系统以及元件都具有多种状态，很容易产生状态数目爆炸问题，系统的结构函数非常复杂，如何简化这些模型，减轻计算负担成为研究的重

点。多状态系统研究另外一种重要的方向就是寻求多状态系统优化算法。

1. 多状态系统的概念

我们设计一个系统的目的在于使它能够执行一些想要完成的任务。这些任务是多种多样的,因此这样的系统通常也被设计成具有多种功能的,而且有些任务可以是系统在一定的效率水平上执行的。比如说一个发电机组,它可能以各种不同的功率状态向外输出电力,这些效率水平称为系统的性能等级或者系统状态,它标志着系统能完成某项任务的能力。如果一个设备系统具有有限数目的性能状态,就称这个系统为多状态系统。同样,如果一个元件具有有限数目的性能状态,那么这个元件就是多状态元件。这个元件是功能上的概念,是指功能上不能再分解的一个整体部分。

通常如下情形的系统被看成是多状态系统:

(1)如果一个系统的各个元件对系统的整体性能水平具有累积效应,这种系统应当被看成一个多状态系统。

这种系统的状态或者说性能等级取决于系统元件的是否有效、各组成元件的重要度和系统中有效元件的数目。比如 k-out-n 系统:系统由 n 个等同的二值状态元件组成,假设系统的性能等级与有效单元的数目成正比,根据有效单元的数目系统呈现出 n+1 个状态;当系统具有 k 个有效单元时,其性能等级是可以接受的。当不同的单元对系统性能的累积贡献也不相同时(或者说各单元对系统的重要度不同时),多状态系统可能状态数目剧烈增加,因为不同的 k 个有效单元可能使整个系统处于不同的性能等级。

(2)系统元件的性能等级随着元件本身的恶化(比如疲劳、部分失效)而发生变化,或者随着可变的环境条件而发生变化。元件性能的恶化或者失效能导致整个系统性能在某种程度上发生减退。

系统元件的性能等级可以在完全工作到完全失效这个范围内。导致元件性能减退的失效称为部分失效。部分失效后,元件继续在一个退化了的性能等级上工作,直到完全失效,元件才完全不能工作。

2. 多状态系统的一般模型

设一个多状态系统由 n 个元件组成,任意一个系统元件 j 具有 k_j 个不同的状态,相应地该元件具有 k_j 个不同的性能等级,表示为如下的集合:

$$g_j = \{g_{j1}, \ g_{j2}, \ \cdots, \ g_{jk_j}\}$$

式中,g_{ji} 是元件 j 在状态 i 时的性能等级,其中状态 $i \in \{1, \ 2, \ \cdots, \ k_j\}$。元件 j 在任意 $t \geqslant 0$ 时刻的性能等级 $G_j(t)$ 是一个随机变量,其值取之于合集 $g_j: G_j \in g_j$。元件性能也可以是复杂的数学对象,如向量等。系统元件 j 处于不同状态的概念表示为如下集合:

$$P_j(t) = \{P_{j1}(t), \ P_{j2}(t), \ \cdots, \ P_{jk_j}(t)\},$$

式中,$P_{ji}(t) = \Pr\{G_j(t) = g_{ji}\}$ 表示元件 j 处于状态 i 的概率。元件各种状态组成了一个相互排斥的完整集合,即元件总是处于并且只处于一个状态 g_{ji},则有

$$\sum_{i=1}^{k_j} P_{ji}(t) = 1 \quad 0 \leqslant t \leqslant T$$

每一时刻,系统元件都处于一定的性能状态,具有一定的性能等级,而整个多状态系统的性能是由这些元件的性能等级决定的,即系统的性能等级是关于系统各个元件性能等

级的函数。假设整个系统有 k 个不同的状态，系统在状态 $i(i \in \{1, 2, \cdots, k\})$ 时的性能等级记作 g_i，在任意时刻 t，整个多状态系统的性能等级也是一个随机变量 $g(t)$，其值取之于集合 $g(t) \in \{g_1, g_2, \cdots, g_k\}$。

设 $L'' = \{g_{11}, \cdots, g_{1k_1}\} \times \{g_{21}, \cdots, g_{2k_2}\} \times \cdots \times \{g_{n1}, \cdots, g_{nk_n}\}$ 为系统所有元件性能等级组合的空间域，$S = \{g_1, \cdots, g_k\}$ 为整个系统性能等级可能值的空间域。空间转换 $\phi(G_1(t), \cdots, G_n(t)) : L^n \rightarrow S$ 将元件性能等级空间映射到系统性能等级空间，这个转换称为系统的结构函数。系统结构函数就是系统状态关于各元件状态的函数。

可以这样定义多状态系统的一个通用模型：系统由 n 个元件组成，每个元件 j 的性能的随机过程为 $G_j(t)$，$j = 1, 2, \cdots, n$，系统的结构函数为：$G(t) = \phi(G_1(t), \cdots, G_n(t))$。对应于每个元件的随机过程，该结构函数会产生整个多状态系统的输出。

在许多实际情形中，得到的是连续时间离散状态下的多状态系统元件的性能状态及其概率分布，这时可以使用一个相对简单的多状态系统模型，它基于系统元件在任意 t 时刻的性能概率分布，以及系统结构函数：$g_j, p_j(t), 1 \leqslant j \leqslant n, \phi(G_1(t), \cdots, G_n(t))$。这个简单模型可以描述多状态系统的一些基本性能指标，比如系统元件及系统的状态分布，但是它不能描述多状态系统的其他一些性能指标，比如系统元件及系统的状态分布，但是它不能描述多状态的其他一些性能，比如平均失效时间，一段时间内平均失效次数等。这些性能指标需要我们寻求另外的算法去求解。

3. 多状态系统的主要特性

(1) 系统元件的相关性。多状态系统中某个元件具有相关性意味着，如果仅改变这个元件的状态而不改变系统其他元件的状态，可能导致整个系统状态的改变，这个改变可以是性能上的衰退或者增强。就系统结构函数来说，元件 j 的相关性意味着，对于 $g_{jk} \neq g_{jm}$，存在这样的 $\phi(G_1(t), \cdots, G_n(t))$，使得

$$\phi(G_1(t), \cdots, G_{j-1}(t), g_{jk}, G_{j+1}(t), \cdots, G_n(t)) \neq \phi(G_1(t), \cdots, G_n(t), g_{jm}, G_{j+1}(t), \cdots, G_n(t))$$

由于多态系统存在 NP 问题，所以寻找普遍适用的建模方法存在很大困难。因而很多学者将重点放在关联系统上。

(2) 系统关联性。对于多状态系统，当且仅当系统的结构函数是非减的，而且所有的系统元件都是相关的，这样的系统称为关联系统。当系统中所有元件都处于最高性能等级的状态时，系统性能等级也达到最高；当系统中所有元件都处于最差等级状态时，系统也处于最差状态；任意一个元件状态的改善 (更换或者维修) 不会导致整个系统状态的恶化；任意一个系统元件状态的退化，不会引起整个系统性能水平的提高。就结构函数而言，具有关联性的多状态系统满足：

$$\phi(g_{11}, g_{21}, \cdots, g_{n1}) = g_1 \text{ 和 } \phi(g_{1k_1}, g_{2k_2}, \cdots, g_{nk_n}) = g_k$$

若 $g_{ij} \geqslant g_{jm}$，有

$$\phi(G_1(t), \cdots, G_{j-1}(t), g_{jk}, G_{j+1}(t), \cdots, G_n(t)) \geqslant \phi(G_1(t), \cdots, G_n(t), g_{jm}, G_{j+1}(t), \cdots, G_n(t))$$

4. 多状态系统的可靠性指标

多状态系统的性能等级变化可以用它在状态空间内的演变来描述。在实际工程系统

中，通常根据需要将系统功能分为可接受和不可接受两个状态集，状态空间也相应地分成两个不相交的部分，对应可接受系统功能的那部分状态空间子集称为可接受状态子集，另一部分称为不可接受状态子集。多状态系统的可靠性则可以理解为，在运行期间系统保持在可接受状态子集中的能力。在不可维修的多状态系统的可靠性分析中，常常将不可接受状态子集合并成一个吸收状态，看成一个状态来处理，因此系统一旦进入了吸收状态将不再离开，因此这个集合内元件状态对系统整个性能的影响是一样的，但是在可维修多状态系统中，系统状态可以在任意状态之间转移，需分别对待这些状态。

通常情况下，这种可接受和不可接受状态是根据系统的输出性能 $G(t)$ 与对系统的需求 $W(t)$ 划分的。它们之间的关系可以用可接受函数 $F(G(t)，W(t))$ 来描述。可接受的系统状态对应于 $F(G(t)，W(t)) \geq 0$，不可接受的系统状态对应于 $F(G(t)，W(t)) < 0$，它定义了多状态系统的失效准则。许多实际情况中要求多状态系统的输出性能水平超过期望需求，此时可接受函数的形式取为 $F(G(t)，W(t)) = G(t) - W(t)$。

为了从可靠性的观点描述多状态的行为特征，必须确定多状态可靠性指标，除了可靠性常用指标如可靠性、失效率等之外，这里还考虑了系统在时间域内演化的一些指标，例如失效前、失效次数等。

(1)系统在 t 时刻的可靠度 $R(t)$，指系统性能等级 $G(t)$ 在 t 时刻大于需求 $W(t)$ 的概率，$R(t) = Pr\{G(t) - W(t) > 0\}$。

(2)系统(或元件)失效率 $\lambda(t)$，系统(或元件)工作到 t 时刻后，在单位时间内发生失效的概率。

(3)系统(或元件)维修率 $\mu(t)$，系统(或元件)工作到 t 时刻后，在单位时间内进行维修或者替换的概率。

(4)失效前时间 T_f，对于不可修复系统，它是指从系统生命期的开始到系统第一次进入不可接受状态集的时间。

(5)失效次数 N_τ，系统在 $[0，T]$ 期间内进入不可接受状态子集的次数。

(6)无失效运行的概率或者可能性函数 $R(t)$，T_f 大于等于时间 t 的概率 $R(t) = Pr\{T_f \geq t \mid F(G(0)，W(0) \geq 0\}$，这里初始状态时，系统处于一个可接受状态。

(7)多状态系统瞬间有效度 $A(t)$，对于可修复系统，它是指多状态系统在一个瞬时 $t > 0$ 处于可接受状态的概率，$A(t) = Pr\{F(G(0)，W(0) \geq 0\}$。

(8)多状态系统在时间间隔 $[0，T]$ 内的有效度。其定义为

$$A_T = \frac{1}{T} \int_0^T 1(F(G(t)，W(t)) \geq 0) \mathrm{d}t$$

当需求是一个变量时，多状态系统运行期 T 可以划分成 m 个阶段 $T_m(1 \leq m \leq M)$，每个阶段 m 指配一个恒定的需求水平 w_m，这种情况下，有效度指标可以写成

$$A(w，q) = \sum_{m=1}^M A(w_m) q_m = \sum_{k=1}^K q_m \sum_{k=1}^K p_k 1(F(g_k，w) \geq 0)$$

式中，$w = \{w_1，\cdots，w_M\}$ 是可能需求水平组成的向量，$q = \{q_1，\cdots，q_M\}$ 是对应于需求水平的稳态概率组成的向量：$q_m = T_m \Big/ \sum_{m=1}^M T_m = T_m/T$。

2.3.2　多状态关联系统

从 20 世纪 70 年代末提出多状态系统的概念至今，国内外许多学者在多状态系统可靠性领域展开了广泛研究，但是由于多状态系统建模中存在 NP 问题，寻找普遍适用的建模方法存在着巨大的困难，因而大量的学者把研究的焦点放在关联系统上。

n 个元件组成的多状态系统，其结构函数满足下面条件时，称之为关联系统：

(1) $\phi(g_{11},\ g_{21},\ \cdots,\ g_{n1}) = g_1$，$\phi(g_{1k_1},\ g_{2k_2},\ \cdots,\ g_{nk_n}) = g_n$。

(2) $\phi(g)$ 关于向量 g 单调增加。

(3) $\forall i = 1,\ 2,\ \cdots,\ n$；$j = 1,\ 2,\ \cdots,\ k_i$，$\exists g$，使 $\phi(j_i,\ g) > \phi((j-1)_i,\ g)$。

(4) $\forall j \in S$，$\exists g$，使 $\phi(g) = j$。

多状态关联系统的性质：

设一多状态关联系统由 n 个元件组成，元件 $j \in \{0,\ 1,\ \cdots,\ n\}$ 的状态空间为 $g_j = \{g_{j1},\ g_{j2},\ \cdots,\ g_{jk_j}\}$，元件 j 的状态记做 $G_j(t)$，$G_j(t) \in g_j$；所有元件状态组成的空间为 $g = g_1 \times g_2 \times \cdots \times g_n$，所有元件组成的状态向量记做 $X = (G_1(t),\ G_2(t),\ \cdots,\ G_n(t))$，系统状态空间为 $S = \{g_1,\ g_2,\ \cdots,\ g_k\}$，系统状态记做 $G(t)$，$G(t) \in S$。系统结构函数记做 $\phi: g \rightarrow S$。定义一个正整数 $N = \sum\limits_{j=1}^{n} g_{jk_j}$。引入下面的概念和定理：

定义 2.1　第 j 个元件的状态为 i 时的向量集为

$$(i_j,\ X) = (G_1,\ G_2,\ \cdots,\ G_{j-1},\ i,\ G_{j+1},\ \cdots,\ G_n)。$$

定义 2.2　向量水平函数：$P(X) = \sum\limits_{j=1}^{n} G_j(t)$。

定义 2.3　$\exists X \in g$，$\forall \phi(X) \geqslant i$，$X$ 为系统在 i 水平上的一个路径向量；

$\exists X \in g$，$\forall \phi(X) = i$，X 为系统在 i 水平上的一个严格路径向量；

$\forall \phi(X) = i$ 且 $\forall Z < X$，$\phi(Z) < i$，则称 X 为系统在 i 水平上的一个临界路径向量。

定义 2.4　系统在 i 水平上的严格路集：$A_i = \{X: X \in g,\ \phi(X) = i\}$；系统在 i 水平上的完全路集：$B_i = \{X: X \in g,\ \phi(X) \geqslant i\}$；向量水平集：$P_m = \{X: X \in g,\ P(X) = m\}$，$m = 0,\ 1,\ \cdots,\ N$。

定理 2.1　若 ϕ 是单调系统结构函数，$\exists m \in \{0,\ 1,\ \cdots,\ N\}$，$\forall X \in P_m$，$\phi(X) \geqslant i$，则 $\forall l \in \{m,\ \cdots,\ N\}$，$\forall X \in P_i$，$\phi(X) \geqslant i$。

定理 2.2　若 ϕ 是单调系统结构函数，$\exists m \in \{0,\ 1,\ \cdots,\ N\}$，$i < K$，$\forall X \in P_m$，$\phi(X) \leqslant i$，则 $B_{i+1} \subseteq \bigcup\limits_{l=m+1}^{N} P_l$。

上面两个定理说明对于单调系统，如果已知系统结构函数在某向量水平集上的上、下界，那么就可以推断该系统在水平上的完全路集的性质。

定理 2.3　若 ϕ 是单调关联系统的结构函数，并且 k_j，$K \geqslant 2j = 1,\ \cdots,\ n$，则 $\forall X \in P_{N-1}$，$\phi(X) \geqslant 1$，$\phi(X) \leqslant K - 1$。

定理 2.4　如果 ϕ 是单调关联系统的结构函数，并且 k_j，$K \geqslant 2j = 1,\ \cdots,\ n$，则 $\forall X \in P_{n-1}$，$\phi(X) \geqslant K - 1$，$\exists Z \in P_1$，$\phi(Z) \leqslant 1$。

2.3.3 布尔逻辑

N 个逻辑变量 A_1，A_2，$\cdots$，A_N 的每一组取值经过有限次逻辑运算都唯一的确定另一逻辑变量 F 的取值，F 就称为 A_1，A_2，$\cdots$，A_N 的逻辑函数或真值函数 $F(A_1$，A_2，$\cdots$，$A_N)$。

如果 A_1，A_2，$\cdots$，A_N 表示命题，F 表示命题函数。

如果 A_1，A_2，$\cdots$，A_N 表示开关状态，F 表示开关函数。

如果 A_1，A_2，$\cdots$，A_N 表示可靠性状态，F 表示结构函数。

逻辑函数 $F(A_1$，A_2，$\cdots$，$A_N)$ 的积之和形式：$F(A_1$，A_2，$\cdots$，$A_N) = \sum_i P_i$

称为逻辑函数 F 的第一标准形式（多项式标准形式，折取标准形式），P_i 叫做第一标准形式的项。P_i 含义为

$$P_i = \prod_j A_j^{\pm 1}$$

式中，$A_j^{+1} = A_j$，$A_j^{-1} = A_j'$，$A_j^{+1}A_j^{-1}$，不同时出现在 P_i 中。

逻辑函数 $F(A_1$，A_2，$\cdots$，$A_N)$ 的和之积的形式：

$$F(A_1，A_2，\cdots，A_N) = \prod_i S_i$$

该式称为逻辑函数的第二标准形式（合取标准形式、因式标准形式），S_i 称为第二标准式的因式，S_i 的含义为

$$S_i = \bigcup_j A_j^{\pm 1}。$$

若多项式中每一项均出现 A_j 或 A_j'，$j = 1$，2，$\cdots$，n。这每一项叫最小项。逻辑函数的最小项多项式也称为逻辑函数的第一范式。

若因式乘积式中每一项均出现 A_j 或 A_j'，$j = 1$，2，$\cdots$，n。这每一项叫最大因式。逻辑函数的最大因式乘积式称为第二标准范式。逻辑函数的标准不是唯一的，但范式都是唯一的。

逻辑函数 F 的任何一个第一种标准形式中的项称为逻辑函数 F 的蕴含项。

求蕴含项的步骤：

(1)将 F 化为范式。

(2)利用公式 $AB + AB' = A$ 对 F 的所有最小项进行合并，合并后的乘积项也是 F 的蕴含项。

反复运用(2)直到不能再化简为止。所得到的全部乘积项连同 F 的最小项就是 F 的全体蕴含项。

质项：在求蕴含项的过程中凡能不参加合并的项或合并后最终结果的项，称为质蕴含项，简称质项。

质项的性质：

(1)质项都是由 1 个、2 个、2^2 个、2^3 个……最小项合并而成的。

(2)质项都是蕴含项。

乘积项 P 为 F 的质项的充分必要条件是：P 的任何因式都不是 F 蕴含项。

从质项的产生过程可知：

（1）F 的每一个蕴含项都以某个或某几个质项为因子，因此全体质项可以把全体蕴含项吸收掉。

（2）F 等于全体质项之和。

设逻辑函数 F 的全体质项为 P_1，P_2，$\cdots$，P_n。令 P_i 对应一个逻辑变量 σ_i，σ_i 取值为 0 或 1，$i = 1$，2，$\cdots$，n。若 P_i 在 F 的某一质项中出现（全体质项可以构成若干个质项和，最简表达式就是一种或几种质项和。P_i 可在某一或某些质项和中出现，不在另一质项和中出现），$\sigma_i = 1$，P_i 不在某一质项和中出现；$\sigma_i = 0$ 则 σ_i 称为 P_i 出现因子。

若逻辑函数 F 有 K 个最小项 Q_1，Q_2，$\cdots$，Q_k，$\sigma_i(j)$ 表示质项 P_j 在 Q_i 中的出现因子。

当 P_j 是 Q_i 的因子，$\sigma_i(j) = 1$。

当 P_j 不是 Q_i 的因子，$\sigma_i(j) = 0$。

令 $g_i = \sum\limits_{j} \sigma_i(j)$，$j$ 取遍既是 Q_i 的因子又是 F 的质项 P 的脚标，则 g_i 称为 F 的最小项 Q_i 的出现因子。若逻辑函数 F 有 K 个最小项，g_1，g_2，$\cdots$，g_k 分别是它们的出现函数，则

$$g = g_1, g_2, \cdots, g_k = \prod_{i=1}^{k} \sum_{j} a_i(j)$$ 称为 F 的出现函数。

判断逻辑函数是否最简表达式的标准：

(1)该式的项是否包含了（体现了）全部的最小项。

(2)该式的项数是否最少，任一项的因子是否最少。

2.3.4 多元布尔逻辑

判定表是在记载真值表的基础上提出的，考虑各部件的多种状态。每种状态可作为一输入事件。判定表的每一行表示一个项。T 表示正事件出现，F 表示逆事件出现，"$-$"表示不出现，或不确定。

吸收(absorption)：

$$A \cup AB = A$$

判定表为

$$\frac{AB}{T\ -} \Rightarrow \frac{AB}{T\ -}$$

$$TT$$

归并(merging)：

$$AB \cup AB' = A$$

判定表为

$$\frac{AB}{TF} \Rightarrow \frac{AB}{T\ -}$$

$$TT$$

多态布尔逻辑中有

$$\bigcup_{i=1}^{n} A_j P_i = A_j$$

式中，P_i 有 n 个状态。

判定表为

$$\frac{AP}{W-1} \Rightarrow \frac{AB}{W\ -}$$

$$W0$$

$$W+1$$

删减(reduction)：

$$ABC \cup AB' = AC \cup AB'$$

判定表为
$$\frac{ABC}{TTT} \Rightarrow \frac{ABC}{T-T}$$
$$TF \qquad TF$$

多态布尔逻辑中有

$$A_iC_jP_1 \cup \left(\bigcup_{l=2}^{m} A_iP_l\right) \cup \left(\bigcup_{k=m+1}^{n} C_jP_k\right) = A_iC_j \cup \left(\bigcup_{j=2}^{m} A_iP_i\right) \cup \left(\bigcup_{k=m+1}^{n} C_jP_k\right)$$

删减-归并　reduction-merging：

若判定表中有一些项是一个输入变量的所有可能的 n 个状态存在，而且其全变量没有相反的符号，则这些项可能被简化。

Consensus 运算：

两状态中：
$$AB \cup B'C = AB \cup B'C \cup AC$$

反复运用上面的运算，可以求得全部得质蕴含项。

多状态中：
$$\bigcup_{i=1}^{n} P_i\Phi_i = \bigcup_{i=1}^{n} P_i\Phi_i \cup \left(\bigcap_{i=1}^{n} \Phi_i\right)$$

在现有的多状态单调关联结构函数的理解中，对两态单调关联结构作了两类推广。

(1)设单元和系统状态数目都是 M。

强单调关联(Strong Coherent system)；

单调关联(Coherent system)；

弱单调关联(Weak Coherent system)。

(2)单元状态为 M_i，系统状态数目为 M。

如果系统中每个部件都与系统 S 有关，且系统 S 的结构函数又是单调非减的。则称 S 为单调关联函数 Coherent system。通常不含反向器，不带负反馈的系统都是 Coherent system。

路集：S 系统中的多个元件组成的集合，该集合中的元素同时正常时系统 S 必正常。最小路集满足上述最小集合。

具体描述如下：所谓路集就是系统部件的状态变量集合 $\{X_1, X_2, \cdots, X_n\}$ 中满足下述条件的子集：$\{X_{i1}, X_{i2}, \cdots, X_{il}\}$，$i = 1, 2, \cdots, k$，$\{X_{i1}, X_{i2}, \cdots, X_{il}\} \subseteq \{X_{i1}, X_{i2}, \cdots, X_{in}\}$

当 $X_{i1} = X_{i2} = \cdots = X_{il} = 1$ 时，$\Phi(Z) = 1$。k 为路集数，n 为部件数。

割集：即系统部件的状态变量集合 $\{X_1, X_2, \cdots, X_n\}$ 中满足下列条件的子集：

设该子集为 $\{X_{j1}, X_{j2}, \cdots, X_{jil}\}$，$j = 1, 2, \cdots, m$，$\{X_{j1}, X_{j2}, \cdots, X_{jl}\} \subseteq \{X_1, X_2, \cdots, X_n\}$

当 $X_{j1} = X_{j2} = \cdots = X_{jn} = 0$ 时，$\Phi(X) = 0$，m 为割集数。

一般而言，若系统有 k 个最小路集，则结构函数的最小路集及表达式为

$$\Phi(X) = \bigcup_{j=1}^{kl} D_i(X)$$

此即为逻辑代数的第一标准型，亦即积之和或折取式，若系统有 l 个最小割集，则结构函数得最小割集及表达式为：$\Phi(X) = \bigcup_{i=1}^{l} M_i(X)$

此即为逻辑代数的第二标准型，也称和之积型或和取式。

习 题

1. 什么是失效率？常用的失效密度函数有哪些？

2. 指数分布与威布尔分布有何特点？为何在可靠性研究中得到广泛应用？

3. 什么是多状态系统、多态关联系统？

4. 多状态系统有哪些特点？

5. 多状态系统的可靠性指标有哪些？

6. 某仪器的寿命符合指数分布，且失效率 $\lambda = 0.01/\text{kh}$，求该仪器工作到可靠度为 90% 时的时间。

7. 设某电子元件的失效密度函数为 $f(t) = \begin{cases} 0 & t < 0 \\ te^{-\frac{t^2}{2}} & t \geq 0 \end{cases}$，求该产品的可靠度函数 $R(t)$ 和失效率函数 $\lambda(t)$。

8. 设某器件的失效率函数为 $\lambda(t) = \begin{cases} 0 & 0 \leq t < \mu \\ \lambda & t \geq \mu \end{cases}$，求该器件的失效概率密度函数 $f(t)$ 和平均寿命 θ。

第3章 系统可靠性分析方法

系统是为了完成某一特定功能，由若干个彼此有联系而且又能相互协调工作的单元所组成的综合体。系统可以是机器、设备、部件和零件；单元也可以是机器、设备、部件和零件。系统和单元的含义是相对而言的，由研究的对象而定。

系统可以分为可修复系统与不可修复系统两类。系统或其组成单元一旦失效，不再修复，系统处于报废状态，这样的系统称为不可修复系统。不可修复是指技术上不能够修复，经济上不值得修复，或者一次性使用，不必要进行修复。绝大多数设备是可修复系统，但不可修复系统的分析方法是研究可修复系统的基础。本章介绍不可修复系统和可修复系统的可靠性分析方法。

3.1 系统的组成及功能逻辑框图

这里所说的系统，是由若干元器件或若干设备为完成确定的功能而结合起来的复合体。计算机可单独作为系统，是由输入设备、输出设备、运算器、控制器、存储器构成。但计算机在自动化系统、导弹系统、卫星系统中又是一个分系统。若把元器件作为一个单元，则一般的基本电路就可看做一个系统。

在分析系统可靠性时，常常要将系统的工程结构图转换成系统的可靠性框图，再根据可靠性框图以及组成系统各单元所具有的可靠性特征量，计算出整个系统的可靠性特征量。系统的工程结构图是表示组成系统的单元之间的物理关系和工作关系，而可靠性框图则是表示系统的功能与组成系统的单元之间的可靠性功能关系。

可靠性框图与工程结构图并不完全等价。建立可靠性框图首先要了解系统中每个单元的功能，各单元之间在可靠性功能上的联系，以及这些单元功能、失效模式对系统的影响。绝不能从工程结构上判定系统类型，而应从功能上研究系统类型，分析系统的功能及其失效模式，保证功能关系的正确性。系统的最基本类型为串联系统和并联系统两种类型。

在构成可靠性框图时，一定要特别注意以下几个问题：

首先要注意性能框图和可靠性框图之间的区别。性能框图是从工作原理上考虑的，如电子计算机的性能框图如图3.1所示。各组成部分之间的关系是确定的，位置不可以变换。而可靠性框图是考虑各组成部分的故障对系统的所产生的影响，计算机整个系统中任意一组成部分的故障可以造成系统的故障。所以，计算机的可靠性框图是串联结构，而且某一部分的位置可以是任意的。电子计算机的可靠性框图如图3.2所示。

再如，$L\text{-}C$ 谐振电路的电气联结是并联的。而从可靠性的角度考虑，不管是 L，还是 C 任何一个失效都会导致谐振电路的失效，从而不能完成谐振的功能。所以其可靠性结构

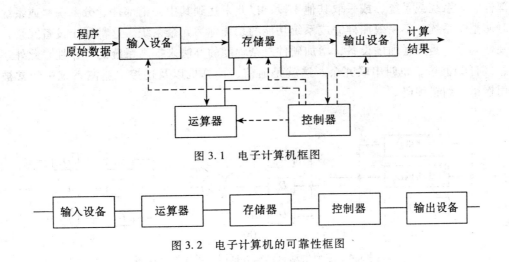

图 3.1　电子计算机框图

图 3.2　电子计算机的可靠性框图

框图是串联的。

此外，在建立可靠性框图时，要根据失效模式。例如两电容并联构成滤波器使用，当电容器开路为主要失效模式时，则应为并联结构的可靠性框图；而短路为主要失效模式时，则应为串联结构的可靠性框图。两种失效模式时的可靠性框图如图 3.3 所示。

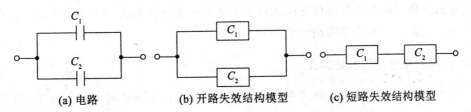

(a) 电路　　　　　(b) 开路失效结构模型　　　　(c) 短路失效结构模型

图 3.3　并联电容电路对不同失效模式的可靠性框图

对电路中设置的三个串联开关也是如此。为了使电路断开，只要有一个开关完好就可以完成切断的功能，所以可靠性框图是并联的。而为了接通电路，则需要三个开关都是完好的，任何一个不通电路也不能接通，必须三个都接通电路才能接通，因此在这种情况下的可靠性框图是串联的。

在构成可靠性框图时，还要注意功能要求，例如在大型飞机上，为了飞行安全装上三台发动机 D_1、D_2、D_3，若三台中有两台正常工作，飞机就能安全飞行，只有一台工作就不能安全飞行。根据这样的功能要求其可靠性框图应如图 3.4 所示。

总之，构成可靠性框图时，要严格区别性能框图和可靠性框图，绝不可以用性能框图代替可靠性框图。此外还要根据失效模式和功能要求来确定。

可靠性结构框图可分为串联系统、并联系统、并-串系统、串-并系统、混联系统、表决系统、备用系统，以及桥式、跨接等复杂系统。其中又可分为不可维修系统和可维修系统。在上述各种系统中串联系统为无冗余系统，而并联系统、并-串系统、串-并系统、混联系统、备用系统、表决系统为有冗余系统。为提高系统的可靠性，在串联系统中附加一些部件、分系统或系统，或采取其他手段，以此来达到其中一个部件、分系统、或系统失效时使整个系统并不失效照样完成系统功能的系统称为冗余系统。这都属于设备冗余，或叫硬件冗余，是用增加硬设备，增加硬件复杂程度的办法来提高系统的可靠性。此外还有信息(时间)冗余，也叫串联冗余。这就是通信、计算机以及遥控、遥测系统中经常被采用用检错、纠错编码。

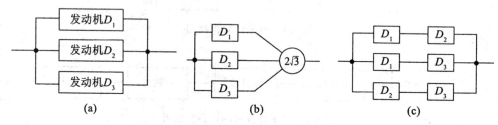

图 3.4　三台发动机结构方框图及可靠性方框图

3.2　基于可靠性框图的分析法

可靠性框图分析法(Reliability Block Diagram Analysis)是基于系统可靠性框图，从可靠度的角度出发来研究系统与部件之间的逻辑关系的一类分析方法。这类方法包括：真值表法、全概率公式法、最少路集法和最小割集法等。

3.2.1　系统可靠性框图及其建立

一般步骤：首先，画出系统可靠性框图；然后，应用概率论列举系统能正常工作的所有可能情况，从而由组成系统的各元部件的可靠度推导出系统可靠度。

在建立可靠性框图时，应注意如下问题。

1. 要注意系统原理框图与可靠性框图之间的区别

系统原理框图是从工作原理上考虑的，目的是描述系统中各部件在功能结构上的逻辑连接关系。而可靠性框图是考虑各部件的故障对系统可靠性的影响，旨在描述各部件的可靠性逻辑连接关系。这两者尽管有时具有相同的形式，但一般来说是不相同的，具体取决于系统的实际工作条件、运行资源要求及元部件的失效模式等。例如，计算机系统的原理框图(见图 3.1)，其各组成部分之间的关系是确定的，功能逻辑位置不可以变换；而该系统的可靠性框图(见图 3.2)是一种典型的串联形式，它描述的是系统各组成部分的故障对系统可靠性产生的影响，其各部分在图中的位置相对灵活。

2. 要注意元部件的故障模式

同一功能结构的可靠性框图因元部件的故障模式不同而不同。例如，晶体三极管的四倍冗余结构(见图 3.5)，对三极管的开路故障模式，其可靠性框图为串并联结构，如图 3.6(a)所示；而对三极管的短路故障模式，则其可靠性框图为并串联结构，如图 3.6(b)所示。

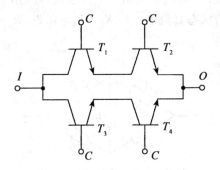

图 3.5　三极管的四倍冗余结构

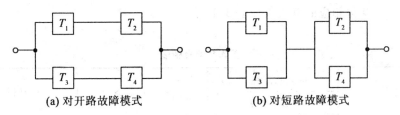

(a) 对开路故障模式　　　　　　　　(b) 对短路故障模式

图 3.6　结构的可靠性框图

3. 要注意功能要求(或称资源要求)

比如,图 3.7 所示的是三个并联电阻组成的电路,随着功能要求的不同,对应于该图的可靠性框图将大不相同。若电路功能要求必须两个电阻全部完好电流数值才满足要求,其可靠性框图是三个电阻串联结构,如图 3.8(a)所示;若电路功能要求三个电阻中至少两个完好即满足要求,则得到如图 3.8(b)所示的 3 中取 2 可靠性框图;而若电路功能要求至少一个电阻完好即满足要求,则其可靠性框图在形式上和电路原理框图(图 3.7)完全一样。

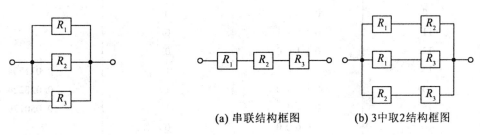

(a) 串联结构框图　　　　　(b) 3中取2结构框图

图 3.7　电路原理框图　　　　　　图 3.8　电路的可靠性框图

3.2.2　真值表法

在二态情况下,n 个部件构成的系统共有 2^n 个状态。这 2^n 个状态是互斥的。首先将这 2^n 个状态以真值表的形式一一枚举,然后将真值表中对应于系统状态取正常的全部系统状态概率求和,即得系统的可靠度。

例 3.1 设系统及部件正常时用 1 表示，失败或故障时用 0 表示，而系统可靠性框图如图 3.9 所示，列出系统的状态真值表，在 $R_A = R_B = 0.8$，$R_C = R_D = 0.7$，$R_E = 0.64$ 时求系统可靠度。

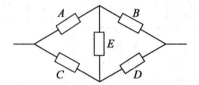

图 3.9 桥形系统可靠性框图

解：由图 3.9 得相应的真值表如表 3.1 所示。

表 3.1   图 3.9 的真值表

状态序号	单元状态组合	系统状态 S	正常概率值 P_i
	$A\ B\ C\ D\ E$		
0	0 0 0 0 0	0	
1	0 0 0 0 1	0	
2	0 0 0 1 0	0	
3	0 0 0 1 1	0	
4	0 0 1 0 0	0	
5	0 0 1 0 1	0	
6	0 0 1 1 0	1	0.007056
7	0 0 1 1 1	1	0.012544
8	0 1 0 0 0	0	
9	0 1 0 0 1	0	
10	0 1 0 1 0	0	
11	0 1 0 1 1	0	
12	0 1 1 0 0	0	
13	0 1 1 0 1	1	0.021504
14	0 1 1 1 0	1	0.028224
15	0 1 1 1 1	1	0.050176
16	1 0 0 0 0	0	
17	1 0 0 0 1	0	
18	1 0 0 1 0	0	
19	1 0 0 1 1	1	0.021504
20	1 0 1 0 0	0	
21	1 0 1 0 1	0	
22	1 0 1 1 0	1	0.028224
23	1 0 1 1 1	1	0.050176

续表

状态序号	单元状态组合	系统状态 S	正常概率值 P_i
	$A\ B\ C\ D\ E$		
24	1 1 0 0 0	1	0.020736
25	1 1 0 0 1	1	0.036864
26	1 1 0 1 0	1	0.048384
27	1 1 0 1 1	1	0.086016
28	1 1 1 0 0	1	0.048384
29	1 1 1 0 1	1	0.086016
30	1 1 1 1 0	1	0.112896
31	1 1 1 1 1	1	0.200704

序号为 6 的系统状态的概率由下式计算得到：

$(1 - R_A)(1 - R_B)R_C R_D(1 - R_E) = 0.2 \times 0.2 \times 0.7 \times 0.7 \times 0.36 = 0.007056$

其他序号系统状态概率也由类似计算式得到。系统的可靠度等于表 3.1 全部 16 个状态取值为 1 的系统状态概率之和：$R_S = 0.859408$

同样，如果将表中所有系统状态取值为 0 的系统状态概率求和，则可得系统的不可靠度：$F_S = 0.140592$

即可得系统的可靠度为：$R_S = 1 - F_S = 0.859408$

从上例可见，真值表达思路简单，易掌握。但是，当部件数较多时，系统状态数就相当大。比如，$n = 6$ 时系统状态数为 64；$n = 10$ 时系统状态数为 1024，等等。显然，即使对于一个中等复杂的系统，用手工计算甚至用计算机来计算都太繁琐。为此，我们需另辟蹊径。

3.2.3　全概率公式法

全概率公式法的基本思想是利用全概率分解定理。首先将复杂系统化为简单系统，在计算简单系统可靠度的基础上，再利用全概率公式进行综合，求出系统总的可靠度。

描述系统可靠度逻辑关系的数学工具是结构函数，有以下性质：

(1) 部件和系统都只有正常和失败两种状态；

(2) 系统的状态完全由系统的可靠性框图和部件的状态决定。则可以用一个二值函数来描述该系统的状态。

设系统 S 由 n 个部件组成，我们用二值变量 x_i 来表示第 i 部件的状态。

$$x_i = \begin{cases} 1, & \text{当第 } i \text{ 个部件正常} \\ 0, & \text{当第 } i \text{ 个部件失效} \end{cases} \tag{3.1}$$

系统的状态可以用下述函数来表示：

$$\phi(x) = \phi(x_1, x_2, \cdots, x_n) \tag{3.2}$$

式中，x 是 n 维向量 $x = (x_1, x_2, \cdots, x_n)$，$\phi(x)$ 是 n 维向量的二值函数，即 n 元二值函

数，有

$$\phi(x) = \begin{cases} 1，\text{当系统正常} \\ 0，\text{当系统失败} \end{cases} \tag{3.3}$$

这种 n 维二值变量的二值函数称为 n 维结构函数。其实结构函数就是布尔代数中讲到的逻辑函数。

结构函数存在下述分解定理：

设 $\phi(x) = \phi(x_1, x_2, \cdots, x_n)$，令 $x_i = 1$ 的结构函数为

$$\phi_1(x) = \phi(x_1, x_2, \cdots, x_{i-1}, 1, x_{i-1}, \cdots, x_n) \tag{3.4}$$

令 $x_i = 0$ 的结构函数为

$$\phi_0(x) = \phi(x_1, x_2, \cdots, x_{i-1}, 0, x_{i+1}, \cdots, x_n) \tag{3.5}$$

则有

$$\phi(x) = x_i\phi_i(x) + \overline{x_i}\phi_0(x) \tag{3.6}$$

式(3.6)即称为结构函数的分解定理。

下面给出分解定理的证明。

证：因为

$$x_i + \overline{x_i} = 1$$
$$\phi(x) = (x_i + \overline{x_i})\phi(x)$$
$$= x_i\phi(x) + \overline{x_i}\phi(x) \tag{3.7}$$
$$x_iA(x)$$

所以，

$$\phi(x) = (x_i + \overline{x_i})\phi(x) = x_i\phi(x) + \overline{x_i}\phi(x) \tag{3.8}$$

将 $\phi(x)$ 中含 x_i 的项归并为 $x_iA(x)$，将含 $\overline{x_i}$ 的项归并为 $\overline{x_i}B(x)$，将既不含 x_i 又不含 $\overline{x_i}$ 的项归并为 $C(x)$。因为 $x_i = 1$ 时，

$$x_iA(x) = A(x)$$
$$\overline{x_i}B(x) = 0$$
$$C(x) = C(x)$$

所以

$$\phi_1(x) = A(x) + C(x) \tag{3.9}$$

同理

$$\phi_0(x) = B(x) + C(x) \tag{3.10}$$

因为

$$\phi(x) = x_iA(x) + \overline{x_i}B(x) + C(x) \tag{3.11}$$

所以

$$x_i\phi(x) = x_i(x_iA(x) + \overline{x_i}B(x) + C(x))$$
$$= x_i(A(x) + C(x))$$
$$= x_i\phi_1(x) \tag{3.12}$$

同理

$$\overline{x_i}\phi(x) = \overline{x_i}\phi_0(x) \tag{3.13}$$

将式(3.12)和(3.13)代入式(3.8)即得式(3.6)。

既然任何系统都可以用结构函数 $\phi(x)$ 表示，而结构函数又满足分解定理。

所以，系统的可靠度为：

$$R_s = P_r\{\phi(x) = 1\}$$

$$= P_r\left\{[\phi(1_i, x)x_i] = 1\right\} + P_r\left\{[\phi(0_i, x)(1 - x_i)] = 1\right\} \tag{3.14}$$

由于 $\phi(1_i, x)$ 中已不含 x_i，故 $\phi(1_i, x)$ 和 x_i 相互独立。同理，$\phi(0_i, x)$ 也和 $(1 - x_i)$ 相互独立，故：

$$R_s = R_s(当 x_i = 1 时)R_i + R_s(当 x_i = 0)(1 - R_i) \tag{3.15}$$

式 (3.15) 就是概率论中的全概率公式。利用这个全概率公式就可把带有桥的复杂系统化为典型的串并联系统，这叫做全概率分解。下面仍以例 3.1 所示的系统作进一步说明。

例 3.2　系统可靠性框图如图 3.9 所示，在 $R_A = R_B = 0.8$，$R_C = R_D = 0.7$，$R_E = 0.64$ 时，试利用全概率公式法求系统可靠度。

解：选部件 E 作为分解点，当部件 E 正常时，原系统化为并串联系统，如图 3.10(a) 所示。

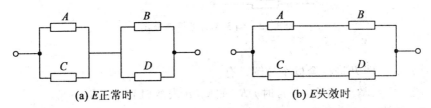

(a) E 正常时　　　　　　　　(b) E 失效时

图 3.10　例 3.2 可靠性分解

$$R_s(当 E = 1 时) = [1 - (1 - R_A)(1 - R_C)] \times [1 - (1 - R_A)(1 - R_D)]$$

$$= (1 - 0.2 \times 0.3)(1 - 0.2 \times 0.3)$$

$$= 0.8836$$

当部件 E 失效时，原系统化为串并联系统如图 3.10(b) 所示。

$$R_s(当 E = 0 时) = [1 - (1 - R_A R_B)][1 - (1 - R_C R_D)]$$

$$= (1 - 0.36 \times 0.51)$$

$$= 0.8164$$

由全概率公式可得

$$R_s = R_s(当 E = 1)R_E + R_s(当 E = 0 时)(1 - R_E)$$

$$= 0.8836 \times 0.64 + 0.8164 \times 0.36$$

$$= 0.859408$$

由上例可见，全概率公式法确实是系统可靠性分析的有效途径。但是，分解单元的选取既不是唯一的，也不是随意的，特别是对于有向可靠性框图更是如此。分解单元一般按以下规则选取：

(1) 任一无向单元都可以作为分解单元。

(2) 任一有向单元，若其两端点中有一端只有流出 (或流入) 单元，则可以作为分解单元。例如输入端 (源点) 只有流出单元，输出端 (吸点) 只有流入单元。如图 3.11(a) 中 x 可作为分解单元，而图 3.11(b) 中的 y 则不可。

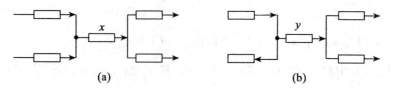

(a) (b)

图 3.11 有向分解单元的选取

例 3.3 一个系统有向可靠性框图如图 3.12 所示，试利用全概率公式法求系统可靠度。

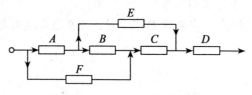

图 3.12 例 3.3 的可靠性框图

解：首先对部件 B 进行全概率分解，有

$$R_S = R_S(B \text{ 正常时}) R_B + R_S(B \text{ 失效时})(1 - R_B)$$

B 正常时和 B 失效时的等效框图分别如图 3.13（a）和（b）所示。图 3.12 已是简单串并联系统，而图 3.13（a）仍然是一个复杂系统，仍须作进一步全概率分解。

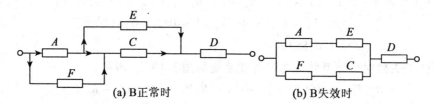

(a) B 正常时 (b) B 失效时

图 3.13 图 3.12 的等效框图

选部件 C 进行全概率分解，得：

$$R_S(B \text{ 正常时}) = R_S(B \text{ 和 } C \text{ 同时正常}) R_C + R_D(B \text{ 正常 } C \text{ 失效时})(1 - R_C)$$

B 和 C 同时正常时等效框图和 B 正常 C 失效时等效框图分别如图 3.14（a）和（b）所示，它们均为串、并联系统。即

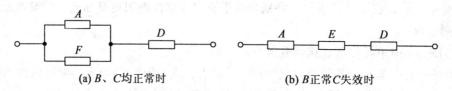

(a) B、C 均正常时 (b) B 正常 C 失效时

图 3.14 图 3.13（a）的等效框图

$$R_S(B \text{ 和 } C \text{ 同时正常时}) = (R_A + R_F - R_A R_F)R_D$$

$$R_S(B \text{ 正常 } C \text{ 失效时}) = R_A R_E R_D$$

所以　　$R_S = [(R_A + R_F - R_A R_F)R_D R_C + R_A R_E R_D (1 - R_C)]R_B +$

$$(R_A R_E + R_F R_C - R_A R_E R_F R_C)R_D(1 - R_B)$$

3.2.4　最小路集法和最小割集法

1. 路集和最小路集

路集是从系统及其某些部件正常工作的观点出发的。系统中某些部件的集合，当这些部件皆正常时，能确保系统也正常，则称这些部件的集合为一个路集。可以用结构函数对路集进行描述。

路集是系统部件的状态变量集合 $\{x_1, x_2, \cdots, x_n\}$ 中满足下述条件的子集：

设该子集为 $\{x_{i1}, x_{i2}, \cdots, x_{ia_i}\}$，$i = 1, \cdots, k$，$\{x_{i1}, x_{i2}, \cdots, x_{ia_i}\} \subseteq \{x_1, x_2, \cdots, x_n\}$

当 $x_{i1} = \cdots = x_{ia_i} = 1$ 时，$\phi(x) = 1$，亦即该子集所对应的全体部件正常时，系统 S 必定正常。n 为系统所含部件数，k 为路集数，a_i 为第 i 个路集所含的部件数。

重新考察图 3.9 所示的系统。在例 3.1 中，我们已将其真值表列出（见表 3.1），从表中可以看出，共有 16 种部件状态组合使系统正常工作。比如"00110"使系统正常，这时，部件 C、D 处于正常状态，而部件 A、B、E 却处于故障状态。这就是说，部件 C、D 正常就能保证系统也正常。从路集的定义来看，$\{C, D\}$ 就是一个路集。所以，该系统共有 16 个路集，如表 3.2 所示。

表 3.2　　　　　　　　　　　　　　　图 3.9 的路集

序号 i	路集 A_i	序号 i	路集 A_i
1	CD	9	ABD
2	CDE	10	$ABCD$
3	BCE	11	$ABCDE$
4	$BCDE$	12	$ABCE$
5	BCD	13	ABC
6	AB	14	$ACDE$
7	ABE	15	ACD
8	$ABDE$	16	ACE

若用 S 表示系统正常，A_i 表示路集，则可表示成逻辑加的形式：

$$S = \bigcup_{i=1}^{16} A_i$$

根据逻辑运算规则，可归并简化为

$$S = A_1 \cup A_3 \cup A_6 \cup A_{16}$$

$$= CD \cup BCE \cup AB \cup ADE$$

显然，在任一路集的基础上再添加正常部件，该集合仍是路集。但如果某个路集，任意去掉一个部件即不构成路集，则称这种路集为最小路集。比如，上例中就共有四个最小路集：$\{C,D\}$、$\{B,C,E\}$、$\{A,B\}$、$\{A,D,E\}$。

2. 割集和最小割集

与路集相反，割集是从系统失败的角度来考虑问题的。系统中某些部件的集合，当这些部件皆发生故障时，即导致系统失败，则称这些部件的集合为一割集。同样可以用结构函数对割集进行描述。

割集就是系统部件的状态变量集合 $\{x_1, x_2, \cdots, x_n\}$ 中满足下列条件的子集：

设该集为 $\{x_{j1}, x_{j2}, \cdots, x_{j\beta_j}\}$，$j = 1, \cdots, m$，$\{x_{j1}, x_{j2}, \cdots, x_{j\beta_j}\} \subseteq \{x_1, x_2, \cdots, x_n\}$

当 $x_{j1} = \cdots = x_{j\beta_j} = 0$ 时，$\phi(x) = 0$ 时，亦即该子集所对应的全体部件故障时，系统 S 必定失败。n 为系统所含部件数，m 为割集数，β_i 为第 i 个路集所含的部件数。

我们仍以图 3.11 所示系统来说明。从其真值表可以看出，共有 16 种部件状态组合使系统处于失败状态。比如"00101"使系统失败，这时，部件 A，B，D 处于故障状态，而部件 C，D 处于正常状态。按割集的定义，$\{A,B,D\}$ 就是一个割集。所以，该系统也有 16 个割集，如表 3.3 所示。

表 3.3 图 3.9 的割集

序号 i	割集 C_i	序号 i	割集 C_i
1	$\bar{A}\,\bar{B}\,\bar{C}\,\bar{D}\,\bar{E}$	9	$\bar{A}\,\bar{C}$
2	$\bar{A}\,\bar{B}\,\bar{C}\,\bar{D}$	10	$\bar{A}\,\bar{B}\,\bar{D}$
3	$\bar{A}\,\bar{B}\,\bar{C}$	11	$\bar{A}\,\bar{C}\,\bar{D}\,\bar{E}$
4	$\bar{A}\,\bar{B}\,\bar{C}\,\bar{E}$	12	$\bar{B}\,\bar{D}\,\bar{E}$
5	$\bar{A}\,\bar{B}\,\bar{D}$	13	$\bar{B}\,\bar{D}$
6	$\bar{A}\,\bar{B}\,\bar{D}\,\bar{E}$	14	$\bar{B}\,\bar{C}\,\bar{E}$
7	$\bar{A}\,\bar{B}\,\bar{E}$	15	$\bar{B}\,\bar{C}\,\bar{D}$
8	$\bar{A}\,\bar{C}\,\bar{E}$	16	$\bar{B}\,\bar{C}\,\bar{D}\,\bar{E}$

上面 16 个割集中，只要有一个割集存在，则系统失败。因此，若用 $\bar{S}$ 表示系统失败，C_i 表示割集，则也可表示成逻辑加的形式：

$$\bar{S} = \bigcup_{i=1}^{16} C_i$$

根据逻辑运算法则，可归并简化为

$$\bar{S} = C_7 \cup C_9 \cup C_{13} \cup C_{14}$$

$$= \bar{A}\,\bar{D}\,\bar{E} \cup \bar{A}\,\bar{C} \cup \bar{B}\,\bar{D} \cup \bar{B}\,\bar{C}\,\bar{E}$$

　　显然，在任一割集的基础上再添加故障部件，该集合仍是割集。但如果某个割集，任意去掉一个部件即不构成割集，则称这种割集为最小割集。比如，上例中就共有四个最小割集 $\{A, D, E\}$、$\{A, C\}$、$\{B, D\}$、$\{B, C, E\}$。

　　3. 最小路集与最小割集之间的相互转换

　　从上面的论述中可以看出，最小路集与最小割集之间有其内在的互补关系，它们之间可以通过德·摩根律实现相互转换。我们知道，德·摩根律具有以下两种形式：

$$\overline{\bigcup_{i=1}^{m} A_i} = \bigcap_{i=1}^{m} \overline{A_i}$$

$$\overline{\bigcap_{i=1}^{m} A_i} = \bigcup_{i=0}^{m} \overline{A_i}$$

若设已知所有最小路集 $A_i(i = 1, 2, \cdots, m)$，用 x_{ij} 来表示构成最小路集的部件，则

$$A_i = \bigcap_{x_{11} \in A_i} x_{ij}$$

因为

$$S = \bigcup_{i=1}^{m} A_i$$

则有

$$\overline{S} = \overline{\bigcup_{i=1}^{m} A_i} = \bigcap_{i=1}^{m} \overline{A_i} = \bigcap_{i=1}^{m} \left(\overline{\bigcap_{x_{ij} \in A_i} x_{ij}} \right) = \bigcap_{i=1}^{m} \left(\bigcup_{x_{ij} \in A_i} \overline{x_{ij}} \right)$$

经过整理后，可得：

$$\overline{S} = \bigcup_{l=1}^{k} C_l,$$

$$C_l = \bigcap_{x_0 \in C_l} \overline{x_{l_t}} \quad (C_l(l = 1, \cdots, k) \text{ 为所有最小割集})。$$

　　同理，若设已知所有最小割集 $C_l(l = 1, 2, \cdots, k)$，也同样可以求得所有最小路集。下面通过两个例子来做进一步的说明。

　　例 3.4　已知图 3.9 所示系统的所有最小路集为 $\{C, D\}$、$\{B, C, E\}$、$\{A, B\}$、$\{A, D, E\}$，试求该系统的所有最小割集。

　　解：由于 $S = CD \cup BCE \cup AB \cup ADE$

　　则有

$$\overline{S} = \overline{CD} \cap \overline{BCE} \cap \overline{AB} \cap \overline{ADE}$$

$$= (\overline{C} \cup \overline{D}) \cap (\overline{B} \cup \overline{C} \cup \overline{E}) \cap (\overline{A} \cup \overline{B}) \cap (\overline{A} \cup \overline{D} \cup \overline{E})$$

$$= [\overline{C} \cup (\overline{D} \cap (\overline{B} \cup \overline{E}))] \cap [\overline{A} \cup (\overline{B} \cap (\overline{D} \cup \overline{E}))]$$

$$= [\overline{C} \cup \overline{D}\,\overline{B} \cup \overline{D}\,\overline{E}] \cap [\overline{A} \cup \overline{B}\,\overline{D} \cup \overline{B}\,\overline{E}]$$

$$= \overline{B}\,\overline{D} \cup [(\overline{C} \cup \overline{D}\,\overline{E}) \cap (\overline{A} \cup \overline{B}\,\overline{E})]$$

$$= \overline{B}\,\overline{D} \cup (\overline{A}\,\overline{C} \cup \overline{B}\,\overline{C}\,\overline{E} \cup \overline{A}\,\overline{D}\,\overline{E} \cup \overline{B}\,\overline{D}\,\overline{E}\,\overline{E})$$

$$= \overline{B}\,\overline{D} \cup \overline{A}\,\overline{C} \cup \overline{B}\,\overline{C}\,\overline{E} \cup \overline{A}\,\overline{D}\,\overline{E} \cup \overline{B}\,\overline{D}\,\overline{E}$$

　　于是，可得系统的所有最小割集为：$\{C, D\}$、$\{B, C, E\}$、$\{A, B\}$、$\{A, D, E\}$。

　　例 3.5　已知图 3.9 所示系统的所有最小割集为 $\{C, D\}$、$\{B, C, E\}$、$\{A, B\}$、$\{A, D, E\}$，试求该系统的所有最小路集。

解：由于：

$$\overline{S} = \overline{A}\,\overline{D}\,\overline{E} \cup \overline{A}\,\overline{C} \cup \overline{B}\,\overline{D} \cup \overline{B}\,\overline{C}\,\overline{E}$$

则有：

$$S = \overline{\overline{A}\,\overline{D}\,\overline{E} \cup \overline{A}\,\overline{C} \cup \overline{B}\,\overline{D} \cup \overline{B}\,\overline{C}\,\overline{E}}$$

$$= \overline{\overline{A}\,\overline{D}\,\overline{E}} \cap \overline{\overline{A}\,\overline{C}} \cap \overline{\overline{B}\,\overline{D}} \cap \overline{\overline{B}\,\overline{C}\,\overline{E}}$$

$$= (A \cup D \cup E) \cap (A \cup C) \cap (B \cup D) \cap (B \cup C \cup E)$$

$$= [A \cup C \cap (D \cup E)] \cap [B \cup D \cap (C \cup E)]$$

$$= (A \cup CD \cup CE) \cap (B \cup CD \cup DE)$$

$$= CD \cup (A \cup CE) \cap (B \cup DE)$$

$$= CD \cup (AB \cup ACE \cup BCE \cup CDEE)$$

$$= CD \cup AB \cup ADE \cup BCE \cup CDE$$

$$= CD \cup AB \cup ADE \cup BCE$$

所以，系统所有最小路集为 $\{C, D\}$、$\{B, C, E\}$、$\{A, B\}$、$\{A, D, E\}$。

4. 最小路集法

若系统的最小路集已经得到，则从系统结构函数的最小路集表达式可求得系统的可靠度。若系统的最小路集为 $A_1(x)$，$A_2(x)$，$\cdots$，$A_k(x)$，则系统结构函数的最小路集表达式为

$$\phi(x) = \overset{k}{\underset{i=1}{\cup}} A_i(x)$$

则

$$R_S = P_r \left\{ \left(\overset{k}{\underset{i=1}{\cup}} A_i(x) \right) = 1 \right\}$$

令 E_i 为属于 $A_i(x)$ 全部事件状态取值为 1 的事件，则

$$P_r \left\{ \overset{k}{\underset{i=1}{\cup}} E_i \right\} = \sum_{i=1}^{k} P_r(E_i) \tag{3.16}$$

若事件独立，有

$$P_r \left\{ \overset{k}{\underset{i=1}{\cup}} E_i \right\} = 1 - \prod_{i=1}^{k} (1 - P_r(E_i)) \tag{3.17}$$

证：因为

$$\overset{k}{\underset{i=1}{\cup}} E_i = 1 - \prod_{i=1}^{k} (1 - E_i)$$

又因为事件 $E_i (i = 1, \cdots, k)$ 相互独立，所以

$$P_r \left\{ \overset{k}{\underset{i=1}{\cup}} E_i \right\} = 1 - \prod_{i=1}^{k} (1 - P_r(E_i))$$

若事件相容，有

$$P_r \left\{ \overset{k}{\underset{i=1}{\cup}} E_i \right\} = \sum_{i=1}^{k} P_r(E_i) - \sum_{i<j=2}^{k} P_r(E_i \cap E_j) + \sum_{i<j<l=3}^{k} P_r(E_i \cap E_j \cap E_l)$$

$$+ \cdots + (-1)^{k-1} P_r \left(\overset{k}{\underset{i=1}{\cap}} E_i \right) \tag{3.18}$$

式(3.18)称为容斥定理，因为

$$P_r\{E_1 \cup E_2\} = P_r(E_1) + P_r(E_2) - P_r(E_1 E_2)$$

则由数学归纳法不难证明式(3.18)成立。

例 3.6　用最小路集法求图 3.9 所示系统的可靠度。设 $R_A = R_B = 0.8$，$R_C = R_D = 0.7$，$R_E = 0.64$。

解：前面已经求出了该系统的所有最小路集：$A_1 = \{A, B\}$，$A_2 = \{C, D\}$，$A_3 = \{A, D, E\}$，$A_4 = \{B, C, E\}$。

由于 A_1，A_2，A_3，A_4 之间是相交的，所以必须用相容事件的概率公式来计算。

$$R_S = P_r\{A_1 \cup A_2 \cup A_3 \cup A_4\}$$

按式(3.18)展开，$k = 4$

$$
\begin{aligned}
R_S &= P_r(A_1) + P_r(A_2) + P_r(A_3) + P_r(A_4) - P_r(A_1 A_3) - P_r(A_1 A_4) - \\
&\quad P_r(A_2 A_3) - P_r(A_2 A_4) - P_r(A_3 A_4) + P_r(A_1 A_2 A_2) + P_r(A_1 A_2 A_4) + \\
&\quad P_r(A_1 A_3 A_4) + P_r(A_2 A_3 A_4) - P_r(A_1 A_2 A_2 A_2) \\
&= P_r(AB) + P_r(CD) + P_r(ADE) + P_r(BCE) - P_r(ABCD) - P_r(ABDE) - \\
&\quad P_r(ABCE) - P_r(ACDE) - P_r(BCDE) + 2P_r(ABCDE) \\
&= P_r(A)P_r(B) + P_r(C)P_r(D) + P_r(A)P_r(D)P_r(E) + P_r(B)P_r(C)P_r(E) - \\
&\quad P_r(A)P_r(B)P_r(C)P_r(D) - P_r(A)P_r(B)P_r(D)P_r(E) - P_r(A)P_r(B)P_r(C)P_r(E) - \\
&\quad P_r(A)P_r(C)P_r(D)P_r(E) - P_r(B)P_r(C)P_r(D)P_r(E) + \\
&\quad 2P_r(A)P_r(B)P_r(C)P_r(D)P_r(E)
\end{aligned}
$$

因为 $P_r(A) = R_A$，$P_r(B) = R_B$，$P_r(C) = R_C$，$P_r(D) = R_D$，$P_r(E) = R_E$，代入已知条件计算后，可得：

$$R_S = 0.8594$$

5. 最小割集法

若已知系统的所有最小割集 C_1，C_2，$\cdots$，C_m，则系统失败就意味着至少有一个最小割集存在。即

$$\bar{S} = \bigcup_{i=1}^{m} C_i$$

所以，系统的不可靠度 F_S 为

$$F_S = P_r(\bar{S}) = P_r\left(\bigcup_{i=1}^{m} C_i\right) \tag{3.19}$$

同前面一样，我们可以得到三类不同事件和的概率公式

若事件互斥，有

$$P_r\left\{\bigcup_{i=1}^{m} C_i\right\} = \sum_{i=1}^{m} P_r(C_i) \tag{3.20}$$

若事件独立，有

$$P_r\left\{\bigcup_{i=1}^{m} C_i\right\} = 1 - \prod_{i=1}^{m}(1 - P_r(C_i)) \tag{3.21}$$

若事件相容，有

$$P_r\left\{\bigcup_{i=1}^m C_i\right\} = \sum_{i=1}^m P_r(C_i) - \sum_{i<j=2}^m P_r(C_i \cap C_j) + \sum_{i<j<k=3}^m P_r(C_i \cap C_j \cap C_k)$$

$$+ \cdots + (-1)^{m-1} P_r\left(\bigcap_{i=1}^m C_i\right) \qquad (3.22)$$

最后，可得到系统的可靠度为：$R_S = 1 - F_S$

例 3.7 用最小割集法求图 3.9 所示系统的可靠度。设 $R_A = R_B = 0.8$，$R_C = R_D = 0.7$，$R_E = 0.64$

解： 前面已经求出了该系统的所有最小割集为：$C_1 = \{A, C\}$，$C_2 = \{B, D\}$，$C_3 = \{A, D, E\}$，$C_4 = \{B, C, E\}$。

由于 C_1，C_2，C_3，C_4 之间是相交的，所以必须用相容事件的概率公式来计算。

$$F_S = P_r\{C_1 \cup C_2 \cup C_3 \cup C_4\}$$

按式 (3.22) 展开，$m = 4$

$F_S = P_r(C_1) + P_r(C_2) + P_r(C_3) + P_r(C_4) - P_r(C_1 C_2) - P_r(C_1 C_3) - P_r(C_1 C_4) -$

$\quad P_r(C_2 C_3) - P_r(C_2 C_4) - P_r(C_3 C_4) + P_r(C_1 C_2 C_3) + P_r(C_1 C_2 C_4) +$

$\quad P_r(C_1 C_3 C_4) + P_r(C_2 C_3 C_4) - P_r(C_1 C_2 C_3 C_4)$

$= P_r(AB) + P_r(CD) + P_r(ADE) + P_r(\bar{A}\bar{C}) + P_r(\bar{B}\bar{D}) + P_r(\bar{B}\bar{C}\bar{E}) - P_r(\bar{A}\bar{B}\bar{C}\bar{D}) -$

$\quad P_r(\bar{A}\bar{D}\bar{C}\bar{E}) - P_r(\bar{A}\bar{B}\bar{C}\bar{E}) - P_r(\bar{A}\bar{B}\bar{D}\bar{E}) - P_r(\bar{B}\bar{C}\bar{D}\bar{E}) - P_r(\bar{A}\bar{B}\bar{C}\bar{D}\bar{E}) + P_r(\bar{A}\bar{B}\bar{C}\bar{D}\bar{E}) +$

$\quad P_r(\bar{A}\bar{B}\bar{C}\bar{D}\bar{E}) + P_r(\bar{A}\bar{B}\bar{C}\bar{D}\bar{E}) + P_r(\bar{A}\bar{B}\bar{C}\bar{D}\bar{E}) - P_r(\bar{A}\bar{B}\bar{C}\bar{D}\bar{E}) + P_r(\bar{A}\bar{B}\bar{C}\bar{D}\bar{E}) +$

$= P_r(\bar{A})P_r(\bar{C}) + P_r(\bar{B})P_r(\bar{D}) + P_r(\bar{A})P_r(\bar{D})P_r(\bar{E}) + P_r(\bar{B})P_r(\bar{C})P_r(\bar{E}) -$

$\quad P_r(\bar{A})P_r(\bar{B})P_r(\bar{C})P_r(\bar{D}) - P_r(\bar{A})P_r(\bar{B})P_r(\bar{C})P_r(\bar{E}) - P_r(\bar{A})P_r(\bar{B})P_r(\bar{C})P_r(\bar{E}) -$

$\quad P_r(\bar{A})P_r(\bar{B})P_r(\bar{D})P_r(\bar{E}) - P_r(\bar{B})P_r(\bar{C})P_r(\bar{D})P_r(\bar{E}) +$

$\quad 2P_r(\bar{A})P_r(\bar{B})P_r(\bar{C})P_r(\bar{D})P_r(\bar{E})$

因为

$$P_r(\bar{A}) = P_r(\bar{B}) = 1 - R_A = 0.2$$

$$P_r(\bar{C}) = P_r(\bar{D}) = 1 - R_C = 0.3$$

$$P_r(\bar{E}) = 1 - R_E = 0.36$$

将它们代入计算后，即得：$F_S = 0.1406$ $\quad R_S = 1 - F_S = 1 - 0.1406 = 0.8594$

与最小路集法的计算结果相同。

可以看到，按式 (3.22) 来计算系统的不可靠度是相当繁琐的，尤其在最小割集数较多时更是如此。因此，在实际工程计算中，往往只取式 (3.22) 中的第一项作为系统 F_S 的近似值。即

$$F_S = P_r(\bar{A})P_r(\bar{C}) + P_r(\bar{B})P_r(\bar{D}) + P_r(\bar{A})P_r(\bar{D})P_r(\bar{E}) + P_r(\bar{B})P_r(\bar{C})P_r(\bar{E})$$

$$= 0.2 \times 0.3 + 0.2 \times 0.3 + 0.2 \times 0.3 \times 0.36 + 0.2 \times 0.3 \times 0.36$$

$$= 0.1632$$

$$R_S = 1 - F_S = 1 - 0.1632 = 0.8368$$

可见，系统可靠度的近似值与精确值之间的绝对误差为 0.0226，相对误差为 2.63%。这种程度的误差，在工程应用中是完全能够接受的，况且，这种误差还随着部件可靠度的提高而减少。近似值偏于保守，对系统的高可靠性设计是有益的。

6. 最小路集法与最小割集法之间的相互关系

它们之间的关系如图 3.15 所示。这两种方法适合于任意复杂系统的可靠性分析，无论选择哪条途径，都能对系统的可靠性作出正确的评价。在实际应用中，若系统的所有最小割集数多于所有最小路集数，则选择最小路集法进行可靠性计算；否则相反。这样将有利于节省计算时间。

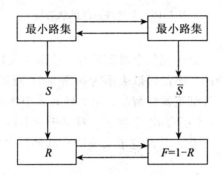

图 3.15　最小路集法与最小割集法的相互关系

3.3　基于马尔柯夫模型的分析法

前面讨论的可靠性框图分析法，其实质是应用概率论列举系统能正常工作的所有可能情况，从而由组成系统的各个部件的可靠度推导出系统可靠度。但是，对于可维修系统，却很难用这种方法为修复过程建模。为此，必须应用马尔柯夫模型来进行研究。在具体研究之前，作下述假设：

(1) 系统和部件只能取离散的状态，而且只能取正常或者故障两种状态(故障状态对部件来说又可分为正在修理和等待修理两种状态)；

(2) 部件的状态转移率，即故障率 λ 和修复率 μ 均为常数，保证部件的状态转移率服从指数分布，从而可以用马尔柯夫过程描述；

(3) 状态转移可在任一时刻进行，但在相当小的时间区间 Δt 内，不会发生两个及两个以上的部件状态转移。这个基本假设，显然是合理的，两个及两个以上部件同时发生状态转移的概率，相对说来是一个高阶无穷小，可以忽略。

3.3.1　状态图及其构造

一个由 n 个部件构成的系统共有 2^n 个系统状态，无论是部件的失效还是部件被修复，系统都将从一个状态转移到另一个状态。为了描述在单位时间内，系统从一个状态转移到另一个状态的概率，引入转移率这个概念。即：对于一个部件而言，从正常状态到失效状态的转移率就是部件的失效率，而从失效状态恢复到正常状态的转移率就是部件的修复率。所以，把系统状态用节点表示，转移关系用弧表示，转移率用弧上的权表示，就得到了系统的状态图。比如，一个失效率为 λ、修复率为 μ 的单部件系统，就可以用图 3.16 来描述系统的状态转移情况。

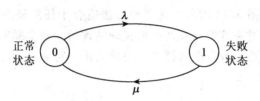

图 3.16　单部件系统的状态图

考虑到上述的假设条件，只研究任意时刻只有一个部件失效的转移或者只有一个部件被修复的转移。所以，系统的状态图可以表示为如图 3.17 所示的层次图。第 1 层只有一个状态，对应于系统所有部件都正常的情况，第 2 层有 n 个状态，对应于一个部件失效的各种情况；以此类推，第 $i+1$ 层有 C_n^i 个状态，对应于 n 个单元中有 i 个部件失效的各种情况；而第 $n+1$ 层却只有一个状态，对应于系统所有部件都失效的情况。图 3.18 给出了三部件系统的状态图。

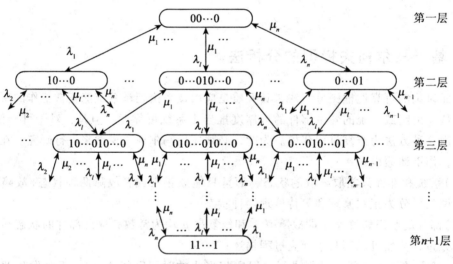

图 3.17　n 部件系统的状态图

3.3.2　状态图的简化

一个 n 部件系统具有 2^n 个状态，当 n 较大时，即使利用计算机来处理，计算量是非常大的。因此，要尽量减少状态图中的状态数。

状态图简化的一般原则：

(1)在系统分析中，如果某种状态已经使系统失败，则不必再考虑其他部件失效后的

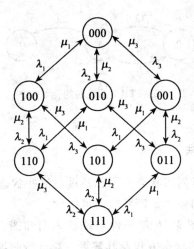

图 3.18　三部件系统的状态图

下一个状态；并且所有使系统失败的状态可以合并为一个状态。

（2）如果有两个状态 a 和 b 的转移率相等且目标状态相同，则这两个状态可以合并为一个状态 c，c 的转移率等于 a 或 b 的转移率；如果有一个状态 d 到 a 和 b 的转移率分别为 x_i 和 x_j，则合并后 d 到 c 的转移率为 $x_i + x_j$，这一合并过程如图 3.19 所示。

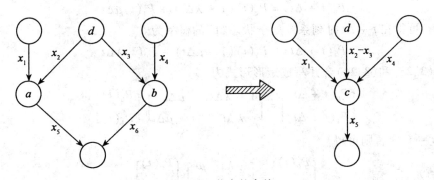

图 3.19　状态的合并

根据简化原则 2，若系统所有部件的失效率和修复率皆分别为 λ 和 μ，则图 3.18 所示的三部件系统状态图可简化为图 3.20。而若三部件系统采用 TMR 结构，即系统中任意 2 个部件失效则系统失败，根据简化原则 1，则可将图 3.20 简化为图 3.21。

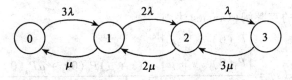

图 3.20　三部件系统的简化状态图

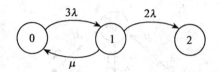

图 3.21 TMR 系统的简化状态图

3.3.3 状态方程及其解算方法

根据系统的状态图，可以列出状态方程，通过对这些状态方程的计算，则可以获得系统在任意时刻处于正常状态的概率，即系统的可用度。

下面先从简单入手，对图 3.16 单部件系统状态图和图 3.21 TMR 系统状态图进行分析，然后，再对 N 状态系统的状态方程及其解算方法进行归纳和总结。

1. 单部件系统可用度计算

系统的状态图如图 3.16，设部件的失效率为 λ，修复率为 μ，且系统在 t 时刻处于正常状态（状态"0"）和失败状态（状态"1"）的概率分别为 $P_0(t)$，$P_1(t)$。

在 $t + \Delta t$ 时刻，系统处于状态"0"的概率应等于系统在 t 时到处于状态"0"的概率减去在 Δt 时间内转为状态"0"的概率 $P_0(t)\lambda\Delta t$ 再加上 Δt 时间内中状态"1"转入状态"0"的概率。即得

$$P_0(t + \Delta t) = P_0(t)(1 - \lambda\Delta t) + P_1(t)\mu\Delta t \tag{3.23}$$

同理，可得在 $t + \Delta t$ 时刻系统处于状态"1"的概率为

$$P_1(t + \Delta t) = P_1(t)(1 - \mu\Delta t) + P_0(t)\lambda\Delta t \tag{3.24}$$

将式（3.23）和（3.24）合并写成矩形形式为

$$\begin{bmatrix} P_0(t + \Delta t) \\ P_1(t + \Delta t) \end{bmatrix} = \begin{bmatrix} 1 - \lambda\Delta t & \mu\Delta t \\ \lambda\Delta t & 1 - \mu\Delta t \end{bmatrix} \begin{bmatrix} P_0(t) \\ P_1(t) \end{bmatrix} \tag{3.25}$$

当 $\Delta t \to 0$ 时，则可得

$$\begin{bmatrix} P_0(t) \\ P_1(t) \end{bmatrix} = \begin{bmatrix} -\lambda & \mu \\ \lambda & -\mu \end{bmatrix} \begin{bmatrix} P_0(t) \\ P_1(t) \end{bmatrix} \tag{3.26}$$

式（3.26）即称为状态方程。给定方程的初始条件为

$$P_0(0) = 1, \ P_1(0) = 0$$

对式（3.26）进行拉普拉斯变换，可得

$$\begin{bmatrix} s + \lambda & -\mu \\ -\lambda & s + \mu \end{bmatrix} \begin{bmatrix} P_0(s) \\ P_1(s) \end{bmatrix} = \begin{bmatrix} P_0(0) \\ P_1(0) \end{bmatrix}$$

根据解线性方程的克莱姆（Crame）法则：

$$P_0(s) = \frac{\begin{vmatrix} P_0(0) & -\mu \\ P_1(0) & s + \mu \end{vmatrix}}{\begin{vmatrix} s + \lambda & -\mu \\ -\mu & s + \mu \end{vmatrix}} = \frac{(s + \mu)P_0(0) + \mu P_1(0)}{s(s + \lambda + \mu)}$$

$$P_1(s) = \frac{\begin{vmatrix} s+\lambda & P_0(0) \\ -\lambda & P_1(0) \end{vmatrix}}{\begin{vmatrix} s+\lambda & -\lambda \\ -\mu & s+\mu \end{vmatrix}} = \frac{(s+\lambda)P_1(0) + \lambda P_0(0)}{s(s+\lambda+\mu)}$$

将初值 $P_0(0) = 1$，$P_1(0) = 0$ 代入，可得

$$P_0(s) = \frac{s+\mu}{s(s+\lambda+\mu)} = \frac{1}{s(s+\lambda+\mu)} + \frac{\mu}{\lambda+\mu}\left(\frac{1}{s} - \frac{1}{s+\lambda+\mu}\right)$$

$$P_1(s) = \frac{\lambda}{s(s+\lambda+\mu)} = \frac{\lambda}{\lambda+\mu}\left(\frac{1}{s} - \frac{1}{s+\lambda+\mu}\right)$$

将上两式进行拉普拉斯反变换，可得

$$P_0(t) = \frac{\mu}{\lambda+\mu} + \frac{\lambda}{\lambda+\mu}e^{-(\lambda+\mu)t}$$

$$P_1(t) = \frac{\lambda}{\lambda+\mu} - \frac{\lambda}{\lambda+\mu}e^{-(\lambda+\mu)t}$$

因为系统在任意时刻 t 处于状态"0"的概率就是系统的可用度，即

$$A(t) = P_0(t) = \frac{\mu}{\lambda+\mu} + \frac{\lambda}{\lambda+\mu}e^{-(\lambda+\mu)t} \tag{3.27}$$

令 $t \to \infty$，得系统稳态可用度为

$$A = \lim_{x \to \infty} A(t) = \frac{\mu}{\lambda+\mu} \tag{3.28}$$

而系统在任意时刻 t 处于状态"1"的概率为系统的可用度，即

$$Q(t) = P_1(t) = \frac{\lambda}{\lambda+\mu} - \frac{\lambda}{\lambda+\mu}e^{-(\lambda+\mu)t} \tag{3.29}$$

令 $t \to \infty$，得系统稳态可用度为

$$Q = \lim_{x \to \infty} Q(t) = \frac{\lambda}{\lambda+\mu} \tag{3.30}$$

从式(3.27)和式(3.29)，以及式(3.28)和式(3.30)可见

$$\begin{cases} A(t) + Q(t) = 1 \\ A + Q = 1 \end{cases} \tag{3.31}$$

式(3.31)高度概括了系统可用度和各可用度之间的相互关系。

2. TMR 系统可用度计算

系统的状态图如图 3.21 所示。同前面分析一样，我们可列出下列方程：

$$P_0(t+\Delta t) = P_0(t)(1 - 3\lambda\Delta t) + P_1(t)\mu\Delta t$$

$$P_1(t+\Delta t) = P_0(t) \cdot 3\lambda\Delta t + P_1(t)(1 - 2\lambda\Delta t - \mu\Delta t)$$

$$P_2(t+\Delta t) = P_1(t) \cdot 2\lambda\Delta t + P_2(t)$$

式中，$P_0(t)$、$P_1(t)$、$P_2(t)$ 分别表示在时刻 t 系统处于状态"0"、状态"1"、状态"2"的概率。而 $P_0(t+\Delta t)$、$P_1(t+\Delta t)$、$P_2(t+\Delta t)$ 分别表示在时刻 $t+\Delta t$ 系统处于状态"0"、状态"1"、状态"2"的概率。于是，可得系统状态方程：

$$\begin{bmatrix} \dot{P}_0(t) \\ \dot{P}_1(t) \\ \dot{P}_2(t) \end{bmatrix} = \begin{bmatrix} -3\lambda & \mu & 0 \\ 3\lambda & -2\lambda-\mu & 0 \\ 0 & 2\lambda & 0 \end{bmatrix} \begin{bmatrix} P_0(t) \\ P_1(t) \\ P_2(t) \end{bmatrix} \tag{3.32}$$

给定状态方程的初始条件为

$$P_0(0)=1,\ P_1(0)=0,\ P_2(0)=0$$

对式(3.32)进行拉普拉斯变换,可得系统的拉氏系数矩阵为

$$A = \begin{bmatrix} s+3\lambda & -\mu & 0 \\ -3\lambda & s+2\lambda+\mu & 0 \\ 0 & -2\lambda & s \end{bmatrix} \tag{3.33}$$

根据系统状态图,系统无论处于状态"0"还是状态"1",皆能确保系统正常工作;而当系统中有两个或两个以上的部件失效时(即系统处于状态"2"),则系统处于失败状态。所以,系统的可用度为:$A(t)=P_0(t)+P_1(t)=1-P_2(t)$。

采用克莱姆法则,先求出 $P_2(s)$,再进行拉氏反变换,求出 $P_2(t)$。

则由

$$P_2(s) = \frac{\begin{vmatrix} s+2\lambda & -\mu & 1 \\ -3\lambda & s+2\lambda+\mu & 0 \\ 0 & -2\lambda & s \end{vmatrix}}{\begin{vmatrix} s+3\lambda & -\mu & 0 \\ -3\lambda & s+2\lambda+\mu & 0 \\ 0 & -2\mu & s \end{vmatrix}} = \frac{6\lambda^2}{s(s^2+(5\lambda+\mu)s+6\lambda^2)}$$

求拉氏反变换,可得

$$P_2(t) \approx -\frac{1}{(5\lambda+\mu)^2} + \frac{t}{5\lambda+\mu} + \frac{1}{(5\lambda+\mu)^2}e^{-(5\lambda+\mu)t}$$

系统的可用度为:

$$A(t) = 1-P_2(t) \approx 1 + \frac{1}{(5\lambda+\mu)^2} - \frac{t}{5\lambda+\mu} - \frac{1}{(5\lambda+\mu)^2}e^{-(5\lambda+\mu)t}$$

要注意的是,上面获得的 $A(t)$ 是近似公式,当 $t\to\infty$ 时不成立。因此,不能用它来积分求平均无故障时间 MTTR。

3. N 状态系统的状态方程及其解算

对于有 n 个状态的状态图,设状态 i 到状态 j 的转移率为 a_{ij}。考虑其中的任意一个状态 j,其他状态到 j 的转移和 j 到其他状态的转移如图 3.22 所示。注意,状态到自己没有转移弧。

系统在 $t+\Delta t$ 时刻,处于状态 j 的概率可以表示为

$$P_j(t+\Delta t) = P_j(t) - \sum_{\substack{i=1\\i\neq j}}^{n}(P_j(t)\cdot a_{ji}\cdot\Delta t) + \sum_{\substack{i=1\\i\neq j}}^{n}(P_j(t)\cdot a_{ij}\cdot\Delta t)$$

由此可得

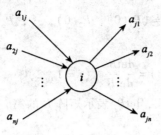

图 3.22 状态 j 的转移关系

$$\dot{P}_j(t) = \sum_{\substack{i=1 \\ i \neq j}}^{n} (P_i(t) \cdot a_{ij}) - \left[\sum_{\substack{i=1 \\ i \neq j}}^{n} a_{ij} \right] P_j(t)$$

$$j = 1, \ 2, \ \cdots, \ n$$

用矩阵方程把 $\dot{P}_j(t)$ $(j = 1, \ 2, \ \cdots, \ n)$ 全部表示出来就是

$$\dot{P}(t) = AP(t) \tag{3.34}$$

或

$$\begin{bmatrix} \dot{P}_1(t) \\ \dot{P}_2(t) \\ \dot{P}_3(t) \\ \vdots \\ \dot{P}_n(t) \end{bmatrix} = \begin{bmatrix} -\beta_1 & a_{21} & a_{31} & \cdots & a_{n1} \\ a_{12} & -\beta_2 & a_{32} & \cdots & a_{n2} \\ a_{13} & a_{23} & -\beta_3 & \cdots & a_{n3} \\ \vdots & \vdots & \vdots & & \vdots \\ a_{1n} & a_{2n} & a_{3n} & \cdots & -\beta_n \end{bmatrix} \begin{bmatrix} P_1(t) \\ P_2(t) \\ P_3(t) \\ \vdots \\ P_n(t) \end{bmatrix}$$

式中，A 称为状态方程系数矩阵，其对角线上的元素 $\beta_j = \sum_{\substack{i=1 \\ j \neq i}}^{n} a_{ji}$ $(j = 1, \ 2, \ \cdots, \ n)$

这一矩阵方程称为查普曼-科尔莫戈罗夫（Chapman-Kolmoqorov）方程，用它可以解出系统处于任意状态的概率。

对方程（3.34）作拉普拉斯变换可以得矩阵方程：

$$BP(s) = P(0) \tag{3.35}$$

式中，$B = sI - A$（I 是单位矩阵）。

也即是

$$B = \begin{bmatrix} s + \beta_1 & -a_{21} & -a_{31} & \cdots & -a_{n1} \\ -a_{12} & s + \beta_2 & -a_{32} & \cdots & -a_{n2} \\ -a_{13} & -a_{23} & s + \beta_3 & \cdots & -a_{n3} \\ \vdots & \vdots & \vdots & & \vdots \\ -a_{1n} & -a_{2n} & -a_{3n} & \cdots & s + \beta_n \end{bmatrix}$$

B 称为系统的拉式系统矩阵。

$$P(s) = (P_1(s), P_2(s), \cdots, P_n(s))^{\mathrm{T}}$$
$$P(0) = (P_1(0), P_2(0), \cdots, P_n(0))^{\mathrm{T}}$$

根据克莱姆法则：

$$P_j(s) = \frac{\det B_j}{\det B} \quad (j = 1, 2, \cdots, n)$$

式中，$\det B$ 表示矩阵 B 的行列式，$\det B_j$ 表示矩阵 B 的第 j 列被 $P(0)$ 替换后所得矩阵的行列式。

最后，对 $P_j(s)$ 作拉普拉斯反变换得 $P_j(t)$，即系统在 t 时刻处于状态 j 的概率。

马尔柯夫模型是计算系统可靠性的强有力工具。用可靠性框图分析法能计算的可靠性，用马尔柯夫模型也能计算，反之则不一定。

3.4 基于故障树的分析法

3.4.1 故障树分析法概述

20 世纪 60 年代，人们对系统进行可靠性分析时，主要采用的方法是先画出可靠性框图，再用"布尔真值表法"或"概率图法"等进行分析。采用上述方法能给出系统工作到某特定时刻正常工作的概率。但如果要进一步分析是什么原因使系统产生故障，或者要分析究竟哪个原因是主要的，上述方法就显得不够了。随着科学技术，尤其是尖端和军用科学技术的飞跃发展，迫使人们对一些复杂系统的可靠性、安全性作出评价。故障树分析法——简称 FTA 法，就是在这种情况下应运而生的。

1974 年，美国原子能管理委员会组织的主要采用故障树分析商用原子反应堆安全性的 Wash-1400 报告发表，进一步推动了对故障树法的研究和应用。迄今，FTA 被公认为是对复杂系统可靠性、安全性进行分析的一种好方法。

故障树分析法，就是在系统设计过程中，通过对可能造成系统故障的各种因素（包括硬件、软件、环境、人为因素）进行分析，画出逻辑框图（即故障树），从而确定系统故障原因的各种可能组合方式或其发生概率，并据以采取相应的纠正措施，以提高系统可靠性的一种设计分析方法。

FTA 方法具有下列特点：

（1）具有很大的灵活性。即不是局限于对系统可靠性作一般的分析，而是可以分析系统的各种故障状态。不仅可以分析某些元部件故障对系统的影响，还可以对导致这些元部件故障的特殊原因（如环境的、甚至人为的原因）进行分析，予以统一考虑。

（2）FTA 法是一种图形演绎方法，是故障事件在一定条件下的逻辑推理方法。它可以围绕某些特定的故障状态作层层深入的分析，因而在清晰的故障树图形下，表达了系统内在联系，并指出元部件故障与系统故障之间的逻辑关系，找出系统的薄弱环节。

（3）进行 FTA 的过程，也是一个对系统更深入认识的过程。它要求分析人员把握系统的内在联系，弄清各种潜在因素对故障发生影响的途径和程度，因而许多问题在分析的过程中就被发现和解决了，从而提高了系统的可靠性。

（4）通过故障树可以定量地计算复杂系统的故障概率及其他可靠性参数，为改善和评估系统可靠性提供定量数据。

(5)故障树建立后，对不曾参与系统设计的管理和维修人员来说，相当于一个形象的管理、维修指南，因此对培训使用系统的人员更有意义。

FTA 方法分析的步骤，通常可分为如下四步：

(1)建造故障树；

(2)建立故障树的数学模型；

(3)定性分析；

(4)定量计算。

3.4.2　故障树的建造

1. 建造故障树的一般步骤和方法

故障树建造是 FTA 法的关键，因为故障树建造的完善程度将直接影响定性分析和定量计算结果的正确性。此外，这一工作十分庞大繁杂，机理交错多变，所以要求建树者必须慎重、仔细并广泛地掌握设计、使用等各方面的经验和知识。如能有各方面有关技术人员参加，共同研究建造故障树是最为理想的。

故障树实质是一种图式故障模型。它在结构上是使用各种逻辑门按照系统与元部件故障的因果关系组合而成的，即从顶事件出发，通过中间事件到各个有关的基本事件，连成一棵倒置的事件树。

建造故障树一般可按以下步骤进行：

(1)广泛收集并分析有关技术资料；

(2)选择顶事件；

(3)建造故障树；

(4)故障树的简化。

事实上，建造故障树的过程也是对系统仔细、透彻地进行分析的过程。不同的人从不同的角度所建的故障树一般是不会相同的，目前还没有一种有效的统一建造故障树方法。

一般建造故障树的方法可分为两大类：演绎法和计算机辅助建树的合成法或决策表法。这里只介绍演绎法。

先写出顶事件(即系统不希望发生的故障事件)表示符号作为第一行，在其下面并列地写出导致顶事件发生的直接原因——包括硬件故障、软件故障、环境因素等，作为第二行，把它们用相应的符号表示出来，并用适合于它们之间逻辑关系的逻辑门与顶事件相连接。如果还要分析导致这些故障事件发生的原因，则把导致第二行那些故障事件(称为中间事件)发生的直接原因作为第三行，用适当的逻辑门与第三行的故障事件相连接。按照这个线索步步深入，一直追溯到引起系统发生故障的全部原因。

2. 故障树中使用的符号

由于在进行故障树分析时，必须全面仔细考虑与顶事件相关的各种各样的因素，所以故障树中使用的符号很多。但总的说来，它们可分为两大类，即事件符号和逻辑门符号。表 3.4 给出了最常用的几种事件符号和逻辑门符号。对它们的含义分别说明如下。

表 3.4   故障树所用的符号表

事件符号		逻辑门符号	
事件名称	使用符号	序号	使用符号
基本事件		与门	
中间事件		或门	
顶事件		非门	
未探明事件		异或门	不同时发生
开关事件		表决门	k/n
条件事件		禁门	禁门代开的条件

a. 事件含义

(1)基本事件，表示故障树中无须探明其发生原因的底事件。

(2)中间事件，表示位于底事件和顶事件之间的结果事件。

(3)顶事件，表示故障树分析中所关心的结果事件，顶事件位于故障树的顶端。

(4)未探明事件，表示暂时不必或者未能探明其原因的底事件。

(5)开关事件，表示在正常工作条件下必然发生或者必然不发生的特殊事件。

(6)条件事件，表示逻辑门起作用的具体限制条件的特殊事件。

b. 逻辑门含义

(1)与门，表示门的输入事件与输出事件构成事件交的逻辑关系与输入事件皆发生时，输出事件必然发生。

(2)或门，表示门的输入事件与输出事件构成事件并的逻辑关系输入事件至少有一个发生时，则输出事件发生。

(3)非门，表示输出事件是输入事件的对立事件。

(4)异或门，表示在门的输入事件中，任何一个发生都会引起输出事件发生，但所有输入事件不能同时发生(注意此门的输入事件数应为偶数个)。

(5)表决门，表示当 n 个输入事件中有 k 个或 k 个以上的事件发生时，输出事件才发生。

（6）禁门，表示仅当条件事件发生时，输入事件发生才导致输出事件发生。

3. 故障事件的定义和分类

事件是描述系统状态和元部件状态的。系统或元部件能按规定要求完成其功能的，称为正常事件。反之，不能完成规定功能或完成得不准确的称为故障事件。

为了区分故障产生的原因，在 FTA 中常将故障事件分为：

（1）一次事件，故障事件是由几部件本身引起的。

（2）二次事件，故障事件是由外界环境或人为因索引起的。

（3）受控事件，故障事件是由系统中其他部件的错误控制信号、指令或噪声的影响引起的。一旦这些影响消除后，系统或部件即可恢复正常状态。

3.4.3　故障树的数学描述

1. 故障树的结构函数

为了使问题简化，假设所研究的元部件和系统只能取正常或故障两种状态，并假设各元部件的故障是相互独立的。

现在研究一个由 n 个相互独立的底事件构成的故障树。

设 x_i 表示底事件的状态变量，x_i 仅取 0 或 1 两种状态。ϕ 表示顶事件的状态变量，也仅取 0 或 1 两种状态，则有如下定义：

$$x_i = \begin{cases} 1, & \text{底部事件 } i \text{ 发生（即元部件故障）} \\ 0, & \text{底部事件 } i \text{ 不发生（即元部件正常）} \end{cases} \quad (i = 1, 2, \cdots, n)$$

$$\phi = \begin{cases} 1, & \text{顶事件发生（即系统故障）} \\ 0, & \text{底事件不发生（即系统正常）} \end{cases}$$

FT 顶事件是系统所不希望发生的故障状态，相当于 $\phi = 1$。与此状态相应的底事件状态为元部件故障状态，相当于 $x_i = 1$。也就是说，顶事件状态 ϕ 完全由 FT 中底事件状态 x 所决定，即

$$\phi = \phi(x)$$

式中，$x = \{x_1, x_2, \cdots, x_n\}$，称 $\phi(x)$ 为 FT 的结构函数。

下面介绍几种常见结构形式的结构函数

（1）与门的结构函数

$$\phi(x) = \bigcap_{i=1}^{n} x_i \quad i = 1, 2, \cdots, n \tag{3.36}$$

式中，n ——底事件数。

当 x_i 仅取 0、1 二值时，结构函数 $\phi(x)$ 也可以写成

$$\phi(x) = \prod_{i=1}^{n} x_i$$

当全部元部件故障时，系统才发生故障，其故障树如图 3.23 所示。

（2）或门的结构函数。

$$\phi(x) = \bigcup_{i=1}^{n} x_i \quad i = 1, 2, \cdots, n \tag{3.37}$$

当 x_i 仅取 0、1 二值时，结构函数 $\phi(x)$ 也可以写成

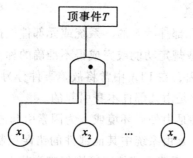

图 3.23 与门结构的故障树

$$\phi(x) = 1 - \prod_{i=1}^{n}(1 - x_i)$$

只要一个元部件发生故障，系统就发生故障，其故障树如图 3.24 所示。

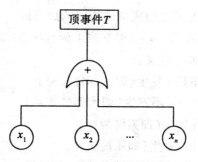

图 3.24 或门结构的故障树

(3) n 中取 k 的结构函数。

$$\phi(x) = \begin{cases} 1, & \text{当} \sum x_i \geq K \\ 0, & \text{其他情况} \end{cases} \tag{3.38}$$

式中，K 为使系统发生故障的最小底事件数。只要故障的元部件数大于 K，系统就发生故障。其故障树如图 3.25 所示。

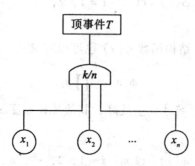

图 3.25 n 中取 K 结构的故障树

（4）任意复杂系统的结构函数。

若系统的故障树如图 3.26 所示。

其结构函数为

$$\phi(t) = \Big\{ x_4 \cap \big[x_3 \cup (x_2 \cap x_5) \big] \Big\} \cup \Big\{ x_1 \cap \big[x_5 \cup (x_3 \cap x_2) \big] \Big\} \tag{3.39}$$

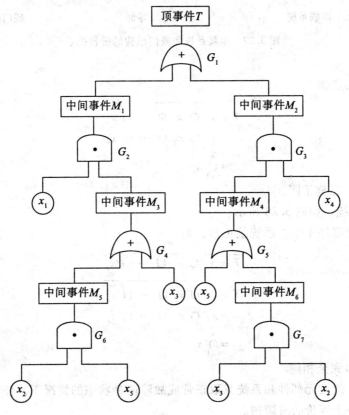

图 3.26　某系统的故障树

一般情况下，当 FT 画出后，就可以直接写出其结构函数。但是对于复杂系统来说，其结构函数是相当冗长繁杂的，如式（3.39）。这样既不便于定性分析，也不易于进行定量计算。在 3.4.4 小节中，我们将引入最小割（路）集的概念，以便将一般结构函数改写为特殊的结构函数，以利于 FT 的定性分析和定量计算。

2. 可靠性框图与故障树的等价关系

系统的可靠性框图是从系统正常工作的角度出发的，它们之间存在着一定的内在关系。

设：$\overline{x_i}$ 表示第 i 个部件正常；$\overline{T}$ 表示不系统正常；x_i 表示第 i 个部件故障；T 表示系统故障。

（1）串联系统，如图 3.27 所示。

每个部件正常系统才正常，即：$\overline{T} = \overline{x_1} \cap \overline{x_2} \cap \cdots \cap \overline{x_n}$

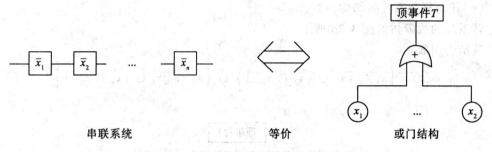

图 3.27　串联系统和或门结构的等价关系

由德·摩根定律

$$T = \overline{\overline{x_1} \cap \overline{x_2} \cap \cdots \cap \overline{x_n}}$$
$$= x_1 \cup x_2 \cup \cdots \cup x_n$$
$$= \bigcup_{i=1}^{n} x_i$$

与式(3.37)完全相同。

(2)并联系统，如图 3.28 所示。

只要有一个部件正常，系统就正常，即

$$\overline{T} = \overline{x_1} \cup \overline{x_2} \cup \cdots \cup \overline{x_n}$$
$$T = \overline{\overline{x_1} \cup \overline{x_2} \cup \cdots \cup \overline{x_n}}$$
$$= x_1 \cap x_2 \cap \cdots \cap x_n$$
$$= \bigcap_{i=1}^{n} x_i$$

与式(3.36)完全相同。

　　一般而言，假设元部件和系统只取正常或故障两种状态的情况下，任何一个可靠性框图都可以找到一个等价的故障树。

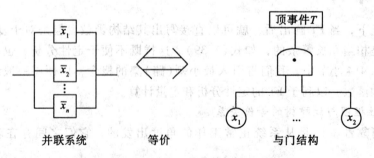

图 3.28　并联系统和与门结构的等价关系

3.4.4　故障树的定性分析

1. 割集与最小割集，路集与最小路集

对故障树分析同样也可引入割集与最小割集、路集与最小路集的概念。

割集：故障树中一些底事件的集合，当这些底事件都发生时，顶事件必然发生。若将割集中所含的底事件任意去掉一个就不再成为割集，这就是最小割集。

路集：故障树中一些底事件的集合，当这些底事件都不发生时，顶事件必然不发生。若将路集中所含的底事件任意去掉一个就不再成为路集了，这就是最小路集。

由以上定义可知，一个最小割集代表系统的一种故障模式，一个最小路集代表系统的一种正常模式。故障树定性分析的任务就是要寻找 FT 的全部最小割集或最小路集。鉴于割集与路集之间存在对偶性关系，所以在下面的定性和定量分析中，我们将主要针对割集来展开讨论。

2. 求最小割集的方法

这里介绍两种公认的较好的方法。

a. 下行法——富塞尔-凡斯列算法（Fussell-Vesely）

该算法的要点是利用"与门"直接增加割集的容量，利用增加割集的数目这一性质。

这种算法是沿故障树自上往下进行，顺次将上排事件置换为下排事件。遇到与门将门的输入横向并列写出，遇到或门将门的输入竖向串列写出，直到全部门都置换为底事件为止。但这样得到的底事件集合只是割集，还必须用集合运算规则加以简化、吸收，方能得到全部最小割集。

以图 3.29 故障树为例，求割集和最小别集。表 3.5 是这一计算的过程。

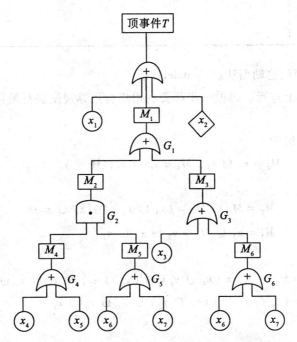

图 3.29　任意故障树（用以计算最小割集）

这里从步骤 1 到 2 时，因 M_1 下面是或门，所以在步骤 2 中 M_1 的位置换之以 M_2，M_3

且竖向串列。从步骤 2 到 3，因 M_2 下面是与门，所以 M_4，M_5 横向并列，依此下去直到第 6 步，共得到 9 个割集：$\{x_1\}$，$\{x_2\}$，$\{x_3\}$，$\{x_4, x_6\}$，$\{x_4, x_7\}$，$\{x_5, x_6\}$，$\{x_5, x_7\}$，$\{x_6\}$，$\{x_8\}$。

再一步就是把割集通过集合运算规则加以简化、吸收，得到相应的全部最小割集。上述 9 个割集，因 $x_6 \cup x_4 x_6 = x_6$，$x_6 \cup x_5 x_6 = x_6$，所以 $x_4 x_6$ 和 $x_5 x_6$ 被吸收，得到全部最小割集：$\{x_1\}$，$\{x_2\}$，$\{x_3\}$，$\{x_4, x_7\}$，$\{x_5, x_7\}$，$\{x_6\}$，$\{x_8\}$。

表 3.5   用下行法计算割集的过程

步骤	1	2	3	4	5	6
过 程	x_1	x_1	x_1	x_1	x_1	x_1
	M_1	M_2	M_4, M_5	M_4, M_5	x_4, M_5	x_5, x_6
	x_2	M_3	M_3	x_3	x_5, M_5	x_4, x_7
		x_2	x_2	M_6	M_6	x_5, x_7
				x_2	x_2	x_3
						x_6
						x_8
						x_2

b. 上行法——西门德勒斯法(Semanderes)

此算法是由下向上进行。每做一步都要利用集合运算规则进行简化、吸收。仍以上例说明。

故障树的最下一级为

$$M_4 = x_4 \cup x_5, \quad M_5 = x_6 \cup x_7, \quad M_6 = x_6 \cup x_8$$

往上一级为

$$M_2 = M_4 \cap M_5 = (x_4 \cup x_5) \cap (x_6 \cup x_7)$$

$$M_3 = x_3 \cup M_6 = x_3 \cup x_6 \cup x_8$$

再往上一级为

$$M_1 = M_2 \cup M_3 = (x_4 \cup x_5) \cap (x_6 \cup x_7) \cup x_3 \cup x_6 \cup x_8$$

$$= (x_4 \cap x_7) \cup (x_5 \cap x_7) \cup x_3 \cup x_6 \cup x_8$$

最上一级为

$$T = x_1 \cup x_2 \cup M_1 = x_1 \cup x_2 \cup x_3 \cup x_6 \cup x_8 \cup (x_4 \cap x_7) \cup (x_5 \cap x_7)$$

得到七个最小割集：$\{x_1\}$，$\{x_2\}$，$\{x_3\}$，$\{x_4, x_7\}$，$\{x_5, x_7\}$，$\{x_6\}$，$\{x_8\}$。其结果与第一种方法相同。要注意的是：只有在每一步都利用集合运算规则进行简化、吸收，得出的结果才是最小割集。

3. 最小割集的定性比较

当求得全部最小割集后,应按以下原则进行定性比较,以便将定性比较结果应用于指导故障诊断,确定维修次序,或者提出改进系统的方向。

首先根据每个底事件最小割集所含底事件数目(阶数)排序,在各个底事件发生概率比较小,其差别相对不大的条件下:

(1)阶数越小的最小割集越重要。

(2)在低阶最小割集中出现的底事件比高阶最小割集中的底事件重要。

(3)在不同最小割集中重复出现的次数越多的底事件越重要。

为了节省分析工作量,在工程上可以略去阶数大于指定值的所有最小割集来进行近似分析。

4. 用最小割集或最小路集表示故障树的结构函数

a. 用最小割集表示

由最小割集定义知道,如果在割集中任意去掉一个底事件就不再成为割集,也就是要求最小割集中所有底事件都发生,该最小割集才存在。即

$$K_j = \bigcap_{i \in K_j} x_i$$

式中: K_j ——第 j 个最小割集;

x_i ——第 j 个最小割集中的底事件。

又由于至少存在一个最小割集,顶事件才发生,因此故障树的结构函数为

$$\phi(x) = \bigcup_{j=1}^{N_K} K_j = \bigcup_{j=1}^{N_K} \left(\bigcap_{i \in K_i} x_i \right) \tag{3.40}$$

式中: N_k ——系统最小割集数。

b. 用最小路集表示

由最小路集定义知道,如果在路集中任意去掉一个底事件就不再成为路集,也就是要求最小路集中所有底事件都不发生,该最小路集才存在。即

$$A_r = \bigcap_{i \in A_i} \overline{x_i}$$

$$\overline{A_r} = \overline{\bigcap_{i \in A_r} \overline{x_i}} = \bigcup_{i \in A_r} x_i$$

式中: A_r ——第 r 个最小路集存在;

$\overline{A_r}$ ——第 r 个最小路集不存在;

x_i ——第 r 个最小路集中的底事件。

又由于要所有最小路集都不存在,顶事件才发生,因此故障树的结构函数为:

$$\phi(x) = \bigcap_{r=1}^{N_r} \overline{A_r} = \bigcap_{r=1}^{N_r} \left(\bigcup_{i \in A_r} x_i \right) \tag{3.41}$$

式中: N_p ——系统最小割集数。

所以,对于一棵较复杂的故障树,只要找出它的最小割集或最小路集,就可以按式(3.40)或(3.41)写出它的结构函数。这样不但有利于定性分析(如找出故障模式,系统的最薄弱环节),也有利于定量计算(如计算顶事件发生的概率——不可靠度)等。

3.4.5 故障树的定量计算

1. 概述

故障树定量化的任务就是要计算或估计系统顶事件发生的概率以及系统的一些可靠性指标。一般说来，多部件复杂系统的求解是十分困难的。有些情况如故障是任意分布时，就没法用解析法求得精确结果。这时就必须用蒙特卡罗法进行估算。

进行故障树定量计算的步骤，首先要确定底事件的故障模式和它的故障分布参数。然后从底事件的故障参数或故障概率求出故障树顶事件的故障参数或故障概率。进行定量化计算的方法很多，为了讲述方便，只举例说明这些方法的计算过程，而不作数学理论的证明。

在进行故障树定量计算时，一般要作以下几个假设：

(1)底事件之间相互独立。

(2)底事件和顶事件都只考虑两种状态——发生或不发生。部件和系统都只有两种状态——正常或故障。

(3)一般情况下，故障分布都假定为按指数分布。

2. 通过底事件发生的概率求顶事件发生的概率

故障树分析中经常用布尔变量来表示底事件的状态，如底事件 i 的布尔变量是

$$x_i = \begin{cases} 1, & \text{在 } t \text{ 时刻 } i \text{ 事件发生} \\ 0, & \text{在 } t \text{ 时刻 } i \text{ 事件不发生} \end{cases}$$

如果 i 事件发生表示第 i 个部件故障，那么 $x_i(t)=1$ 表示第 i 个部件在时刻 t 故障。计算事件 i 发生的概率，也就是计算随机变量 $x_i(t)$ 的期望值：

$$\begin{aligned} E[x_i(t)] &= \sum x_i \cdot P_i[x_i(t)] \\ &= 0 \cdot P[x_i(t)=0] + P[x_i(t)=1] \\ &= P[x_i(t)=1] = F_i(t) \end{aligned}$$

$F_i(t)$ 物理意义是：在 $[0, t]$ 时间内事件 i 发生的概率(即第 i 个部件的不可靠度)。

如果由 n 个底事件组成的故障树，其结构函数为

$$\phi(x) = \phi(x_1, x_2, \cdots, x_n)$$

那么，顶事件发生的概率，也就是系统的不可靠度 $F_s(t)$ 的数学表达式为

$$P(\text{顶事件}) = F_s(t) = E(\phi(x)) = g[F(t)]$$

式中： $F(t) = [F_1(t), F_2(t), \cdots, F_n(t)]$ 。

下面介绍几种常见结构的故障分布函数：

(1)与门结构，如图 3.23 所示。

$$\phi(t) = \prod_{i=1}^{n} x_i(t)$$

$$\begin{aligned} F_s(t) &= E[\phi(x)] = E\left[\prod_{i=1}^{n} x_i(t)\right] \\ &= E[x_1(t)] \cdot E[x_2(t)] \cdots E[x_n(t)] \\ &= F_1(t) \cdot F_2(t) \cdots F_n(t) \end{aligned}$$

(2)或门结构,如图 3.24 所示。

$$\phi(t) = 1 - \prod_{i=1}^{n} (1 - x_i(t))$$

$$F_s(t) = E[\phi(x)] = E\left[1 - \prod_{i=1}^{n}(1 - x_i(t))\right]$$

$$= 1 - E[1 - x_1(t)] \cdot E[1 - x_2(t)] \cdots E[1 - x_n(t)]$$

$$= 1 - (1 - F_1(t))(1 - F_2(t)) \cdots (1 - F_n(t))$$

(3)简单与或门结构,如图 3.30 所示。

$$\phi(t) = 1 - [(1 - x_1)(1 - x_2 x_3)]$$

$$F_s(t) = E[\phi(x)] = E[1 - [(1 - x_1(t))(1 - x_2(t)x_3(t))]]$$

$$= 1 - [1 - F_1(t)][1 - F_2(t)F_3(t)]$$

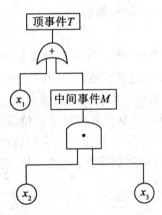

图 3.30　简单与或门结构

当故障树中有重复出现的底事件时,就不能通过底事件发生的概率求顶事件发生的概率。

3. 通道最小割集求顶事件发生的概率

a. 最小割集之间不相交的情况

对任意的一棵故障树,必须找出该树的全部最小割集 K_1, K_2, $\cdots$, K_{N_k}。再假设在一个很短的时间间隔内不考虑同时发生两个或两个以上的元部件故障,且各最小割集中没有重复出现的底事件,也就是假设最小割集之间是不相交的。由式(3.40)有:

$$T = \phi(x) = \bigcup_{j=1}^{N_K} K_j(t)$$

$$P[K_j(t)] = \prod_{i \in K_j} F_i(t)$$

式中: $P[K_j(t)]$ ——在时刻 t 第 j 个最小割集存在的概率;

　　　　$F_i(t)$ ——在时刻 t 第 j 个最小割集中第 i 个部件故障的概率;

　　　　N_k ——最小割集数。

则
$$P(T) = F_s(t) = P[\phi(x)] = \sum_{j=1}^{N_K}\left[\sum_{i \in K_j} F(t)\right] \qquad (3.42)$$

b. 最小割集之间存在相交的情况

（1）精确计算顶事件发生概率的方法。

用式（3.42）计算任意一棵故障树顶事件发生的概率时，要求各最小割集中没有重复出现的底事件，也就是最小割集之间是完全不相交的。但在大多数情况下，底事件可以在几个最小割集中重复出现，也就是说最小割集之间是相交的。这样，精确计算顶事件发生的概率就必须用相容事件的概率公式：

$$P(T) = P(K_1 \cup K_2 \cup \cdots \cup K_{N_k})$$

$$= \sum_{i=1}^{N_K} P(K_i) - \sum_{i<j=2}^{N_K} P(K_i K_j) + \sum_{i<j<k=3}^{N_K} P(K_i K_j K_k) + \cdots +$$

$$(-1)^{N_k-1} P(K_1 K_2 \cdots K_{N_k}) \qquad (3.43)$$

式中：K_i，K_j，K_k——第 i，j，k 个最小割集；

N_k——最小割集数。

由式（3.43）可看出它共有 $2^{N_k}-1$ 项。当最小割集数 N_k 足够大时，就会产生"组合爆炸"问题。如某故障树有 40 个最小割集，则计算 $P(T)$ 的公式（3.43）。共有 $2^{40}-1 \approx 1.1 \times 10^{12}$ 项，每一项又是许多数的连乘积，即使大型计算机也难以胜任这个计算任务。解决的办法是化相交和为不相交和，再求顶事件发生概率的精确解。

根据集合论的基本性质，若 K_i 与 K_j 相交，即它们彼此含有相同的底事件，则 K_i 与 K_j 的集合并运算和 K_i 与的不交和运算完全等价。"集合并"与"不交和"的等价关系如图 3.31 所示。

图 3.31　"集合并"与"不交和"的等价表示

据此可得

$$K_i \cup K_j = K_i + \overline{K_i} K_j \qquad (3.44)$$

式中：$\cup$——集合并运算；

$+$——不交和运算。

这样，$P(K_i \cup K_j) = P(K_i) + P(\overline{K_i} K_j)$；

而不是 $P(K_i \cup K_j) = P(K_i) + P(K_j) - P(K_i K_j)$。

由式（3.44）可以推广到一般式子：

$$T = \bigcup_{i=1}^{N_K} K_i = K_1 + \overline{K_1}(K_2 \cup K_3 \cup \cdots \cup K_{N_K})$$

$$= K_1 + \overline{K_1}K_2 + \overline{\overline{K_1}K_2}(\overline{K_1}K_3 \cup \overline{K_1}K_4 \cup \cdots \cup \overline{K_1}K_{N_K})$$

$$= \cdots \tag{3.45}$$

这样一直化简下去，直到所有项全部成为不交和为止。

例 3.8　对于图 3.32 所示的故障树，已知设 $R_A = R_B = 0.2$，$R_C = R_D = 0.3$，$R_E = 0.36$，并已求出该树的四个最小割集为：$K_1 = \{A,\ C\}$，$K_2 = \{B,\ D\}$，$K_3 = \{A,\ D,\ E\}$，$K_4 = \{B,\ C,\ E\}$。试求该树顶事件发生概率的精确解。

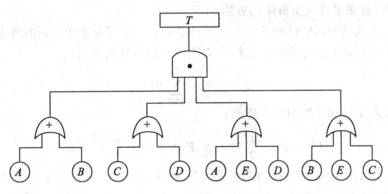

图 3.32　例 3.8 故障树

解：按式(3.45)有

$$T = K_1 \cup K_2 \cup K_3 \cup K_4 = K_1 + \overline{K_1}(K_2 \cup K_3 \cup K_4)$$

$$= AC + \overline{AC}(BC \cup ADE \cup BCE)$$

$$= AC + (\overline{A} \cup \overline{C})(BD \cup ADE \cup BCE)$$

$$= AC + (\overline{A}BC \cup \overline{A}BCE \cup \overline{C}BD \cup \overline{C}ADE)$$

$$= AC + \overline{A}BD + \overline{\overline{A}BD}(\overline{A}BCE \cup \overline{C}BD \cup \overline{C}ADE)$$

$$= AC + \overline{A}BD + (A + \overline{B} \cup \overline{D})(\overline{A}BCE \cup \overline{C}BD \cup \overline{C}ADE)$$

$$= AC + \overline{A}BD + (A\overline{C}BD \cup \overline{C}ADE \cup \overline{B}\,\overline{C}ADE \cup \overline{D}\,\overline{A}BCE)$$

$$= AC + \overline{A}BD + (A\overline{C}BD \cup \overline{C}ADE \cup \overline{D}\,\overline{A}BCE)$$

$$= AC + \overline{A}BD + A\overline{C}BD + \overline{A\overline{C}BD}(\overline{C}ADE \cup \overline{D}\,\overline{A}BCE)$$

$$= AC + \overline{A}BD + A\overline{C}BD + (\overline{A} \cup C \cup \overline{B} \cup \overline{D})(\overline{C}ADE \cup \overline{D}\,\overline{A}BCE)$$

$$= AC + \overline{A}BD + A\overline{C}BD + (\overline{D}\,\overline{A}BCE \cup \overline{D}\,\overline{A}BCE \cup \overline{B}\,\overline{C}ADE \cup \overline{D}\,\overline{A}BCE)$$

$$= AC + \overline{A}BD + A\overline{C}BD + \overline{D}\,\overline{A}BCE + \overline{B}\,\overline{C}ADE$$

因为这是不交和，而且底事件相互独立，所以

$$P(T) = P(A)P(C) + P(\overline{A})P(B)P(D) + P(A)P(\overline{C})P(B)P(D) +$$
$$P(\overline{D})P(\overline{A})P(B)P(C)P(E) + P(\overline{B})P(\overline{C})P(A)P(D)P(E)$$
$$= 0.2 \times 0.3 + 0.8 \times 0.2 \times 0.3 + 0.2 \times 0.7 \times 0.2 \times 0.3 +$$
$$0.7 \times 0.8 \times 0.2 \times 0.3 \times 0.36 + 0.8 \times 0.7 \times 0.2 \times 0.3 \times 0.36$$
$$= 0.140592$$

可以看出，当相交和项足够大时，手工计算相当繁琐，必须借助于计算机，且需占用相当大的内存。

（2）近似计算顶事件发生概率的方法。

在许多工程问题中，精确计算往往是不必要的，这是因为统计得到的基本数据往往并不很难确。于是，在实际计算时，往往取式（3.43）的首项来近似：

$$P(T) \approx S_1 = \sum_{i=1}^{N_b} P(K_i) \tag{3.46}$$

或取首项与第二项之半的差作近似：

$$P(T) \approx S_1 - \frac{1}{2}S_2 = \sum_{i=1}^{N_b} P(K_i) - \frac{1}{2}\sum_{i<j=2}^{N_b} P(K_iK_j) \tag{3.47}$$

例 3.9 仍以图 3.32 故障树为例，试用公式（3.46）、（3.47）来求该树顶事件发生概率的近似解。

解：按式（3.46）有

$$P(T) \approx \sum_{i=1}^{N_K} P(K_i) = P(K_1) + P(K_2) + P(K_3) + P(K_4)$$
$$= P(A)P(C) + P(B)P(D) + P(A)P(D)P(E) + P(B)P(C) + P(E)$$
$$= 2 \times 0.2 \times 0.3 + 2 \times 0.2 \times 0.3 \times 0.36 = 0.1632。$$

其相对误差：

$$\varepsilon_1 = \frac{0.140592 - 0.1632}{0.140592} = -16.1\%$$

按式（3.47）有

$$S_2 = \sum_{i<j=2}^{N_K} P(K_iK_j)$$
$$= P(K_1K_2) + P(K_1K_3) + P(K_1K_4) + P(K_2K_3) + P(K_2K_4) + P(K_3K_4)$$
$$= P(A)P(C)P(B)P(D) + P(A)P(C)P(D)P(E) +$$
$$P(A)P(B)P(C)P(E) + P(B)P(D)P(A)P(E) +$$
$$P(B)P(D)P(C)P(E) + P(A)P(D)P(B)P(C)P(E)$$
$$= 0.026496$$

$$P(T) \approx S_1 - \frac{1}{2}S_2 = 0.1631 - \frac{1}{2} \times 0.026496 = 0.149952$$

其相对误差：

$$\varepsilon_2 = \frac{0.140592 - 0.149952}{0.140592} = -6.66\%$$

该故障树的底事件故障概率是相当高的，按式(3.46)、(3.47)计算的误差尚且不大，当底事件故障概率降低后，相对误差会大大地减小，一般都能满足工程应用的要求。

3.4.6 故障树分析法的评价

FTA 法仍处在发展完善的过程中，对 FTA 进行理论探讨和实际应用研究是当前可靠性技术领域中的一个活跃分支；与此同时，利用计算机自动建造故障树的方法也在发展中。

FTA 法的用途很广，一般可用于以下几方面：

(1)系统的可靠性分析、系统的定性分析和定量计算设计提供依据。

(2)系统的安全性分析和事故分析。

(3)系统的风险评价。

(4)系统的重要度分析。

(5)故障诊断与检修表的制定。

(6)确定系统探测器的最佳配置。

3.5 简单系统可靠性分析

不可维修系统是组成系统的各分系统、部件、元器件失效后不进行任何维修的系统，对这种系统的研究是有实际意义的。因为系统有的是由于技术上的原因，不可能进行维修。例如导弹上或卫星上的计算机；有的是经济上的原因，不值得进行维修；也有的系统本身只作为一次性使用，没有必要进行维修。此外，对于可维修系统，为分析方便，往往首先都是当做不维修系统来考虑的。

3.5.1 串联系统

系统由 n 个单元组成，组成系统中任一单元失效均导致系统失效，即系统的各单元对于完成系统功能来说都是必不可少的，则称这种系统为串联系统。串联系统可靠性框图如图 3.33 所示。

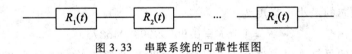

图 3.33 串联系统的可靠性框图

设第 i 单元的可靠度函数为 $R_i(t)$，按概率相乘规则，串联系统的可靠度 $R_s(t)$ 为

$$R_s(t) = \prod_{i=1}^{n} R_i(t) \quad i = 1, 2, \cdots, n \tag{3.48}$$

因 $t>0$ 时 $0 < R_i(t) < 1$，故 $R_s(t) < R_i(t)$，$i = 1, 2, \cdots, n$。

串联系统的可靠性数学模型亦称链式模型。一旦其中最弱的单元失效，系统便失效，故亦称最弱环模型。

利用 $F(t) + R(t) = 1$，可得系统单位之间的失效分布的关系如下：

$$F_s(t) = 1 - \prod_{i=1}^{n} R_i(t) = 1 - \prod_{i=1}^{n} \left[1 - F_i(t) \right] \qquad (3.49)$$

若 $R_i(t) = e^{-\lambda_i t}$ $i=1, 2, \cdots, n$，则

$$R_s(t) = e^{-\sum_{i=1}^{n} \lambda_i t}$$

即各单元具有常数失效率，则系统仍具有常数的失效率，且系统的失效率为

$$\lambda_s = \sum_{i=1}^{n} \lambda_i \qquad (3.50)$$

其平均寿命为 $\qquad \mathrm{MTBF}_s = 1 \Big/ \sum_{i=1}^{n} \lambda_i \qquad (3.51)$

或 $\qquad \dfrac{1}{\mathrm{MTBF}_s} = \sum_{i=1}^{n} \dfrac{1}{\mathrm{MTBF}_s} \qquad (3.52)$

若式中各 λ_i 相同，记为 λ，则

$$R_s(t) = e^{-n\lambda t} \qquad (3.53)$$

$$\lambda_s = n\lambda \qquad (3.54)$$

$$\mathrm{MTBF}_s = 1/n\lambda = \mathrm{MTBF}/n \qquad (3.55)$$

式中：$\mathrm{MTBF} = 1/\lambda$ 为一个单位的平均寿命。

例 3.10   16K 计算机的磁芯存储器，存储器的每个磁芯平均都要使用一次，同样的计算任务要重复 1000 次，为要使容许误差不大于 1 次，问每个磁芯的最小可靠度是多少？一个字由 32bit 组成。

设每个磁芯的可靠度为 R，整个存储器的可靠度为 R_s，容许误差不大于 1/1000，即失效概率为 1/1000(0.001)，由此可得

$$R_s = e^{-0.001} = 0.99900$$

因磁芯存储器是由各磁芯串联而成，由系统可靠度和单元可靠度之间的关系得

$$R_s = R^{16000 \times 32} = (1 - F)^{16000 \times 32} = 0.99900$$

因 F 很小，可做如下近似

$$(1 - F)^{16000 \times 32} = 1 - 16000 \times 32F = 1 - 512000F$$

所以 $\qquad F = \dfrac{1 - 0.999}{512000} = 1.953125 \times 10^{-9}$

则，每个磁芯的最小可靠度为

$$R = 1 - F = 0.999999998046875$$

对一个磁芯的可靠度要求这么高，实际上是很难做到的。一方面可改用其他形式的存储器，另一方面可用纠错码来提高可靠性。

3.5.2 并联系统

在串联系统的可靠度不能满足设计要求时，可以考虑使用可靠度更高的元器件或改善系统环境或改变系统结构。因为前两种方法提高可靠度的能力有限而又受各种条件限制，因此通常都采用具有冗余的系统结构来提高系统的可靠度。并联系统、备用系统、K/n 表决系统都属于冗余系统。

如果组成系统的单元只要其中有一个没有失效，系统就能正常工作，我们称这种系统

为并联系统，或者说，采用冗余结构的方法使若干个具有同样功能的单元并联运行。这种具有并联冗余结构的系统称之为并联系统，并联系统犹如一根绳子，当绳子的所有纤维均断，绳子方断，并联系统又称为绳子模型。

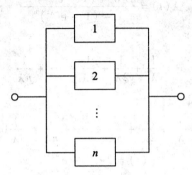

图 3.34　并联系统的可靠性框图

图 3.34 为由 n 个单位组成的并联系统。并联系统是表示当这 n 个单元都失效时，系统才失效，换句话说，当系统的任一单元工作时，系统正常工作。

令第 i 个单元的寿命为 X，其可靠度为 $R_i(t) = P(X_i > t)$，$i = 1，2，\cdots，n$，且它们相互独立。由定义知系统寿命 X 等于各单位寿命 X_i 中的最大者，即 $X = \max(X_n)$。

所以并联系统的可靠度函数为

$$\begin{aligned} R(t) &= P(X > t)P(\max(X_1，X_2，\cdots，X_n) > t) \\ &= 1 - P(\max(X_1，X_2，\cdots，X_n) \leqslant t) \\ &= 1 - P(X_1 \leqslant t，X_2 \leqslant t，\cdots，X_n \leqslant t) \\ &= 1 - \prod_{i=0}^{n} [1 - R_i(t)] \end{aligned} \tag{3.56}$$

用 $F(t)$，$F_i(t)(i = 1，2，\cdots，n)$ 分别表示系统和第 i 个单元的累积失效概率，则式 (3.56) 也可以表示为

$$F(t) = \prod_{i=0}^{n} F_i(t) \tag{3.57}$$

即并联系统的失效概率为各单元失效概率之乘积。

假定第 i 个单元寿命服从参数为 λ_i 的指数分布，即 $\lambda_i(t) = \lambda_i$，$R_i(t) = e^{-\lambda t}$，系统的可靠度和平均寿命分别为

$$R(t) = 1 - \prod_{i=0}^{n} (1 - e^{-\lambda_i t}) \tag{3.58}$$

$$\theta - \sum_{i=1}^{n} \frac{1}{\lambda_i} - \sum_{i \leqslant i \leqslant j \leqslant n} \frac{1}{\lambda_i + \lambda_j} + \cdots + (-1)^{n-1} \frac{1}{\sum\limits_{i=1}^{n} \lambda_i} \tag{3.59}$$

特别当 $\lambda_i = \lambda$ 时，可得各特征量如下：

(1) 累积失效概率。

$$F(t) = (1 - e^{-\lambda t})^n \tag{3.60}$$

（2）可靠度函数。

$$R(t) = 1 - (1 - e^{-\lambda t})^n \tag{3.61}$$

（3）失效率函数。

$$\lambda(t) = \frac{n\lambda e^{-\lambda t}(1 - e^{-\lambda t})^{n-1}}{1 - (1 - e^{-\lambda t})^n} \tag{3.62}$$

（4）平均寿命。

$$\theta = \frac{1}{\lambda} + \frac{1}{2\lambda} + \frac{1}{3\lambda} + \cdots + \frac{1}{n\lambda} \tag{3.63}$$

若 n 较大时，有近似公式

$$\theta = \frac{1}{\lambda} + \frac{1}{2\lambda} + \frac{1}{3\lambda} + \cdots + \frac{1}{n\lambda} \approx \frac{1}{\lambda}\ln n$$

当 $n = 2$ 时，

$$R(t) = 2e^{-\lambda t} - e^{-2\lambda t}$$

$$\theta = \frac{2}{\lambda} - \frac{1}{2\lambda} = \frac{3}{2\lambda}$$

$$\lambda(t) = \frac{2\lambda e^{-\lambda t}(1 - e^{-\lambda t})}{1 - (1 - e^{-\lambda t})^2} = \frac{2\lambda(1 - e^{-\lambda t})}{2 - e^{-\lambda t}}$$

当 $n = 3$ 时，

$$R(t) = 3e^{-\lambda t} - 3e^{-2\lambda t} + e^{-3\lambda t}$$

$$\theta = \frac{3}{\lambda} - \frac{3}{2\lambda} + \frac{1}{3\lambda} = \frac{11}{6\lambda}$$

$$\lambda(t) = \frac{3\lambda e^{-\lambda t}(1 - e^{-\lambda t})^2}{1 - (1 - e^{-\lambda t})^3}$$

由以上分析可以看出：

（1）并联系统的失效概率低于各单元的失效概率；

（2）并联系统的可靠度高于各单元的可靠度；

（3）并联系统的平均寿命高于各单元的平均寿命。这说明，通过并联可以提高系统的可靠度；

（4）并联系统的各单元服从指数寿命分布，该系统不再服从指数寿命分布。

3.5.3 串并联系统

如果一个系统由 N 个子系统并联而成，而每个并联的子系统又由 n 个元件串联而成，则称这种系统为串并联系统，如图3.35所示。

这种串并联系统的可靠度为

$$R_{sp}(t) = 1 - \prod_{i=0}^{N}\left(1 - \prod_{j=1}^{n} R_{ij}(t)\right)$$

如果所有元件的可靠度均相等，即

$$R_{ij}(t) = R_0(t) \qquad (i = 1, 2, \cdots, N, j = 1, 2, \cdots, N)$$

则

$$R_{sp}(t) = 1 - (1 - R_0{}^n(t))^N$$

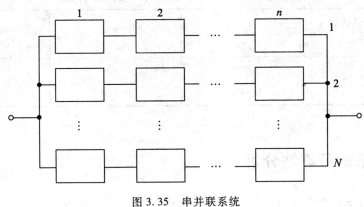

图 3.35　串并联系统

3.5.4　并串联系统

如果一个系统由 n 个子系统串联而成，而每个子系统又由 N 个元件并联而成，则称这种系统为并串联系统，如图 3.36 所示。

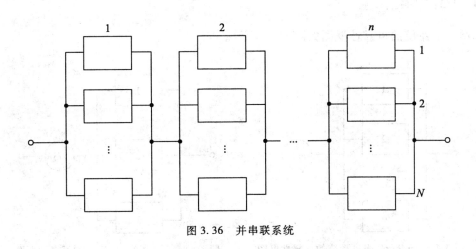

图 3.36　并串联系统

并串联系统的可靠度为

$$R_{ps}(t) = \prod_{i=1}^{N} \left(1 - \prod_{j=1}^{n} (1 - R_{ij}(t)) \right)$$

如果 $R_{ij}(t) = R_0(t)$　$(i = 1, 2, \cdots, N, j = 1, 2, \cdots, N)$，则

$$R_{ps}(t) = (1 - (1 - R_0{}^{n}(t))^{N})^{n}$$

一般说来，并串联系统比串并联系统的可靠性要高。表 3.6 列出了 $N = 2$、$R_0(t) = 0.9$ 条件下这两种系统的可靠度比较。

表3.6　　　　　　串并联系统与串并联的可靠性比较（$N=2$，$R_0(t)=0.9$）

可靠度 \ 元件数 n	1	2	3
串并联系统 R_{sp}	0.990	0.964	0.898
并串联系统 R_{ps}	0.990	0.980	0.951

3.6　表决系统可靠性分析

n 中取 m 系统是指由 n 个单元组成的系统中，至少有 m 个单元正常工作系统才正常工作，记为 $m/n(G)$。

显然，串联系统是 $n/n(G)$ 系统，并联系统是 $1/n(G)$。$m/n(G)$ 系统的可靠性框图如图3.37所示。

机械系统、电路系统和自动控制等常用最简单的 $2/3(G)$ 表决系统，我们先来分析 $2/3(G)$ 系统的可靠性特征，然后说明 $m/n(G)$ 系统可靠度的计算方法。

3.6.1　$2/3(G)$ 系统

$2/3(G)$ 系统的可靠性框图如图3.38所示。

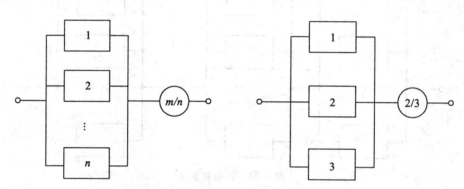

图3.37　$m/n(G)$表决系统的可靠性框图　　　图3.38　$2/3(G)$表决系统的可靠性框图

假设三个单元的寿命分别为 X_1，X_2，X_3，它们相互独立，且每个单元的可靠度为 $R_i(t)$，$i=1$，2，3，系统正常工作有四种可能情况：单元1、2正常，单元3失效；单元1、3正常，单元2失效；单元2、3正常，单元1失效；单元1、2、3都正常。则系统的可靠度为

$$R(t)=R_1(t)R_2(t)F_3(t)+R_1(t)F_2(t)R_3(t)+F_1(t)R_2(t)R_3(t)+R_1(t)R_2(t)R_3(t) \tag{3.64}$$

如单元的寿命服从指数分布，即 $R_i(t)=e^{-\lambda_i t}$，则有

$$R(t)=e^{-(\lambda_1+\lambda_2)t}+e^{-(\lambda_2+\lambda_3)t}+e^{-(\lambda_1+\lambda_3)t}-2e^{-(\lambda_1+\lambda_2+\lambda_3)t} \tag{3.65}$$

当三个单元都属于同一类型，它们的可靠度相同为 $R_0(t)$，则 $2/3(G)$ 系统的可靠

和平均寿命分别为

$$R(t) = 3R_0^2(t) - 2R_0^3(t) \tag{3.66}$$

$$\theta = \frac{1}{\lambda_1 + \lambda_2} + \frac{1}{\lambda_2 + \lambda_3} + \frac{1}{\lambda_1 + \lambda_3} - \frac{1}{\lambda_1 + \lambda_2 + \lambda_3} \tag{3.67}$$

特别，当各单元失效率都为 λ 时，有

$$F(t) = 1 + 2e^{-3\lambda t} - 3e^{-2\lambda t} \tag{3.68}$$

$$R(t) = 3e^{-2\lambda t} - 2e^{-3\lambda t} \tag{3.69}$$

$$\theta = \int_0^{+\infty} R(t)\,\mathrm{d}t = \int_0^{+\infty} (3e^{-2\lambda t} - 2e^{-3\lambda t})\,\mathrm{d}t = \frac{3}{2\lambda} - \frac{2}{3\lambda} = \frac{5}{6\lambda} \tag{3.70}$$

这说明 $2/3(G)$ 系统的平均寿命比单个单位的平均寿命还要低，实际上，$2/3(G)$ 系统的意义在于短时间内可靠性的改善，而不在于平均寿命的提高。

3.6.2　$m/n(G)$ 系统

为了处理方便，设组成的 $m/n(G)$ 系统的 n 个单位都是同类型，其可靠度均为 $R_0(t)$，失效概率为 $F_0(t)$，且各单元正常与否相互独立，则根据二项公式，$m/n(G)$ 系统的可靠度

$$R(t) = \sum_{i=m}^{n} C_i^i n \left[R_0(t) \right]^i \left[F_0(t) \right]^{n-i} \tag{3.71}$$

若各单元寿命分布都为指数函数，则有

$$R(t) = \sum_{i=m}^{n} C_n^i e^{-i\lambda t} \left[1 - e^{-\lambda t} \right]^{n-i} \tag{3.72}$$

可以计算系统的平均寿命

$$\theta = \sum_{i=m}^{n} \frac{1}{i\lambda} = \frac{1}{k\lambda} + \frac{1}{(k+1)\lambda} + \cdots + \frac{1}{n\lambda} \tag{3.73}$$

例 3.11　设某种单元的可靠度为 $R_0(t) = e^{-\lambda t}$，其中 $\lambda = 0.001/h$，试求：

(1)由这种单元组成的二单元串联系统、二单元并联系统及 $2/3(G)$ 系统的平均寿命；

(2)当 $t = 100\text{h}$、500h、700h、1000h 时，一单元、二单元串联、二单元并联及 $2/3(G)$ 系统的可靠度，并加以比较。

解：(1)一个单元与系统的平均寿命分别为

$$\theta_{单} = \frac{1}{\lambda} = 1000\text{h}$$

$$\theta_{2串} = \frac{1}{2\lambda} = 500\text{h}$$

$$\theta_{2并} = \frac{3}{2\lambda} = 1500\text{h}$$

$$\theta_{2/3(G)} = \frac{5}{6\lambda} = 833.3\text{h}$$

(2)$t = 100\text{h}$ 时，一个单元与系统的可靠度分别为

$$R_{单} = e^{-0.001 \times 100} = 0.905$$

$$R_{2串} = R_{单}^2 = e^{-0.2} = 0.819$$

$$R_{2并} = 1 - (1 - R_单)^2 = 1 - (1 - e^{-0.1})^2 = 0.991$$
$$R_{2/3(G)} = 3R_单^2 - 2R_单^3 = 3 \times e^{-0.2} - 2 \times e^{-0.3} = 0.975$$

$t = 500h$ 时，一个单元与系统的可靠度分别为

$$R_单 = e^{-0.001 \times 500} = 0.6065$$
$$R_{2串} = R_单^2 = e^{-0.5 \times 2} = 0.3678$$
$$R_{2并} = 1 - (1 - R_单)^2 = 1 - (1 - 0.6065)^2 = 0.8452$$
$$R_{2/3(G)} = 3R_单^2 - 2R_单^3 = 3 \times e^{-1} - 2 \times e^{-1.5} = 0.6575$$

$t = 700h$ 时，一个单元与系统的可靠度分别为

$$R_单 = e^{-0.001 \times 700} = 0.4966$$
$$R_{2串} = R_单^2 = e^{-1.4} = 0.2466$$
$$R_{2并} = 1 - (1 - R_单)^2 = 1 - (1 - 0.4966)^2 = 0.7466$$
$$R_{2/3(G)} = 3R_单^2 - 2R_单^3 = 3 \times e^{-1.4} - 2 \times e^{-2.1} = 0.4948$$

$t = 1000h$ 时，一个单元与系统的可靠度分别为

$$R_单 = e^{-1} = 0.368$$
$$R_{2串} = R_单^2 = e^{-2} = 0.135$$
$$R_{2并} = 1 - (1 - R_单)^2 = 1 - (1 - e^{-1})^2 = 0.600$$
$$R_{2/3(G)} = 3R_单^2 - 2R_单^3 = 3 \times e^{-2} - 2 \times e^{-3} = 0.306$$

从以上计算结果可以明显地看出：

（1）一个单元的可靠度高于二单元串联系统的可靠度，但低于二单元并联系统的可靠度；

（2）2/3(G)系统的平均寿命为一个单元的平均寿命的5/6倍，显然低于一个单元的平均寿命。

那么2/3(G)系统的平均寿命降低，为何要采取这种既增大成本、又增加系统的体积、重量的表决结构呢？

实际上，在工程实践中，对许多要求较高的工作可靠性的系统来说，平均寿命并不是十分重要的可靠性指标，用户更感兴趣的，或者说至关重要指标应是达到一定要求的可靠水平 r（如 $r = 0.95$、$r = 0.99$、$r = 0.999$）的可靠寿命。

由计算可靠寿命的公式 $t(r) = R^{-1}(r)$，可以算出可靠水平 r 分别为 0.99、0.90、0.70、0.50、0.20 时一个单元与2/3(G)系统的可靠寿命 $t(r)$，如表3.7所示。

表 3.7   一个单元与2/3(G)系统可靠寿命对比

r	0.99	0.99	0.70	0.50	0.20
$t(r)$（一个单元）	10	105	357	693	1609
$t(r)$（2/3（G系统））	61	218	452	693	1248

表3.7中第2列数据10与61分别表示一个单元能工作到10h的概率为0.99，2/3(G)系统能工作到61h的概率为0.99。其余类似。

可以看出：

（1）两系统的中位寿命相同；

（2）当可靠水平 r 小于 0.5 时，一个单元系统的可靠寿命高于 2/3（G）系统的可靠寿命；

（3）当可靠水平 r 大于 0.5 时，2/3（G）系统的可靠寿命高于一个单元系统的可靠寿命，且 r 越接近 1，采用 2/3（G）系统结构对提高可靠寿命的效果越显著。

因此，在对系统可靠水平要求很高的情况下，采用 2/3（G）系统结构可大大提高系统的可靠寿命。

习　题

1. 系统的功能逻辑框图与可靠性框图有什么区别？

2. 建立系统可靠性框图要注意哪些问题？

3. 什么是路集？什么是割集？

4. 什么是最小路集？什么是最小割集？

5. 什么是故障树分析法？它有何特点？

6. 建造故障树的一般步骤有哪些？

7. 故障树中使用的符号有哪些？

8. 写出串联系统、并联系统的可靠性表述。

9. 某并联系统由 n 个单元组成，设各单元寿命均服从指数分布，失效率均为 $0.001/h^{-1}$，求 $n = 2$，3 的系统在 $t = 100h$ 的可靠度？若用以上单元组成 2/3（G）表决系统，求该系统在 $t = 100h$ 的可靠度及平均寿命。

10. 某 3/6（G）表决系统，各单元寿命均服从指数分布，失效率均为 $\lambda = \dfrac{40}{10^6 h}$，若工作时间 $t = 7200h$，求系统的可靠度及平均寿命。

11. 某一系统的可靠性逻辑框图如图 3.39 所示，若各单元相互独立，且单元可靠度分别为 $R_1 = 0.99$，$R_2 = 0.98$，$R_3 = 0.97$，$R_4 = 0.96$，$R_5 = 0.975$，试求该系统的可靠度。

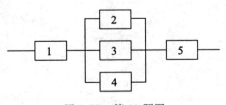

图 3.39　第 11 题图

12. 工作时失效率 $\lambda_0 = 2 \times 10^{-4} h^{-1}$ 的两台电动机，一台冷储备，一台工作，设转换开关可靠度 $R_s = 0.99$，求系统在 $t = 10h$ 的可靠度和平均寿命。

13. 设有一个输电网络如图 3.40 所示，在此电网系统中由 A 站向 B 和 C 站供电，共有 6 条线路电网失效判断是：（1）B 和 C 中任何一站无输入；（2）B 和 C 站共由单一条线路供电。请建立该电网系统的故障树，求出其最小割集，进行定性分析 6 条输电线的重要性。

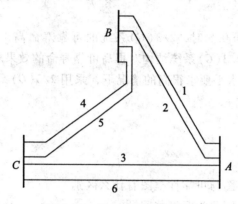

图 3.40 第 13 题输电网络图

第4章　测控系统硬件可靠性

测控系统由硬件和软件组成，硬件是整个系统正常运行的基础，对系统的性能和可靠性至关重要。据估计，系统的可靠性有40%来自元器件，40%来自设计，20%的可靠性靠环境条件保证。因此，分析测控系统可靠性，必须深入分析测控系统硬件的可靠性。测控系统硬件包括半导体元器件、数字集成电路、模拟集成电路、微处理器、存储器、外围接口电路等。

4.1　电子元器件可靠性

在系统设计中，电子元器件作为构成系统硬件的组成部分，对系统的可靠性起着举足轻重的作用，因此系统设计者必须注意到电子元器件的可靠性。

电子元器件在其研制、生产过程中有一整套的保证其产品可靠性的措施和手段。有关电子元器件产品生产过程中的可靠性问题，不在本书的讨论范畴。这里所介绍的是如何利用厂家所提供的电子元器件产品设计出高可靠性的硬件系统。

4.1.1　电子元器件的失效及分析

1. 电子元器件的失效

电子元器件的失效就是它们由于某种原因而丧失了规定的功能。对于可修复的产品，失效通常称为故障。在测控系统中所使用的电子元器件绝大多数都是不可维修的，因此一旦电子元器件失效，就需要更换新的电子元器件。

电子元器件的失效特征如图1.3的曲线所示。

电子元器件的失效，可按不同的分类方式进行分类。

(1)按失效模式分类。可分为开路失效、短路失效、功能退化失效和突变失效等。

(2)按失效原因分类。可分为初始失效、随机失效、耗损失效、误用失效和环境应力失效等。

(3)按时间特征分类。可分为渐变失效、突然失效、间歇失效和退化失效等。

(4)按严重程度分类。可分为致命失效、严重失效、一般失效和轻微失效等。

还有其他一些分类方法，如按失效的关联性分类、按失效的场合分类等。

2. 电子元器件失效原因的分析

a. 元器件失效

元器件在工作过程中会发生失效。通过对各类元器件在一定条件下，大量试验的统计结果发现，电子元器件的失效率是有一定规律的，其失效率特征曲线如图1.3所示。

这里要特别说明，图1.3所示的失效率特征是在电子元器件生产厂家所给出的规定条件下所获得的。从图 1.3 所示的失效特征曲线可以看出，即使元器件工作在规定的条件下，不同时期其失效率也是不一样的。在测控系统设计中，应当避开元器件的初始失效期，使其工作在失效率低的随机失效期中，并在它的损耗失效期到达之前用新的元器件将其更换。

b. 使用不当

在正常使用条件下，元器件有自己的失效期。经过若干时间的使用，它们逐渐衰老失效，这是正常现象。在另一种情况下，如果不按照元器件的额定工作条件去使用它们，则元器件的故障率将大大提高。在实际使用中，许多硬件故障是由于使用不当，或错误地使用了某些元器件造成的。因此，当设计系统时，必须从使用的各个方面仔细设计，合理地选择元器件，并按照电子元器件的电气工作性能使用，以便获得高的可靠性。

各种元器件都有额定工作条件，这里仅以几种常使用的元器件为例，予以简单的说明。

(1)电阻器。各种电阻器具有各自的特点、性能和使用场合。必须按照厂家规定的电气条件使用它们。电阻器的电气特性主要包括阻值、额定功率、误差、温度系数、温度范围、线性度、噪声、频率特性和稳定性等指标。在选用电阻器时，应根据系统的工作情况和性能要求，选用合适的电阻器。例如，薄膜电阻可用于高频或脉冲电路，而线绕电阻只能用于低频或直流电路中。每个电阻都有一定的额定功率，不同的电阻温度系数也不一样。因此，系统设计者在设计电路时，必须根据多项电气性能的要求，合理地选择电阻器。

(2)电容器。同电阻器类似，电容器的种类也很多，其电气性能参数也各不相同。电气性能参数包括容量、耐压、损耗、误差、温度系数、频率特性、线性度和温度范围等。在使用时必须注意这些电气特性，否则容易出现问题。例如，大容量的铝电解电容器在频率为几百 MHz 时，会呈现感性，在电容损耗大时，应用于大功率场合会使电容因发热而烧坏。超过电容的耐压范围使用，电容很快就会击穿。凡此种种，要求系统设计者在选择电容器时，必须考虑系统工作的各种因素来决定选用什么样的电容器。

(3)集成电路。查看集成电路手册，如线性电路手册、数字集成电路(74 系列或 CMOS 系列)手册，可以发现不同的芯片有不同的电气性能、不同的用法。例如，工作电压、输入电平、工作最高频率、负载能力、开关特性、环境工作温度和电源电流等。同样，在选用时也必须按照厂家规定的条件使用，不可有疏忽。同时，应该特别注意以下几个问题。

①74(或 54)系列集成电路的最大工作电压比较低，在使用时应特别注意。其他如温度范围、负载能力等指标也应认真考虑。HTL 和 COMS 集成电路的最大工作电压可达 15V 或更高，故它们的抗干扰能力要好一些。不同的集成电路延时是不一样的，选择使用时应予以注意。同时，还需注意数字集成电路的抗干扰能力。

②为获得最快的开关速度和最好的抗干扰能力，与门和与非门的不同的输入端不要悬空，可把它们接高电平；也可把一个固定输出高电平的门的输出端接到这些输入端上。若前级输出有足够的负载能力，则可将不用的输入端并联在有用的输入端上。对于 54M 或 74LS 系列的与门和与非门，它们的输入端有钳位二极管，可以将其不用的输入端直接接电源端；无钳位二极管的与门或与非门可以通过一个几 kΩ 电阻接电源端。

或门及或非门未用的输入端应接到低电平(地)上，或与其他有输入信号的输入端接到一起。依据上述思路，所使用的芯片，多余不用的输入端一般不要悬空，应将这些输入端接成保证使器件正常工作的状态。

注意电路的驱动能力。不同的数字集成电路，其负载性能(I_{IL}、I_{IH}、C_{IN})和驱动能力(I_{OL}、I_{OL}、C_P)是不一样的。例如，74LS 系列、74HC 系列和 CM400 系列的芯片的驱动能力各不相同。在进行电路设计时必须仔细查阅厂家提供的手册，认真选择。

同时，由于不同系列数字集成电路的输出电平(U_{OH} 和 U_{OL})不同，除考虑其电流、电容外，还需注意它们的工作速度、输出电平等因素。在选用芯片时，尽量选驱动门输出与负载门输入逻辑电平相兼容的芯片。

③集电极开路门电路负载电阻的计算。一般来说，非集电极开路门电路是不允许将它们的输出端线"或"的。但是，当选择合适的集电极开路门电路的负载之后，就可以实现各种门电路输出端的线"或"。在电路设计时，需要确定一个合适的负载电阻 R_L。此电阻有一个最大值，用以保证门电路提供高电平输出的电流。另外，该电阻应有一个最小值，以保证某一集电极开路门电路输出为低电平时，此电阻上流过足够的电流，确保输出为低电平。负载电阻 R_L 由下式决定：

$$R_L = \frac{U_{R_L}}{I_{R_L}} \tag{4.1}$$

式中，U_{R_L} 为 R_L 上的压降；I_{R_L} 为 R_L 上的电流。

为了说明如何决定 R_L，现举例来说明。图 4.1 所示的是集电极开路门电路输出高电平的情况，利用该电路可以决定 R_L 的上限。

假定输出高电平的下限为 2.4V，则负载 R_L 上的最大压降为 $U_{R_L} = 5 - 2.4 = 2.6V$。若有 m 个集电极开路门电路输出端线减去驱动 n 个负载门电路，则流过负载电阻 R_L 的电流为

$$I_{R_L} = mI_{OH} - nI_{IH} \tag{4.2}$$

式中，I_{OH} 为高电平输出电流；I_{IH} 为高电平输入电流。

在图 4.1 中，用 $m = 4$，$n = 3$，若 $I_{OH} = 250\mu A$，$I_{IH} = 40\mu A$。利用式(4.1)可计算出 R_L 的上限为 2321Ω。

同样，可以利用图 4.2 所示的方法计算出 R_L 的下限。

如果开路门电路输出低电平的上限为 0.4V，则负载电阻 R_L 上的压降为 4.6V，若开路门的低电平输出电流 $I_{OL} = 16mA$，而负载门的低电平输入电流 $I_{IL} = 1.6mA$。由图 4.2 可以看到，流过 R_L 的最大电流为 16mA－4.8mA = 11.2mA。利用式(4.1)计算出 R_L 的下限为 410Ω。

这样一来，就可以从负载电阻的上、下限中找到一个标准电阻值作为 R_L 的阻值。

在下限值计算中，并没有考虑两个以上的开路门电路同时输出为低电平的情况，因为满足一个门电路必能满足更多的门电路同时为低电平。也没有考虑关断的开路门电路的电流，这是因为它们都非常小。如果要仔细考虑，也是可以的，在此不再做说明。

在使用 MOS 及 CMOS 器件时，要特别防止静电损坏器件。人体静电是很高的，这与人所穿的衣服、地面的绝缘程度等有很大的关系，通常会有数 kV 甚至十几 kV。因此，必须特别注意防止静电损坏器件。虽然现在许多 MOS 及 CMOS 器件都增加了防静电的齐纳

二极管，起着保护器件的作用，在使用这些器件时，仍然要十分小心。

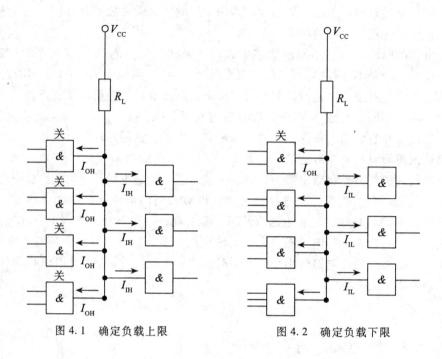

图 4.1　确定负载上限　　　　　　　图 4.2　确定负载下限

使用 MOS 及 CMOS 器件时，通常采用较高的电源电压，在与 TTL 电路相连接时，注意它们之间的电平转换。具体转换方法有多种，此处不做阐述。

c. 环境因素的影响

环境因素对嵌入式系统产生很大的影响。有些元器件，温度每增加 10℃，其失效率可以增加一个数量级，这说明环境因素对硬件系统的影响很大。因此在进行系统设计时，除了按照电子元器件的额定工作条件正确地使用每一种元器件外，还必须想方设法减少外界环境应力对电子元器件的影响。

(1)温度的影响。温度是影响硬件可靠性的一种应力。它对硬件系统可靠性的影响是很大的。当温度增高时，硬件系统故障率明显增加。在系统设计时，热设计必须仔细考虑，且系统的温度应满足系统硬件的要求。

温度对半导体器件的影响。温度对半导体器件产生很大的影响。随着温度的增高，半导体器件的结电压会降低，进而使结电流和功耗增加。功耗的增加又会使温度增高。如此恶性循环会使半导体器件损坏。

对于数字电路来说，温度的升高会降低电路的抗干扰门限，使电路工作不稳定，甚至使元器件损坏。相反，当温度降低时，结电压增加，电流减小，达到一定程度时半导体器件特性将下降甚至完全不能工作。

温度对电阻的影响。随着温度的增高，电阻器的电阻值会发生变化，大多数的电阻器为正温度系数的，也有少数电阻器为负温度系数的。不管怎么说，温度变化其阻值就会发生变化。当阻值偏离其标称值达到某种程度时半导体器件特性会发生改变甚至完全不能工作。

同时，温度增高会使电阻器的热噪声增加，在那些对热噪声要求严格的应用环境下，要特别注意。每一个电阻器都有它规定的额定功率，随着温度的增高，其允许功耗会大大下降。例如，RXT 系列碳膜电阻，当温度升到 100℃ 时，其允许功耗降到额定温度下功耗的 1/5。因此，如果在系统设计时没有充分注意到温度的影响，当系统在工作过程中温度升高到某种程度时，也许电阻器已经因功耗过大而损坏。

温度对电容的影响。温度的变化将影响电容器的电介质，从而影响电容器的技术参数和使用寿命。

（2）电源的影响。电源自身的波动、浪涌及瞬时掉电都会对电子元器件带来影响，加快其失效的速度。电源的冲击、通过电源进入嵌入式系统的干扰、电源自身的强脉冲干扰，同样会使系统的硬件产生暂时的或永久性的故障。

电源电压升高会使放大器的放大倍数增加，使放大器工作不稳定甚至引起自激，破坏电路的正常工作。过高的电压会使晶体管或集成电路击穿。

电源电压升高，必然使器件的功耗增加，而过大的功耗很可能会损坏电子元器件。电源电压升高必然会使加在电容器上的电压增加，有可能使电容器击穿。电容器的失效率与加在上面的电压成正比。因此，电源电压的变化必定会对电容器造成不良影响。

（3）湿度的影响。湿度过高会使密封不良、气容性较差的元件受到侵蚀。有些嵌入式系统的工作环境不仅湿度大，且有腐蚀性气体或粉尘，或者湿度本身就是由于溶解有腐蚀性物质的液体所造成的，故元器件受到的损害会更大。

湿度的增加会使元器件间的绝缘性能变差，从而引起漏电。尤其是高压与低压电路之间因湿度过大而漏电时，就有可能将高压引入低压电路，从而造成严重后果。

（4）振动、冲击的影响。振动和冲击可以损坏系统的部件或者使元器件断裂、脱焊、接触不良。不同频率、不同加速度的振动和冲击造成的后果不一样，但这种应力对嵌入式系统的影响可能是灾难性的。

振动还会使焊点、连接点松动；使受振动的引线、元器件的引线疲劳断裂；振动还有可能使导线碰撞，引起短路。

（5）其他应力的影响。除上面所提到的环境因素之外，还有电磁干扰、压力、盐雾、粉尘和粒子辐射等许多因素。这些均需要在系统设计时加以考虑，应尽可能减少环境应力的影响。

表 4.1 给出了国外某电子设备故障统计结果。

表 4.1　　　　　　　　　　国外某电子设备故障统计结果

原因	温度	振动	湿度	粉尘	盐雾	气压	冲击	其他
百分比%	22.2	11.4	10	4.2	1.9	1.9	1.1	47.3

由表 4.1 可以看出，由所列的环境因素影响导致的故障，占电子设备故障的一半以上，可见环境对系统可靠性的重要性。

d. 结构及工艺上的因素

在硬件故障中，由于结构不合理或工艺上的原因而引起的故障占相当大的比重。在结构设计中，如果某些元器件太靠近热源，需要通风的地方未能留出位置，或将晶闸管、大继电器等产生较大干扰的器件放在易受干扰的元器件附近，都会增加系统的故障。此外，由于结构设计不合理，使操作人员观察、维修都十分困难。弱信号电线和强信号电缆走线绞合在一起，以至于强信号脉冲对弱信号造成很大干扰。所有这些问题，均对硬件可靠性带来影响，需要注意。

工艺上的不完善也同样会影响到系统的可靠性。例如，焊点定焊、印制电路板加工不良、金属化孔断开等工艺上的原因，都会使系统产生故障。因此，在设计及加工过程中，一定要保证质量，小心谨慎地进行设计和加工。

4.1.2 系统设计中电子元器件可靠性措施

1. 元器件的选择原则

合理地选择嵌入式计算机系统的元器件，对提高硬件可靠性是一个重要步骤。选择合适的元器件，将直接影响到整个嵌入式系统的性能，也会对系统的可维护性和性能价格比产生影响。在选择元器件时应考虑如下一些问题。

(1)满足系统功能与性能的要求。根据嵌入式系统设计，系统各部件的功能及性能都已提出明确的要求，所选择元器件的各项性能参数必须满足系统设计的要求。例如，系统工作电压、电流、频率、驱动能力、放大系数和允许功耗等工作条件，以及元器件的体积、重量和安装方式等要求。

(2)满足系统可靠性的要求。在嵌入式系统的可靠性设计中，对系统的可靠性进行逐级分解并进行分配，最终会落实到每一个元器件上，对每个元器件的失效率(或平均无故障时间)提出具体的要求也是对元器件的选择的重要依据。

(3)考虑系统的工作环境。一般来说，嵌入式系统的工作环境都非常恶劣，在选择元器件时首先要确定系统的工作条件和工作环境。注意元器件的工作环境温度、湿度、振动、粉尘、电源的波动和电磁干扰等环境条件。同时，还要预估系统在未来的工作中可能受到的各种电的应力、机械应力和元器件的工作时间等因素，选择合适的元器件，满足上面所考虑到的种种条件。

(4)考虑元器件的标准化。应尽可能选择符合国家标准的元器件，尽量减少系统中所采用元器件的种类，这对售后维修与更换元器件是有利的。同时，要选择那些经过实际应用证明性能可靠的元器件。

(5)抗静电能力。在一些特别的嵌入式系统中，可能对系统的抗静电能力提出要求。在这样的系统中，选择元器件时应注意选择抗静电能力强的器件。

(6)元器件的价格。在满足系统功能和性能要求的前提下，尽量选择那些价格便宜的元器件，这样可以提高系统的性价比。

2. 元器件的筛选

a. 元器件筛选的目的

元器件的固有可靠性是由其制造厂家保证的，但系统设计者在使用这些元器件时也要注意到，即使制造厂家采取了许多措施保障其产品的固有可靠性，也难以避免在其产品中混有质量不合格的产品。因此，在系统设计中有必要对所选元器件进行筛选。

所谓元器件的筛选就是把所选择的元器件的特性测试后，对这些元器件施加一系列的外应力，经过一定时间的工作，再把它们的特性重新测一遍，剔除那些不合格的或具有潜在缺陷的元器件的过程。这是提高系统可靠性的有效措施之一。

元器件的筛选的目的主要是淘汰有缺陷的元器件。在元器件生产过程中，由于材料的缺陷、设备及工艺上的问题，使元器件存在着"内伤"。这些缺陷在出厂前并未显现出来，这就需要在系统设计中通过筛选来剔除。例如，集成电路芯片在制造过程中掉进一粒灰尘，利用老化、冲击等筛选措施可以将该芯片剔除。根据电气要求、环境要求及系统的特殊要求，去除那些不合要求的元器件。

b. 元器件的筛选方法

对所选元器件进行筛选时，所加的外应力可以是电的、热的或机械的等。在选择元器件之后，使元器件工作在额定的电气条件下，甚至工作在某些极限的条件下或者再加上其他外应力，如使它们同时工作在高温、高湿、振动、拉偏电压等应力下，连续工作数百小时。再对它们进行测试并剔除不合格者。经常采用的方法如下：

(1)高温存储筛选。将所选择元器件置于高温烘箱(温度一般在 120～300℃)内存放若干小时，加速缺陷暴露，这就是高温存储筛选。如可能，只要元器件允许，可尽量提高存储的温度。

(2)功率老化筛选。在功率老化台上，使元器件工作并使其工作在最大功耗之下(如晶体三极管工作在 P_{max} 下)，连续工作 100h 或更长。在老化期间需要定时观测，保证元器件工作状态并去除已失效的元器件。

对于电容器，通常是在其两端加上额定的直流工作电压 100h 或更长，利用这种方式进行老化。在老化过程中，同样需要定期观测，保证元器件工作状态并排除已失效的元器件。

老化的目的就是使元器件更快地渡过"浴盆"特性上的初始失效期，使之进入失效率比较低的随机失效期。

(3)振动冲击筛选。将元器件置于振动试验台上，选择振动频率(如 20Hz)和冲击加速度(如 5G)连续振动冲击几十小时，而后测试筛去不合格的元器件。

(4)湿度筛选。将元器件置于温度为 40～65℃、湿度为 98% RH 的环境中，连续存放数十小时，而后测试筛去不合格的元器件。

(5)密封检测筛选。元器件如果密封不严，在日后的应用中就容易使有害气体或液体侵入。这必然会影响到元器件的正常工作。

常用的检测方法是氦质谱检漏。该方法需专门的仪器设备，通常在元器件生产厂或使用大量元器件的企业所使用。这种方法可检测出细微的漏气，但对很大的漏气无效。

另一种是浸油法。将元器件浸入 100℃ 的碳氟油液体中，元器件内部的空气遇到高温膨胀就会有气泡冒出。必要时将容器抽真空，就更容易使气泡从漏气处冒出。其他条件的筛选，这里不再一一提及。

此外，当嵌入式系统的样机制作出来之前，在正式进入工作现场前总是让它加电连续工作就会有气泡冒出。必要时将容器抽真空，就更容易使气泡从漏气处冒出。

3. 降额使用

为了提高元器件的可靠性，还可以采取降额使用的措施。降额使用就是使元器件工作在低于它们的额定工作条件以下。实践证明，这种措施对提高元器件可靠性是行之有效的。一个元件或器件的额定工作条件是多方面的，其中包括电气的(电压、电流、功耗和频率等)、机械的(压力、振动和冲击等)及环境方面的(温度、湿度和腐蚀等)。元器件在降额使用时，就是设法降低这些条件。

从电路设计来说，在设计时应降低元器件的工作电参数。从系统的结构设计、热设计来说，要降低机械及环境工作参数。这里主要对几种元器件的电气上的降额使用做简单说明。

(1)电阻器降额。对于电阻器，降额使用包括降低它工作时的功率。通常使电阻工作在它的额定功率的50%~60%，其工作环境温度在45℃以下。在这样的条件下，电阻器可保持较低的失效率。

电阻器降额使用还包括降低它的工作电压，通常约为其额定工作电压的75%。

对于电位计，应工作在其额定功率的20%~50%。电压在其额定工作电压的约75%。

(2)电容器降额。对于电容器的降额使用，主要是指降低其工作电压。由于电容器种类繁多，所用材料也不一样，因此，降额使用的标准也有差别。一般工作电压选择在小于其额定电压的60%，环境温度不要高于45℃。

对于微调电容器，一般工作电压选择在小于其额定电压的30%~50%，环境温度不要高于45℃。

(3)电感器降额。电感器降额应使其工作电流为其额定工作电流的60%~70%，瞬态电压及瞬态电流不超过其最大瞬态电压和瞬态电流的90%。

(4)晶闸管降额。晶闸管降额工作包括使其工作的反向电压为反向阻断峰值电压的60%~80%。工作电流为其额定正向平均电流的50%~75%。

降低晶闸管工作时的结温度，通常应使降额工作的结温度比最高允许结温度低40~100℃。必要时加散热器并加大散热器的散热面积。环境温度最好在45℃以下。

(5)三极管降额。包括一般三极管和场效应晶体管，降额使用从以下几方面考虑：

降低三极管集电极到发射极(或漏极到源极)之间的工作电压，一般为其最大击穿电压的50%~75%。工作电流为其最大允许电流的60%~80%。工作时的功耗为最大允许功耗的50%~75%。

降低三极管工作的结温度，通常应使降额工作的结温度比最高允许结温度低40~100℃必要时加散热器并加大散热器的散热面积。环境温度最好在45℃以下。

(6)数字集成电路降额。无论是双极型数字集成电路还是金属氧化物型数字集成电路它们降额使用的原则是一样的。数字集成电路的工作频率应为其额定频率的80%以内。输出电流应为最大输出电流的80%左右。由此可以看到，适当减少其负载的数量，便能降低输出电流。

改善散热方式，降低数字集成电路工作中的结温度，使结温度不要超过100℃，必要时加散热器并加大散热器的散热面积。环境温度最好在45℃以下。

由于金属氧化物型数字集成电路的工作电压范围比较宽，例如3~18V。从降额工作考虑，可选择工作电压为其最高工作电压的70%~80%。

对于大规模、超大规模集成电路，例如嵌入式系统里常用到的CPU、单片机和可编程接口等芯片，它们的降额主要从以下几方面考虑：降低其各端口的输出电流(即降低负载)；在可能的条件下降低其工作的时钟频率；采取必要的措施降低结温，改进散热方式、加大散热器面积、强迫风冷等。

（7）模拟集成电路降额。模拟集成电路包括多种型号，它们的降额使用主要从如下几方面来考虑：

改善散热方式，降低模拟集成电路工作时的结温度，使结温度不要超过 100℃，必要时加散热器并加大散热器的散热面积。环境温度最好在 45℃ 以下。

工作区电源电压通常选择为最高允许电压的 70% ~ 80%，输出电流为最大输出电流的 70% ~ 80%，模拟集成电路工作过程中的平均功耗应控制在芯片最大允许功耗的 70% ~ 80%。

在电气参数上进行降额使用的同时，还需要对它们的工作环境进行设计，使嵌入式系统的环境温度、湿度、振动、干扰等都保持在较好的水平上。例如，在低温工作的系统中加恒温装置、保温套等，在振动环境下的嵌入式系统加防震措施等。

（8）机械及结构上的降额。在嵌入式系统中也可能会遇到一些机械或结构部件的设计。在设计中，为提高可靠性，同样应采用降额使用的方法。首先，根据使用条件并进行一些必要的实验，以便确定机械的应力强度。例如，在系统中所用的悬臂梁的最大应力强度可以计算出来，又可用试验验证。而在采用此悬臂梁时，其直径可以适当加粗。

总之，在设计嵌入式系统时，可从各个方面采取降额措施。据文献介绍，合适地降额使用，可使硬件的失效率降低 1 ~ 2 个数量级。

4. 容差与漂移设计

可靠性资料调查表明，影响嵌入式系统可靠性的因素，约 40% 来自设计。可见，作为一个设计人员，其工作的重要性。

在电路设计中，要采用简化设计。完成同一个功能，使用的元器件越多，越复杂，其可靠性就越低。在设计中，应尽可能简化。在逻辑电路设计中，采用简化的方法进行化简，必能获得提高可靠性的结果。

在电路设计中尽量采用标准器件。其原因在于，一方面标准器件容易更换，便于维修；另一方面，标准器件都是前人已使用过、经过实际考验的，其可靠性必然较高。在这里要讨论的是如何考虑元器件的容差和漂移，并存在容差和漂移影响的情况下设计出高可靠性的电路。

a. 容差的概念

元器件的容差（也称为误差）就是元器件在制造过程中所允许的公差。任何产品在制造过程中都不可避免地存在与标准值的不一致，厂家都会根据国家或行业制定的标准规定其一偏差允许范围。规定允许范围之内的产品为合格产品，超出允许范围的就是不合格产品。

这样一来，元器件生产厂家生产的产品必然存在偏差范围内的离散性。为此，在其提供的参数中就包括了产品的标称值及容差等数据。例如，一般固定电阻器、固定电容器的容差分为三级：Ⅰ级为 ±5%，Ⅱ级为 ±10%，Ⅲ级为 ±20%。精密电阻器和电容器的容差从 ±0.001% 到 ±2% 分为多个级别。大容量的电解电容器的容差可以超过 ±20%。

在利用元器件设计电路时，由于元器件的容差必然会使电路的性能发生改变。如果电路性能的改变超出了规定的范围，必然会使电路不能完成预期的功能。因此，在设计电路时，必须考虑元器件的容差，在规定购容差内保证电路的功能达到设计要求。

b. 漂移的概念

如上所述，容差是元器件制造过程中产生的。厂家给出的元器件的标称值及容差是在额定环境条件下得到的，也就是说元器件的容差是没有考虑环境因素影响的。

但是，任何元器件都会受环境因素影响，无论是阻容元件还是晶体管、集成电路，它们的参数随温度、湿度、工作时间、电源电压波动会不断地变化。这种元器件参数受环境条件影响而发生的变化就称为参数的漂移。

在进行电路设计时，必须考虑到电子元器件的漂移特性，保证在环境因素发生改变时，不会因为参数的漂移而使电路不能正常工作。如果没有注意到漂移问题，很可能所设计的电路春天工作正常，到了夏天则出现故障；今天正常工作，过了几个月就不能正常工作了。

在设计电路时，必须注意到未来的电路是受到容差和漂移双重影响，它们都会影响到电子线路的参数和性能。在进行电路设计时解决容差和漂移影响的思路可以是：

(1)对电路进行优化设计，使电路能容忍元器件的容差和漂移。

(2)选用高精度、高稳定性的元器件，这样的元器件误差很小而且漂移也很小。显然，这要付出更高的代价。

(3)对所选用的元器件区别对待。对那些对电路性能影响大的元器件，选用高精度、高稳定性的；对于那些对电路性能影响小的元器件，选用一般的元器件。

c. 容差及漂移设计方法

有多种用于容差及漂移的设计方法，下面对这些方法做简单说明。

(1)最坏情况法。各电子元器件的参数都不可能是一个恒定值，总是在其标称值上下有一个变化范围。同时，各种电源电压也有一个波动范围，再加上环境因素的影响，在设计电路时，考虑电源及元器件的公差及其他因素引起的参数漂移，在最不利的情况下，取其最坏(最不利)的数值，核算审查电路每一个规定的特性。如果这一组参数能够保证电路正常工作，那么，在公差范围内的其他所有元器件值一定都能使电路可靠地工作，此即最坏设计。

在进行设计时，将元器件参数的最大值(或最小值)代入电路的特征方程中，求出电路输出参数的极限变化范围。保证在这种情况下，电路的输出仍然满足设计的要求。对某一元器件来说，一个重要的问题是，在求解特征方程时，应该取参数的上限还是下限。

解决这个问题的判断方法是根据特征方程对该元器件的多个参数求偏导数，若偏导数大于0，则在决定电路输出参数最大值时，取元器件参数的最大值；当决定电路输出参数最小值时，取元器件参数的最小值。当偏导数小于0时，则在决定电路输出参数最大值时，取元器件参数的最小值；当决定电路输出参数最小值时，取元器件参数的最大值。

采用最坏情况法设计电路的大致步骤是：

根据电路原理写电路的特征方检；

收集电路中元器件最坏情况下所有参数值；

求特征方程的偏导数，根据偏导数的极性决定元器件的参数取值；

根据特征方程计算出电路的容差及漂移的极限范围；

校验电路是否满足要求。如果不合要求，则需要重新选择元器件的精度等级。上述过程，直到满意为止。

设计中应注意用瞬态及过应力保护措施。在电路工作过程中，会发生瞬态应力变化甚至出现过应力。这些应力的变化，对电路元器件的工作是极为不利的。为此，在电路设计时，就应预计到将来的各种瞬态及过应力。例如，应对静电、电源的冲击浪涌、各种电磁干扰，采取各种保护性措施。对于各种晶体管、TTL 电路、MOS 及 CMOS 集成电路的保护措施，在许多资料上均有介绍。由于所占篇幅太多，此处不做说明。

在进行电路设计时，如果元器件的容差与漂移不是非常严重，也可以简单地通过选择电路元器件的参数，使其上下均留有适当的余量。例如，在本章前面利用图 4.1 和图 4.2 计算负载电阻 R_L 时，在额定条件下算出其上、下限电阻值在 $410 \sim 2321\Omega$。如果选择负载电阻为 430Ω 或选择为 22005Ω 显然不够恰当。因为这样就太接近于其极限值，将来电路工作时，由于元器件因素、电源因素或其他环境因素影响，很容易使电路出现故障，无法可靠工作。如果负载电阻选在 $1.2k\Omega$ 左右，使其上下均留有适当的余量，电路的可靠性要好得多。

(2) 蒙特卡罗法。蒙特卡罗法是利用对所设计的电路性能通过数学分析进行统计计算，获得电路参数的统计特性，从而得到最佳的参数和可靠性的统计值。

蒙特卡罗法的实现需要比较复杂的数学计算，好在计算机及其软件的支持下，实现这种计算已不再困难。

蒙特卡罗法的基本思路就是，根据电路结构及元器件的容差进行分析，建立数学模型及元器件参数的分布函数。而后对多个参数分布函数随机进行多次(n 次)抽样，将每次抽样的多个样点参数样本值代入数学模型进行计算，每次抽样都可以获得一个相应的电路的输出参数。那么，n 次抽样就可以得到 n 个相应的输出参数，这些输出参数与元器件参数的分布函数就建立了关系。通过对输出参数进行统计分析，可以求出在不同容差之下输出参数的分布。由此可以求得，在哪些容差之下输出参数在允许范围以内；在哪些容差之下输出参数超出了允许范围。

如果在 n 次随机抽样中，计算出有 n 次所获得的结果在允许范围以内，当 n 足够多时，可以估计电路的可靠度 $P=m/n$

蒙特卡罗法需要知道元器件参数的分布特性，还需要进行多次抽样进行计算，很适合用计算机进行仿真。

·参数变化法。对所设计的电路，分析各元器件的参数。其后在保持其他参数不变的情况下，每次选择一个或两个参数从最大值到最小值(或从最小值到最大值)逐个参数输入，求取电路的输出参数。利用这种方法可以得出所有参数在其最大值、最小值变化过程中输出参数的变化情况。

分析输出参数，就可以得出哪些元器件、在什么样的容差及漂移下使得输出不能满足设计要求；在什么情况下，电路的工作是安全可靠的。

·利用辅助设计软件。有许多种电路辅助设计软件都有电路仿真功能。在进行电路设计时注意使用这些功能十分强大的软件，从而达到事半功倍的效果。

以上介绍的是设计更加可靠的电路的一些方法。显然，还有一些考虑容差和漂移的电路设计方法，这里不再介绍。

5. 人为因素

在进行电路设计时，设计者的素质对所设计的产品会产生很大的影响。系统设计者一方面要具备很好的人文素质，具有严肃、严格、严密的"三严"工作作风和吃苦耐劳、协同工作精神，另一方面必须具备优良的技术素质，掌握进行系统设计的基础知识和最新的技术。

在此基础上，认真减少设计者在电路设计中的错误，使设计出的电路稳定可靠也是非常重要的。如果由于人为的原因，使设计误差太大，将导致系统投入运行后出现故障。更有甚者，如果在设计上有错误而在使用之前又没有检查出来，当系统投入运行后就可能会产生灾难性后果。例如，某计算机控制电梯，由于设计错误，以至于在工作中使乘客致死，结果设计者被依法追究刑事责任。类似这样的设计上的错误，在系统设计中必须加以避免。避免在设计中出现错误的措施就是加强系统设计的管理。

4.1.3 常用电子元器件的特点及选择

1. 电阻器的选择与使用

a. 电阻值

厂家为使用者提供了不同电阻值的电阻供选用。电阻器的电阻值是以数字或色环的形式标识在电阻器上。

系统设计者应当知道，厂家只生产标准电阻值的电阻器。在进行电路设计时，必须选用标称电阻值的电阻器。电阻器规定的标称值如表4.2所示。

表4.2 　　　　　　　　　　　　　电阻器规定的标称值

误差等级	标称值
Ⅰ（±5%）	1.0, 1.1, 1.2, 1.3, 1.5, 1.6, 1.8, 2.0, 2.2, 2.4, 2.7, 3.0, 3.3, 3.6, 3.9, 4.3, 4.7, 5.1, 5.6, 6.2, 6.8, 7.5, 8.2, 9.1
Ⅱ（±10%）	1.0, 1.2, 1.8, 2.2, 2.7, 3.3, 3.9, 4.7, 5.6, 6.8, 8.2
Ⅲ（±20%）	1.0, 1.5, 2.2, 3.3, 4.7, 6.8

表4.2中所列数值可以乘10^n，其中n为0，1，2，3…。

有的厂家生产的电阻器是由色环来表示的，色环与数值对照表如表4.3所示。

表4.3 　　　　　　　　　　　　　色环与数值对照表

颜色	第一位数	第二位数	第三位数	倍率	误差
黑	0	0	0	10	
棕	1	1	1	10	1%
红	2	2	2	10	2%
橙	3	3	3	10	
黄	4	4	4	10	
绿	5	5	5	10	0.5%
蓝	6	6	6	10	0.25%

续表

颜色	第一位数	第二位数	第三位数	倍率	误差
紫	7	7	7	10	0.1%
灰	8	8	8	10	
白	9	9	9	10	
金				10	
银				10	

b. 额定功率

每一个电阻器都有其自己的额定功率，这是厂家在制造过程中所规定的。在直流情况下，电阻器上消耗的功率为

$$P = I^2 R$$

式中，P 为电阻器的阻值；I 为流过电阻器的电流。

一般情况下，所选电阻器的额定功率必须大于电阻器上消耗的功率。在脉冲工作情况下，要求平均功耗不得超过额定功率。对于电阻器来说，在其工作过程中可能只有一部分加载。这时，其额定功率应相应地减少。

c. 高频特性

任何一个电阻器都存在分布电容和引线电感，其等效电路如图4.3所示。

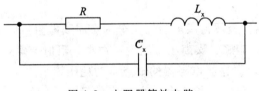

图 4.3　电阻器等效电路

图4.3中，L_x 和 C_x 分别为电阻器的引线电感和分布电容，它们的大小与电阻的种类和材质有关。很显然，在交流工作状态下，电阻器的引线电感和分布电容将产生影响。而且，随着频率的增加，其影响会越来越大。电阻器的阻值会随着频率的增加而加大且变为阻抗。

d. 电阻噪声

电阻器加电工作之后，会产生噪声，表现在电阻器两端呈现无规律的噪声电压。电阻器的噪声电压可由下式计算：

$$U_n = \sqrt{4kTBR} \tag{4.3}$$

式中，k 为玻耳兹曼常数，等于 1.38×10^{-23} J/K；T 为绝对温度，K；B 为电阻器工作带宽，Hz；R 为电阻器的电阻值，Ω。

利用式(4.3)可以计算电阻器在某一温度下，工作在某一带宽时的噪声电压。当工作在弱信号电路时，应特别注意电阻器的噪声。例如，100kΩ 的电阻器，工作带宽为

5MHz，环境温度为300K时，其噪声电压接近 $100\mu V$。如果有用信号为几十微伏时，则有用信号将被此噪声所淹没。

e. 温度系数

每一种电阻器都具有自己的温度系数，即温度每改变 1℃，其电阻值相对应的变化量。不同类型的电阻器的温度系数是不一样的。

在设计电路选择电阻器时，应根据设计要求选择合适温度系数的电阻器。如果选择不当，在系统工作过程中，由于温度的变化导致电阻器的电阻值超差，可能会因此而引起系统故障。

f. 最高允许电压

电阻器的生产厂家会给出电阻器两端的最高允许电压。在使用过程中，加在电阻器两端的电压越高，其功耗会越大，漏电也会越大，甚至出现击穿打火。

2. 电阻器的类型及特点

a. 合成电阻器

合成电阻器是由导电材料（如石墨）加填充料（如黏土）再加其他联合剂制成的。其优点是体积小、价格低、抗过载能力强、失效率低。缺点是阻值稳定性差、噪声大、温度系数大、高频特性差。合成电阻器常用于频率不高、稳定性要求不高的场合。

b. 薄膜电阻器

薄膜电阻器主要包括两大类：碳膜电阻器和金属薄膜电阻器。

(1)碳膜电阻器。碳膜电阻器是将碳蒸发到电阻器的瓷基上，而后开槽形成。其优点是阻值广、造价低、频率特性好。缺点是温度范围小，额定功率下的环境温度不能超过40℃，阻值稳定性差。

(2)金属薄膜电阻器。金属薄膜电阻器又分为金属膜电阻器和金属氧化膜电阻器。

它们的优点是高频性能好、噪声小、温度系数小、阻值准确且稳定、可工作在很宽的温度范围内（-55～125℃）。这类电阻器的缺点是功耗比较小。

这类电阻器常用在高稳定、长寿命、高精度的场合，特别适合高频电路和高速数字电路。

(3)线绕电阻器。这种电阻器是利用特制的合金丝绕在绝缘体上制成。其优点是阻值精确、工作稳定、温度系数小、噪声电压低、功率大、温度性能好。这种电阻器的主要缺点是电阻的固有电感比较大，不能用于高频（50Hz以上）。另外，此类电阻器体积大、成本高、难以做出大阻值的电阻器。

这类电阻器经常用于功率大、频率低、阻值要求精确的场合。

(4)合成电位器。这种电位器稳定性不高、精度也不高。常用于长期稳定性不高于 $\pm 20\%$ 的电路中。

(5)线绕电位器。线绕电位器有精密型、半精密型等不同类型，用于不同精度或功率要求的场合。

3. 测控系统中常用有特种电阻

在测控系统中，经常会遇到使用一些特殊的电阻器，在这里仅做简单介绍。

a. 热敏电阻

(1)PTC热敏电阻器。这类电阻器具有正温度系数，即其阻值随着温度的升高而增加。这种电阻器的阻值温度特性曲线如图 4.4 所示。

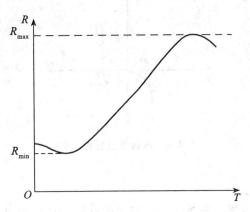

图 4.4　PTC 热敏电阻器阻值温度特性曲线

由图 4.4 可以看到，PTC 热敏电阻的电阻值在 R_{min} 到 R_{max} 之间随温度升高而增加。选择这种热敏电阻器时，应使它工作在这段温度范围内。

（2）NTC 功率热敏电阻器。这一类负温度系数热电阻器，通常在零功率、25℃下的电阻值在 $1 \sim 50\Omega$。

当有大电流（$1 \sim 10A$）通过 NTC 功率热敏电阻器时，会由于电阻器上的功耗而发热，而温度的升高会使其电阻值下降。

NTC 功率热敏电阻器在电源系统中采用，可有效地保护整流器的安全。例如，在图 4.5 所示的电源整流电路中，当开机加电时，大的电解滤波电容器对电源呈短路状态。如果没有 NTC 功率热敏电阻器，将会产生很大的冲击电流，甚至损坏整流器。有了热敏电阻器后，开机时没有电流、温度低、电阻较大（如 10Ω），该电阻可有效地限制对电容器的充电电流。几十秒以后，有电流流过热敏电阻器，温度上升并达到某一稳定温度。此时，在此温度下热敏电阻器呈现很小的电阻值（如 0.5Ω）。这一电阻可有效地保护整流器，对电源电路的工作是有利的。

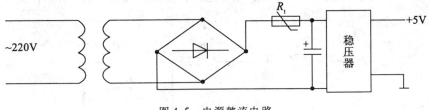

图 4.5　电源整流电路

b. 压敏电阻器

压敏电阻器是一种用于过压保护的半导体陶瓷元件，其特性曲线如图 4.6 所示。

由图 4.6 可以看到，压敏电阻在其两端电压比较小时，流过电阻的电流很小。当其两端的电压达到一定值时，流过的电流迅速增加，此时表现出很小的电阻。并且，正、负电

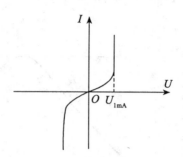

图 4.6　压敏电阻器特性曲线

压表现出相同的特性 U_{1mA}。

但是，由于压敏电阻器所能承受的平均功率有限，这种大电流不能维持较长的时间。例如，可以在 $10\mu s$ 的时间里通过数十安的电流。

利用压敏电阻的这种特性可以实现电压的过压保护、系统中的防雷击电路。

c. 熔断电阻器

熔断电阻器既具有电阻器的功能又具有熔断器的功能。当电路正常工作时，熔断电阻器上的功率在其额定功率以下，它就是一个电阻器；当电路发生异常时，使流过其上的电流加大，则熔断电阻器的功耗就会大于其额定功率，这时熔断电阻器就会熔断，表现出熔断器的特性。一般熔断时间为秒级。并且熔断电阻器上的功耗超过额定功率越多，熔断时间就越短。

目前国内使用的熔断电阻器都是不可恢复的，一旦熔断后必须换新的熔断电阻器。

在进行系统设计时，在那些需要保护的电路中进行保护，例如电源电路中，可以利用熔断电阻器进行保护。

4. 电容器的选择与使用

a. 电容器的等效电路

一个电容器，除了电容之外尚有电阻和电感，其等效电路如图 4.7 所示。

图 4.7 中，R_e 为串联电阻，由构成电容器的介质决定。该电阻阻值是很小的，它决定了电容器损耗。从等效电路可以看到，频率越高，介质损耗就越大。

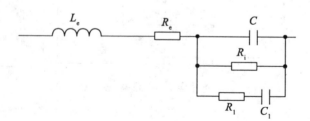

图 4.7　电容器等效电路

图中，C 为电容器的静电容。

R_i 为电容器的绝缘电阻，一般其值很大。很显然，绝缘电阻值越小，漏电流就越大，由于漏电流而产生的功耗也越大。当漏电流大到一定程度时，就有可能使电容器损坏。

L_e 为等效的串联电感，其电感量与电容器的引线长短、电容器的材质、电容器的体积等因素有关。例如，体积大的铝电解电容器的 L_e 就比较大，而体积小的陶瓷电容器的 L_e 比较小。小容量的电容器，其绝缘电阻以 MΩ 为单位；大容量的电容器，其绝缘电阻以参数 R_i 表示，即以电容器的时间常数 MΩ·μF 为单位；而电解电容器则用漏电流来描述绝缘电流，μA 为单位。

R_i、C_1 为电容器的介质吸收因子。电容器只有这样一种特性，当将其两端短路使之所充电荷放电后，经过一定时间，在已放电的电容器两端又会慢慢地产生电压，这种现象就是电容器的介质吸收现象。在一些特定的应用，例如采样保持电路、积分电路中，这种现象会带来误差。在应用中应使用介质吸收现象比较小的电容器。有机薄膜电容器的介质吸收现象最小，在特定应用中可注意选用。

b. 基本技术参数

(1)电容量。每一种电容器都有一系列的产品型号，而每一只电容器都有其标称的电容量。厂家在产品出厂时会特别加以标明。电容器的容量单位为法拉(F)。由于法拉单位太大，通常应用中多用 μF(10^{-6}F)，nF(10^{-9}F)或者用 pF(10^{-12}F)来表示。具体表示方法有两种：数字加字母，例如 3μ3 = 3.3μF；220n = 220nF；6p8 = 6.8pF；3 位数字表示：前 2 位数为有效值，第 3 位为 10 的多少次方。例如 103 = 10×10^3 = 10000pF；684 = 68×10^4 = 680000μF = 680nF = 0.68pF。

(2)额定直流工作电压。电容器工作时两端所加上的最大直流电压。如果电容器工作在交流环境之下，必须保证电容器两端的直流电压加上交流电压的峰值不超过所规定的额定直流工作电压。每一种电容器都有一系列的产品，每一种产品都有厂家给定的额定工作电压，在选择使用时应特别注意。

(3)绝缘电阻。每一种电容器都有其规定的绝缘电阻范围，有的很大，有的则很小。例如，铝电解电容器的绝缘电阻就很小，几到几十千欧；而有机薄膜电容器的绝缘电阻可达几兆欧。在选择电容器时也要注意这个参数。

(4)损耗。理想的电容器没有损耗，但实际应用中的电容器必定存在损耗。不同类型的电容器的损耗是不一样的，(铝、组)电解电容器的损耗很大，陶瓷电容器适中，而薄膜电容器和云母电容器的损耗就很小。在高频大功率的电路中应特别注意选择损耗小的电容器。若选择不当，由于损耗升温足以将电容器烧坏。

(5)工作频率。每一种电容器都有各自的工作频率范围，在使用中应特别注意，不可滥用。否则，必将造成不良的结果。例如，电解电容器只能工作在几十赫兹到几十千赫兹范围内，若用在几百兆赫兹的频率上，它将不能工作，甚至变成一个电感。在电路设计时，选择电容器应注意到工作频率这个参数。

(6)温度系数。不同的电容器的电容量随温度而变化，受温度影响而变化的相对值就是温度系数。例如 0.01/℃，即每摄氏度改变 0.01%。利用不同材料可以做出正温度系数的电容器(容量随温度增加)，也可以做出负温度系数的电容器(容量随温度升高而减小)。

c. 电容器的基本类型及特点

(1)云母电容器。云母电容器的电容量在 0.5 ~ 10^5pF 之间。其主要优点是电容的容量偏差小、温度稳定性好、绝缘电阻大、损耗小、频率特性好，适于高频工作。主要缺点是价格高、容量不宜做大。

(2)瓷介电容器。有三种类型的瓷介电容器：Ⅰ型瓷介电容器(低介电常数型)；Ⅱ型瓷介电容器(高介电常数型)；Ⅲ型瓷介电容器(半导体型)。Ⅰ、Ⅱ型瓷介电容器可做到容量比较大，一般为几 pF 到几 μF。体积小，常用于高频滤波，不适用于高精度场合。

(3)纸介电容器。纸介电容器的容量范围可以做得比较大，从 10pF 到几十 μF。其优点是造价低，耐压也能满足一般的要求。缺点是可靠性差、使用寿命短、频率特性差。通常用于 500kHz 耦合、滤波、旁路等场合。

(4)塑料薄膜电容器。塑料薄膜电容器的介质材料有聚乙酯薄膜、聚碳酸酯薄膜、聚苯乙烯薄膜、聚丙烯薄膜和金属化塑料薄膜等。这类电容器的容量稳定、绝缘电阻大、耐压高、损耗低，可用于中、高频电子电路中。这类电容器的缺点是耐高温性能较差。金属化塑料薄膜电容器在击穿后有自愈能力，因此会产生很大的自愈噪声，不宜在脉冲或触发电路中使用。

(5)电解电容器。电解电容器常做成大容量的电容器，其容量范围可从 0.1 ~ 68000μF。又分为铝电解电容器和钽电解电容器。

铝电解电容器。其优点是容量大。缺点是漏电流大、耐压不高、可靠性差、使用寿命短和频率特性差。通常用于电源滤波、低频旁路等场合。

钽电解电容器。又分为固体钽电解电容器和非固体钽电解电容器。钽电解电容器的共同优点是其频率特性、漏电特性、温度特性均优于铝电解电容器。多用于电源滤波、旁路或能量储存等场合。固体钽电解电容器的主要缺点是耐压比较低(一般不超过 100V)。非固体钽电解电容器的耐压可达 500V。而无极性非固体钽电解电容器可用于交流电路或可能产生直流反向电压的场合。

5. 半导体三极管器件的选择与使用

常用的半导体三极管有晶体三极管、场效应晶体管和晶闸管，下面分别做简单介绍。

a. 晶体三极管

常见的晶体三极管由硅材料或锗材料制成，分别称为硅三极管和锗三极管。每一种三极管又分 NPN 型和 PNP 型两种结构形式。

晶体三极管的主要技术参数包括直流参数、交流参数和极限参数。直流参数主要有共射电流放大倍数 h_{FE} 或 β、集电结反向截止电流 I_{cbo}、集电极—发射极反向截止电流 I_{ceo}。交流参数主要有姑射交流电流放大倍数 h_{fe}、共基交流电流放大倍数 I_{cbo}、特征频率 f_T。

极限参数主要有集电极最大允许电流 I_{CM}、集电极—发射极间击穿电压 U_{cer}、集电极最大允许功耗 P_{CM}。由于晶体三极管为人们所熟悉，在此仅列出其主要参数，并不再对参数做出解释。

b. 场效应晶体管

场效应晶体管主要有结型场效应晶体管和金属氧化物半导体场效应晶体管(即 MOS 场效应晶体管)。前面提到的晶体三极管是利用电流控制工作的，而场效应晶体管是利用电场控制工作的，故场效应晶体管的栅源间的直流绝缘电阻非常高。

场效应晶体管的技术参数与晶体二极管类似，包括三个方面，主要有：

夹断电压 U_p——使场效应晶体管的 I_D 降到零的栅源间的电压 U_{GS}。

跨导 G_m——描述栅源间的电压 U_{GS} 变化所引起的漏极电流 I_D 变化的大小，它反映了 U_{GS} 对漏极电流 I_D 的控制能力的大小，用下式表示：

$$G_m = \Delta I_D / \Delta U_{GS}$$

栅源间的直流绝缘电阻 R_{GS}——由于栅极电流非常小，场效应晶体管的栅源间的直流绝缘电阻非常大。结型场效应晶体管的 R_{GS} 通常在 10^8 以上，而 MOS 场效应晶体管的 R_{GS} 超过 $10^9 \Omega$。

栅源极间电容 C_{GS}——这是场效应晶体管栅极到源极之间的寄生电容。此电容应愈小愈好，一般为几 pF。

最大漏源电压 U_{dsm}——场效应晶体管漏极到源极的最大允许电压。不同型号场效应晶体管的该电压不一样，使用时厂家会提供该电压值。

最大漏源电流 I_{dsm}——在场效应晶体管工作时所允许的最大漏极到源极流过的电流。它由厂家提供该电流值大小，使用时不能超过，以免损坏器件。

最大耗散功率 P_{dm}——场效应晶体管所允许的最大功串损耗。在工作中，场效应晶体管的功耗应为漏源电压乘以工作中的漏源电流，两者乘积必须小于场效应晶体管的最大耗散功率。

c. 晶闸管

晶闸管是以小电流控制大电流通、断的功率开关器件，过去常将其称为可控硅器件。这里不再介绍晶闸管工作原理，仅将其主要技术参数列举如下：

正向阻断峰值电压 U_{PFU}——在晶闸管工作时可以反复加在其上的正向峰值电压。它通常是正向转折电压的 80%。

反向阻断峰值电压 U_{PFU}——在晶闸管工作时可以反复加在其上的反向峰值电压。它通常是反向转折电压的 80%。

额定正向平均电流 I_F——环境温度 40℃、晶闸管导通时可连续通过 50Hz 正弦半波电流的平均值。

正向平均压降 U_F——在晶闸管通过额定正向平均电流时，其阳极与阴极之间的平均电压值。

维持电流 I_H——在控制极断开时，晶闸管保持导温状态所需的最小正向电流。

控制极触发电流 I_g——在阳极与阴极之间加上 6V 电压时，使晶闸管完全导通所需的控制极最小电流。

控制极触发电压 U_g——使晶闸管从阻断转变到导通，在控制极上所要加的最小直流电压。

6. 数字集成电路的选择与使用

a. TTL 数字集成电路

常用的国外 TTL 数字集成电路是 74/54 系列芯片。同型号的 74 系列芯片与 54 系列芯片具有完全相同的逻辑功能。所不同的是 54 系列芯片电源电压范围大（4.5～5.5V）、工作温度范围宽（-55～+125℃）。而 74 系列芯片电源电压范围是 4.75～5.25V，工作温度为 0～+70℃。故 54 系列芯片多用于军事或工业级产品，而 74 系列芯片多用于民用级产品。

根据不同的性能，74/54 系列又分成若干子系列，常见的 74 子系列及其参数见

表 4.4。

表 4.4   **74 子系列及其参数**

参数	74××（标准系列）	74××（低功耗系列）	74L××（高速系列）	74F××（肖特基系列）	74LS××（低功耗肖特基）	74AS××（先进的肖特基）	74ALS××（先进低功耗系列）
延迟/ns	10	33	3	5	9	2	4
每门功耗/mW	10	1	22	15	2	8	1

    b. CMOS 数字集成电路

    CMOS 数字集成电路有如下子系列：

    4000 系列——标准系列；

    74C×××——普通系列；

    74HC/HCT××——高速系列；

    74HCS/HCTS××——蓝宝石衬底高速系列；

    74AC/ACT××——超高速系列。

    4000 系列中包括 4000A 系列和 4000B 系列，因后者性能全面优于前者，故一般选用 4000B 系列。CMOS 数字集成电路子系列及参数见表 4.5。

表 4.5   **CMOS 数字集成电路子系列及参数**

参数	4000B	74HC 74HCT	74HCS 74HCTS	74AC 74ACT
电源电压/V	3~18	2~7	2~7	2~7
每门功耗/mW	0.01	0.2	0.2	0.2
每门延迟/ns	40	10	10	3
最高效率/MHz	10	40	40	120

    c. 国产数字集成电路

    国产数字集成电路的命名方法如表 4.6 所示。

表 4.6   **国产数字集成电路命名方法**

符号	C	×	××…×	×	×
含义	中国国标	T—TTL 电路 E—ECL 电路 C—CMOS 电路	74/54××× 10K/100K 系列 4×××/74C××	C—0~70℃ E——40~+85℃ R——55~+85℃ M——55~+125℃	W—陶瓷扁平 B—塑料扁平 F—全密封扁平 D—陶瓷双列直插 P—塑料双列直插 J—黑陶瓷双列直插

国产数字集成电路大多与上述国外器件兼容。例如，CT74LS00CP 为民用的塑料双列至插 TTL 与非门，与同样封装的国外 74LS00 相兼容。CC4050B 与国外的 CD4050B 相兼容，均为 CMOS 的六缓冲器。

d. 数字集成电路电气参数及应用注意问题

数字集成电路种类繁多。例如，74 系列数字集成电路包括各种门电路、缓冲器、驱动器及总线收发器、触发器、寄存器及移位寄存器、优先级编码器、扩展器、数据选择器、译码器、数字比较器及其他功能的芯片。同样，CMOS 数字集成电路也有类似的一系列器件。

每一种芯片厂家都会给出以下详细的电气参数：

厂家推荐的工作条件；

在推荐工作条件下的电气特性；

在规定电气特性下的开关特性；

对芯片的使用说明；

芯片结构框图。

芯片的功能不同，其电气参数也不同。每一个测控系统的设计者，在选择芯片时，都必须认真阅读厂家的器件参数手册。

在此将结合数字集成电路的电气参数说明在应用中应注意的问题。

(1) 电压传输特性及抗干扰容限。一种非门的电压传输特性曲线如图 4.8 所示。

由图 4.8 可以看到，只要非门输入电压不大于 U_{IL}，则非门输出为高电平；只要非门输入电压大于 U_{IH}，则非门输出为低电平。

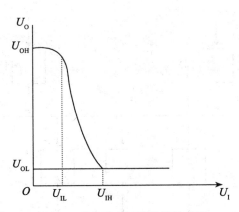

图 4.8　非门的电压传输特性曲线

若定义最小的高电平输出电压 U_{OH} 为 2.4V，最大低电平输出电压 U_{OL} 为 0.4V。并假定此非门的最小高电平输入电压 U'_{IH} 为 2V；最大低电平输入电压 U'_{IL} 为 0.8V。则高电平的抗干扰容限为

$$U_{\mathrm{NH}} = U_{\mathrm{OH}} - U'_{\mathrm{IH}} = 2.4\mathrm{V} - 2\mathrm{V} = 0.4\mathrm{V}$$

显然，高电平输出电压一般会大于 2.4V。若假定非门的最小高电平输入电压为 $U'_{\mathrm{IH}} = 2\mathrm{V}$ 是事实，则该门的抗干扰容限可以大一些。

低电平抗干扰容限为

$$U_{NL} = U_{OH} - U'_{IL} = 0.8V - 0.4V = 0.4V$$

通常，前级加到门上的低电平输出电压会低于 0.4V，故该门的低电平抗干扰容限会更大一些。

施密特门或触发器具有更强的抗干扰能力，在应用中遇到干扰大的场合应注意选用。

不同工艺及材料的芯片的抗干扰容限是不一样的，通常 HTL、CMOS 器件的抗干扰性能最好，TTL 器件的抗干扰性能较好，而 ECL 器件的抗干扰性能最差。

（2）输入信号变化串的要求。由图 4.8 可以看到，当门电路的输入信号由 U_{IL} 变到 U_{IH} 或由 U_{IH} 变到 U_{IL} 时，要由传输特性截止区越过线性放大区而到达饱和区，或者由传输特性饱和区越过线性放大区而到达截止区。如果输入信号变化很慢，必然会用更多的时间越过线性放大区，就有可能使输出的边缘出现振荡。而这种振荡就可能使其后置电路产生时序或逻辑上的错误。因此，在使用数字集成电路时，应注意到对输入信号变化率的要求，以满足后置电路的要求。表 4.7 给出了不同系列芯片输入信号的最小变化率。

表 4.7　　　　　　　　　　　不同系统芯片输入信号的最小变化率

系列	HC/HCT	AC/ACT	74LS	74ALS	74S	74F
变化率/（V/ns）	0.01	0.1	0.02	0.06	0.02	0.12

（3）避免发生总线竞争。总线竞争也称为总线争用，就是在同一总线上，同一时刻有两个或两个以上的器件输出状态，如图 4.9 所示。

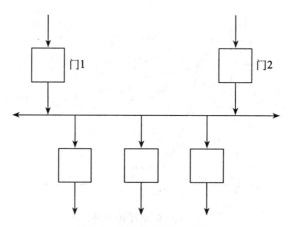

图 4.9　两个门竞争示意图

图 4.9 中，门 1 和门 2 为两个输出门，它们均欲利用总线将它们的状态传送给负载，即图中的输入门。但是，若两个输出门的输出状态不一样时，必将使得总线上的状态产生错误，甚至会因为产生过大的电流而损坏器件。

在计算机的系统总线上是不允许产生总线竞争的。因为只要有竞争发生，就肯定会使计算机无法正常工作，而且总线竞争还可能损坏计算机的芯片。

在计算机应用系统中，在设计总线驱动器或设计插件电路板的板内总线驱动时，一定要仔细地进行驱动器的控制逻辑设计，保证在任何情况下不发生总线竞争。

如何保证不发生竞争呢？在系统总线采用分时使用方式时，保证任何时刻只有一个器件利用总线输出其状态。如在图4.9所示电路中，可将图中的输出门改用三态门，并对三态门进行控制。保证左侧输出门有输出时，右侧输出门的输出为高阻状态。当左侧门使用完总线后，使其输出为高阻。这时，右侧的三态门可以打开，输出其状态到总线上。这样便可保证不发生竞争。

在图4.9所示的总线上可以接一些用以接收输出门输出状态的输入器件(如图上的三个输入门)，以便将输出门的状态传送到其他器件上。

(4)注意器件的负载能力。在嵌入式系统中，某一芯片的驱动能力，也就是它能在规定的性能下提供给下一级的电流(或是吸收下级电流)的能力及允许在其输出端所接的等效电容的能力。前者是指下级电路对驱动器的直流负载；后者则是指下级电路对驱动器的交流负载。

直流负载的估算。以图4.10所示的门电路为例，说明直流负载的估算方法。对于其他形式的电路，方法也是一样的。

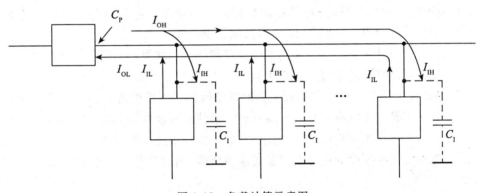

图 4.10　负载计算示意图

在图4.10中，左侧的驱动门驱动右侧的负载门。当驱动门的输出为高电平时，它为负载门提供高电平输入电流 I_{IH}。为了使电路正常工作，驱动门必须有能力为所有的负载门提供它们所需要的电流。因此，驱动门的高电平输出电流 I_{OH} 不得小于所有负载门所需的高电平输入电流 I_{IH} 之和，即满足下面的算式：

$$I_{OH} \geqslant \sum_{i=1}^{N} I_{IH_i} \tag{4.4}$$

同样，当驱动门输出为低电平时，驱动门的低电平输出电流 I_{OL}(实际是负载门的漏电流)应不小于所有负载门的低电平输入电流 I_{IL}(实际是负载门的漏电流)，即应满足下式：

$$I_{OL} \geqslant \sum_{i=1}^{N} I_{IL_i} \tag{4.5}$$

利用上面两个算式，可以估算驱动门的负载。例如，查手册得到某一门电路的 $I_{OH} = 15\text{mA}$，$I_{OL} = 24\text{mA}$，它的 $I_{IH} = 15\text{mA}$，$I_{IH} = 15\text{mA}$。若用这样的门来驱动同样的门电路，用式(4.4)算出：

$$N = 15\text{mA} \div 0.1\text{mA} = 150(\text{个})$$

利用式(4.5)，即低电平的条件下，算出

$$N = 24\text{mA} \div 0.2\text{mA} = 120(\text{个})$$

从而以直流负载进行估算，理论上算出用这样的门电路可驱动 120 个同样的门电路。但实际应用时，一般不超过 20 个。

交流负载的估算。就目前的应用来说，通常使用的频率并不是很高。因此，一般只考察电容的影响。因为电容的存在可使脉冲信号延时，边缘变坏。因而，许多电路芯片都规定所允许的负载电容 C_p。另一方面，总线的引线及每个负载都有一定的输入电容 C_I。从交流负载来考虑，必须满足下式：

$$C_p \geqslant \sum_{i=1}^{N} C_{Ii} \tag{4.6}$$

式中，C_p 为驱动门所能驱动的最大电容；C_{Ii} 为第 i 个负载的输入电容。

例如，某门电路所能驱动的最大电容为 150pF，而每个位载的输入电容为 5pF，则该驱动门以交流负载估算，理想情况下可驱动 30 个负载。

注意，在进行负载估算时，必须对直流负载和交流负载都进行计算，然后选取最小的数量为驱动能力。当然，这样进行估算还只是理想的情况，还有一些因素并未考虑。因而，通常选取较小的数目，一般取 20 个以内或更少一些。

在嵌入式系统设计中，必须注意到器件的负载能力。如果在电路设计中疏忽大意，没有认真考虑则必会使日后的系统工作产生故障。

(5)器件速度的选择。速度是芯片选择的重要因素，所选的芯片的速度必须满足使用的要求。当然，不是速度越高越好。一般来说，器件的速度越高其静态功耗及动态电流脉冲会越大，会对系统产生不良影响。因此，在同一系统中速度要求不同的部件上可以选择不同速度的器件。对于速度的选择应当是对应用所需"合适就好"，也就是满足要求就好。具体原则如下：

当工作频率低于 20MHz 时，可以考虑选择 CMOS 器件，这样的器件具有更低的功耗和更大的抗干扰容限。

当工作频率不高于 20MHz 时，可选择 74HC/HCT 系列芯片或 74LS 系列芯片。在考虑其他因素后，应优先选择 74HC/HCT 系列芯片。

当工作频率高于 20MHz 时，可选择 74AC/HCT 系列芯片或 74ALS、74S、74F 系列芯片。在考虑其他因素后，应优先选择 74AC/AU 系列芯片。

(6)不同系列间的接口。不同系列的芯片，其输入输出的电平也不一样。表 4.8 给出了当电源电压均为 5V 时，不同系列芯片的参数。

表 4.8　　　　当电源电压 5V 时，不同系列芯片的参数

参数 型号	输入高电平 U_{IH}/V	输入低电平 U_{IL}/V	输出高电平 U_{OL}/V	输出低电平 U_{OL}/V	高电平 输出电流 I_{OH}/mA	低电平 输出电流 I_{OL}/mA
74LS	2.0	0.8	2.6	0.4	0.4	4
4000B	3.5	1.0	⌢ 5	⌢ 0	0.12	0.36
74HC	3.5	1.0	⌢ 5	⌢ 0	4	4

从表 4.8 中可以看出，在负载允许的条件下，从输入电平角度来看，4000B、74HC 系列可以直接驱动 74LS 系列；而 TTL 却不能直接驱动 4000B、74HC 系列。但 TTL 和 74HCT 可以直接相互驱动。

当需要用 TTL 器件驱动 74HC 器件时，可采用以下两种办法解决：

① 中间加 74HCT 器件。在 TTL 和 74HC(4000B)之间插入 74HCT 器件。TTL 可直接驱动 74HCT 器件，再由 74HCT 器件去驱动 74HC(4000B)器件，保证它们可靠地工作。

② 加上拉电阻。解决 TTL 驱动 74HC(4000B)的第二种方法就是利用上拉电阻加以解决，如图 4.11 所示。

由图 4.11 可以看出，74HC 器件输入高电平 U_{IH} 为 TTL 器件输出高电平时，U_{cc} 减去 R_x 上的压降，即

$$U_{IH} = U_{CC} - (I_{OH} + I_{IH})R_x \qquad (4.7)$$

由式(4.7)可以推出

$$R_x < (U_{CC} - U_{IH})/(I_{OH} + I_{IH}) \qquad (4.8)$$

式中，它为 74HC 器件输入高电平；I_{OH} 为 74HC 器件的高电平输出电流；I_m 为 74Hc 器件的高电平输入电流。

若 U_{cc} 为 5V，U_{IH} 为 3.5V，I_{OH} 为 150μA，I_{IH} 为 100μA，则计算出上拉电阻 R_x 应不大于 7kΩ。

CMOS 可以直接驱动 74LS 系列，而其他 TTL 芯片由于其低电平输入电流比较大，CMOS 器件有可能不能直接提供，这时可以采用利用三极管缓冲的方式来解决，如图 4.12 所示。

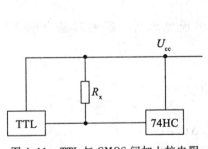

图 4.11　TTL 与 CMOS 间加上拉电阻

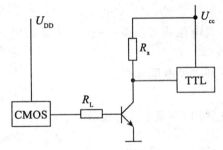

图 4.12　CMOS 经晶体管驱动 TTL

由于 TTL 电路只能工作在 5V 电压上，不可能控制更高的电压；而且，TTL 电路有可能无法提供外设所要求的大电流。当需要用 TTL 电路来控制大电流或高电压的外设时，同样可以采用三极管来解决。由 TTL 电路驱动三极管，再由三极管驱动外设。一级三极管不够还可以再加一级，具体电路就不再给出。

(7)电源问题。无论是 TTL 电路还是 CMOS 电路，在使用中必须注意其工作的电源电压。

TTL 电路的电源电压一般为 5V+0.25V 或 5V+0.5V。使用 TTL 电路时注意厂家给出的具体参数。CMOS 电路的工作电压范围比较大，可在厂家给出的范围内选择合适的电压。使用中电源电压的极性不能接反，否则会损坏芯片。

通常,可在一块印制电路板的电源输入端接上多个几十微法和多个 $0.01 \sim 0.1\mu F$ 的电容对电源滤波,以消除通过电源的干扰。在印制电路板内,可在集成电路芯片的电源到地之间并上一个 $0.01 \sim 0.1\mu F$ 的电容对电源滤波。

7. 模拟集成电路的选择与使用

模拟集成电路按功能可分为线性集成电路、非线性集成电路和功率集成电路三大类。线性集成电路包括运算放大器、低频放大器、中频放大器、高频放大器和稳压电路等;非线性集成电路包括电压比较器、A/D 变换器、D/A 变换器、调制解调器、函数发生器和变频器等;功率集成电路包括低频功率器件、射频功率电路、功率开关和伺服电路等。在本书中仅简单地介绍常用的模拟集成电路参数及使用注意事项。

a. 运算放大器

运算放大器的基本特征是差动输入、高电压增益、高输入阻抗和低输出阻抗。

运算放大器的种类非常多,主要类型有通用运算放大器、精密运算放大器、高速运算放大器、高输入阻抗运算放大器、低噪声运算放大器和功率运算放大器。

(1)运算放大器的主要技术指标。

输入失调电压 U_{IS}——厂家使运算放大器输出为零时,输入端所需外加的电压。

输入失调电比的温度漂移 $\Delta U_{IS}/\Delta T$——单位温度变化所引起的输入失调电压的变化量。

输入偏置电流 I_B——经输入失调补偿使运放输出为零时,输入偏置电流的平均值。

输入失调电流 I_{IS}——输入信号为零时,两输入端偏置电流之差。

最大输入差模电压 D_{IDM}——运算放大器两输入端所能承受的最大输入电压之差。

最大输入共模电压 U_{ICM}——运算放大器共模抑制比下降 6dB 时两输入端共模输入电压。

差模电压增益 A_{od}——在运放开环时,输入差模电压增量所引起输出电压增量之比,即

开环差模电压增益。

$$A_{od} = \Delta U_O / \Delta U_I$$

通常用 dB 表示,可表示为

$$A_{od} = 20\log(\Delta U_O / \Delta U_I)$$

共模抑制比 CMRR——运算放大器的差模电压增益与共模电压增益之比,即

$$CMRR = A_{od}/A_{oc}$$

−3dB 带宽力和单位增益带宽 f_c——开环增益下降 3dB 时的运算放大器的频带宽度为−3dB 带宽 f_0;而开环增益 1(0dB)时的运算放大器的频带宽度称为单位增益带宽 f_c。

静态功耗 P_0——运算放大器在额定电源电压下,输入信号为零、不接负载时的功耗。

转换速率 S_R——运算放大器输出电压的最大变化率,通常用 V/μs 表示。

(2)运算放大器使用中应注意的问题。

当在应用要求精度很高时,首先要考虑选择精密运算放大器。同时还应考虑所选运算放大器的开环差模电压增益足够高、共模抑制比足够大、单位增益带宽足够大、输入失调电压与输入失调电流足够小。

若应用要求转换开关在很高的频率下工作或者在高频大幅度正弦波下工作,可选转换

速率高的运算放大器；当要求高频精度较高时，应选择单位增益带宽足够大的运算放大器。

当需要对信号进行差分放大时，可选择仪表用运算放大器。

防止自激。由于运算放大器的增益一般比较高，使用中容易产生自激，必要时需进行补偿以消除自激。运算放大器的厂家会给出运算放大器的补偿端，当在应用中需要补偿时，可在这些引出端接上补偿元件。

防止瞬时过载。当运算放大器的应用场合可能较其输入和（或）输出产生瞬时过载时，需要考虑加上适当的保护器件，以防止运算放大器损坏。

其他问题。在运算放大器应用中还应注意消除电磁干扰的影响、减少环境因素的影响等。

b. 电源集成电路

任何嵌入式系统都需要电源，稳压电路是最常用的电源器件。根据稳压方式不同，稳压集成电路又分为固定电压稳压电路和可调电压稳压电路。顾名思义，前者的输出电压是固定的，后者的输出电压是可以通过改变外接取样电阻进行调节。

在电源集成电路中还有 DC/DC 变换电路、AC/DC 变化电路等。

常用的三端固定电压输出稳压集成电路中，输出正电压的是 7800 系列，例如，7805、7806、7808、7812、7815、7820、7824 等。而每种电压下，又有多种不同的规格，例如，输出 +5V 电压的 7805 又分为 7805（输出电流为 1500mA）、78M05（输出电流为 500mA）、78L05（输出电流为 100mA）。

常用的三端固定电压输出稳压集成电路中，输出负电压的是 7900 系列，例如，7905、7906、7908、7912、7915、7920、7924 等。每种电压下，又有多种不同的规格，例如，输出 -5V 电压的 7905 又分为 7905（输出电流 1500mA）、79M05（输出电流为 500mA）/79L05（输出电流为 100mA）。

三端固定电压输出稳压集成电路的典型接法如图 4.13 所示。

三端固定电压输出稳压集成电路生产厂家不仅给出了它们的详细工作参数，有的还给出了典型应用的电路连接图。使用这些集成电路时可以参考，尤其要注意它们的技术参数。

常用的子端可调正电压输出的稳压集成电路有 LM117/M/L、LM217/M/L、LM317/M/L。大电流输出的集成电路有 LM150/250/350 及 LM138/238/338 等。

三端可调负电压输出的稳压集成电路有 LM137/M/L、LM237/M/L、LM337/M/L。

三端可调电压输出稳压集成电路的典型接法如图 4.14 所示。

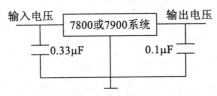

图 4.13　7800 或 7900 系统典型接法

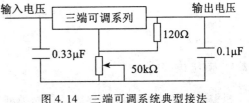

图 4.14　三端可调系统典型接法

同样，三端可调电压输出稳压集成电路生产厂家也给出了它们的详细工作参数，有的还给出了典型应用的电路连接图。使用这些集成电路时可以参考，尤其要注意它们的技术参数，特别是功耗一定要小于芯片所规定的最大功耗。

在选择使用稳压器时，若要求稳压器提供电流比较大，应选择功率稳压器。如果需要还可以考虑外接大功率三极管来扩大输出电流。

在电源使用过程中，由于负载短路或使用中不小心，使稳压电路输出过流是经常发生的。因此，在选择稳压集成电路时，应选择具有过流保护的稳压器。如果所选的稳压集成电路不具备这种功能，则在电源电路设计中应外加一些附加电路，以便使其具备这种功能。

当需要基准电压时，可选用高精度电压基准芯片。例如，高精度电压基准芯片MC140 的精度可为 12 位 A/D 变换器提供参考电压。

当稳压器的输入端瞬时短路时，加在输出端滤波电容上的电压将使稳压器中的串联调整管反偏，此反偏电压足以损坏调整管。为了能在这种情况下保护稳压器芯片，可在稳压器输入端和输出端之间并联一个二极管，并保证稳压器正常工作时，二极管是反偏的。那么，稳压器输入端瞬时短路时，二极管正向导通，即可保护稳压器。

4.2 测控电路可靠性

现代的生产与生活离不开测量与控制，高新技术、尖端技术更离不开测控。当今的时代是信息时代，它以计算机广泛应用为主要标志。而计算机的发展首先取决于大规模集成电路制作的进步；在一块芯片上能集成多少个元件取决于光刻工艺能制作出多精细的图案，而这依赖于光刻的精确重复定位，依赖于定位系统的精密测量与控制。航天发射与飞行，都需要靠精密测量与控制保证它们轨道的准确性。

测控系统主要由传感器、测量控制电路(简称测控电路)和执行机构三部分组成，如图 4.15 所示。传感器是敏感元件，它的功用是探测被测参数的变化。但是，传感器的输出信号一般很微弱，还可能伴随着各种噪声，需要用测控电路将它放大，剔除噪声、选取有用信号、按照测量与控制功能的要求，进行所需演算、处理与转换，输出能控制执行机构动作的信号。在整个测控系统小，电路是最灵活的部分，它具有便于放大、便于转换、便于传输、便于适应各种使用要求的特点。测控电路在整个测控系统中起着十分关键的作用，测控系统、乃至整个机器和生产系统的性能在很大程度上取决于测控电路。

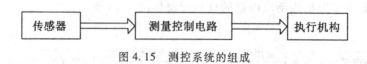

图 4.15 测控系统的组成

4.2.1 测控电路的组成

测控系统的组成随被测参数、信号类型与控制系统的功能和要求的不同而异。按其基本组成可分为下列类型：

1. 测量电路的基本组成

a. 模拟式测量电路的基本组成

图 4.16 是模拟式测量电路的基本组成。传感器包括它的基本转换电路，如电桥。传感器的输出已是电物理量（电压或电流）。根据被测量的不同，可进行相应的量程切换。传感器的输出一般较小，常需要放大。图中所示各个组成部分不一定都需要，例如，对于输出非调制信号的传感器，就无需用振荡器向它供电，也不用调制器。在采用信号调制的场合，信号调制解调用同一振荡器输出的信号作载波信号和参考信号。利用信号分离电路（常为滤波器），将信号与噪声分离，将不同成分的信号分离，取出所需信号。有的被测参数比较复杂，或者为了控制目的，还需要进行运算。对于典型的模拟式电路，无需模数转换电路和计算机，而直接通过显示执行机构输出。越来越多的模拟信号测量电路输出数字信号，这时需要模数转换电路。在需要较复杂的数字和逻辑运算或较大量的信息存储情况下，采用计算机。图中振荡器、解调器、运算电路、模数转换电路和计算机画在双点画线框内，表示有的电路没有这些部分。

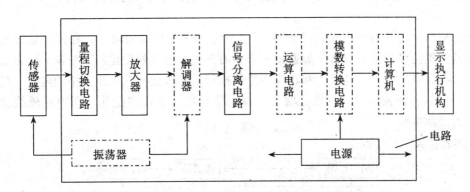

图 4.16　模拟式测量电路的基本组成

b. 数字式测量电路的基本组成

增量码数字式测量电路的基本组成见图 4.17。一般来说增量码传感器输出的周期信号也是比较微小的，首先需要将信号放大。传感器输出信号一个周期所对应的被测量值往往比较大，为了提高分辨率，需要进行内插细分。可以对交变信号直接处理进行细分，也可能需要将它整形称谓方波后再形成细分。在有的情况下，增量码一个周期所对应的量不是一个便于读出的量（如，在激光干涉仪中反射镜移动半个波长信号变化一个周期），需要对脉冲当量进行变换。被测量增大或减小，增量码都作周期变化，需要采用适当的方法辨别被测量变化的方向，辨向电路按辨向结果控制计数器作加法或减法计算。在有的情况下辨向电路还同时控制细分与脉冲当量变换电路作加或减运行。采样指令到来时，将计数器所计的数送入锁存器，执行机构显示该状态下被测量值，或按测量值执行相应动作。在需要较复杂的数字和逻辑运算或较大量的信息存储情况下，采用计算机。

绝对码和开关式测量电路比较简单，它基本上就是一套逻辑电路，以适当方式译码，进行显示和控制。

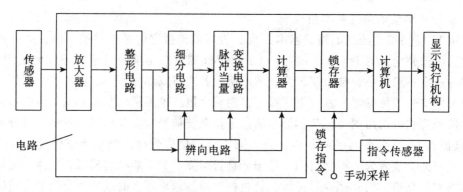

图 4.17　增量码数字式测量电路的基本组成

2. 控制电路的基本组成

控制方式可分为开环控制与闭环控制两种，这两类控制系统的组成也不同。

a. 开环控制

开环控制系统的基本组成如图 4.18 所示。为了获得所需的输出，在控制系统的输入端通过给定机构设置给定信号，如通过一个多刀开关或电位器设定所需炉温。通过设定电路将它转换成电压信号，经放大和转换后控制执行机构改变加热电阻丝中的电流，使炉子（被控对象）获得所需温度。只要让输入的设定信号按设定规律变化。图中点画线框内所示部分为控制电路。

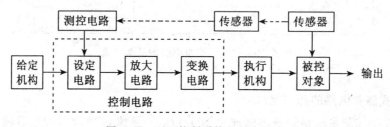

图 4.18　开环控制系统的基本组成

显然，这种控制系统难以保证系统的输出符合所需要求。首先，系统能够获得正确的输出是建立在输入与输出的函数关系基础上的。也就是说系统的模型，或者说它的传递函数正确、不变。系统的传递函数的任何变化将引起输出的变化。其次不可避免地会有扰动因素作用在被控对象上，引起输出的变化。为了补偿扰动的影响，可以通过用传感器对扰动进行测量，通过测量电路在设定上引入一定修正，以抵消扰动的影响，如图中虚线所示。但是这种控制方式同样不能达到很高的精度。一是对扰动的测量误差影响控制精度；二是扰动模型的不精确性影响控制精度。比较好的方法是采用闭环控制。

b. 闭环控制

闭环控制系统的基本组成如图 4.19 所示。它的主要特点是用传感器直接测量输出量，将它反馈到输入端与设定电路的输出相比较，当发现它们之间有差异时，进行调节。这里系统和扰动的传递函数对输出基本没有影响，影响系统控制精度的主要是传感器和比较电路的精度。在图 4.19 中，传感器反馈信号与设定信号之差经放大后，不直接送执行机构，而先经过一个校正电路。这主要考虑从发现输出量发生到执行控制需要一段时间，为了提高响应速度常引入微分环节。另外，当输出量在扰动影响下做周期变化时。在实际电路中，往往比较电路的输出先经放大再送入校正电路，视需要可能再次放大(图中未表示)。加入转换电路的目的是使执行机构获得所需类型的控制信号。

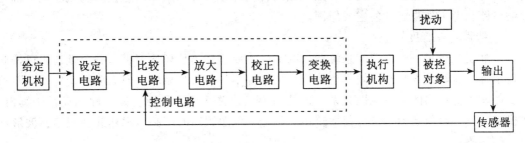

图 4.19　闭环控制系统的基本组成

4.2.2　测控系统对测控电路的基本要求

对测控电路的主要要求可概括为精、快、灵，当然也还有一些其他要求，例如可靠性与经济性。

1. 精度高

对于测控电路首先要求它具有高精度，要求测量装置能准确地测量被测对象的状态与参数，这是获得高质量产品的基础，也是精确控制的基础，使被控对象能精确地按要求运行。为了实现高精度，测控电路应具备下列性能：

a. 低噪声与高抗干扰能力

在精密测量中，要精确测得被测参数的微小变化，这时传感器输出信号的变化往往是很微小的。为了保证高的测量精度，要求电路必须具有低噪声与高抗干扰能力，这里包括选用低噪声器件，合理安排电路，合理布线与接地，采取适当的隔离与屏蔽等。由于送到电路第一段的信号最小，因此第一级电路需特别精心安排，要尽量缩短传感器到第一级电路的连线，前置放大器往往置入传感器内。

对信号进行调制，合理安排电路的通频带，对抑制干扰有重要作用。对信号进行调制就是给信号赋予一定特征，使它与非所需的信号(可将它们视为干扰)相区别，再通过合理安排电路的通频带等，只让所需信号通过，从而抑制干扰。

采用具有高共模抑制比的电路，对抑制干扰也有重要作用。因为大多数干扰表现为共模干扰，它同时作用于差动电路的两个输入端，采用高共模抑制比差动电路能有效地抑制干扰。

b. 低漂移、高稳定性

大多数电子元器件的特性，如放大器的失调电压与失调电流、晶体管与二极管的漏电流，都会受温度影响而在一定程度上发生变化。由于电路在工作中总有电流流过，不可避免地会产生热量，从而使电路发生漂移。外界温度的变化也会引起电路漂移。为了减小漂移，首先应选择温漂小，即对温度不敏感的元器件，其次应尽量减小电路的、特别是关键部分的温度变化。这里包括减小电路中的电流，让大功率器件远离前级电路，安排好散热等。

电路工作稳定是保证电路精度的首要条件。噪声与干扰引起电路在短的时段内工作不稳定。漂移使电路在 1 天或若干小时的中等时段内输出发生变化。除此以外，还有电路长期工作稳定性，元器件的老化、开关与接插件的弹性疲劳和氧化引起接触电阻变化等都是影响电路长期工作稳定性的主要原因。

c. 线性与保真度好

线性度是衡量一个仪器或系统精度的又一重要指标。从理论上讲，一个低通也可按非线性定标，这时输入与输出间具有非线性关系并不一定影响精度。但大多数情况下，要求系统的输入与输出间具有线性关系。这是因为线性关系使用方便，如线性标尺便于读出，在换挡时不必重新定标，进行模数转换、细分、伺服跟踪时不必考虑非线性因素，波形不失真，等等。

保真度是由视、听设备中借用的概念。为使波形不失真除要求电路有良好的线性外，还要求在信号所占有的频带内，有良好的频率特性。

d. 有合适的输入与输出阻抗

即使电路完全没有误差，在将它用于某一测控系统中，仍然有可能给系统带来误差。例如，若测量电路的输入阻抗太低，在接入电路后，就会使传感器的状态发生变化。从不影响前级的工作状态出发，要求电路有高输入阻抗。但输入阻抗越高，输入端噪声也越大，因此合理的要求是使电路的输入阻抗与前级的输出阻抗相匹配。同样若电路的输出阻抗太大，在接入输入阻抗较低的负载后，会使电路输出下降。要求电路的输出阻抗与后级的输入阻抗相匹配。

2. 响应快

生产的节奏在不断地加快，机器的运转速度在不断地加快，响应速度快就成为对测控电路性能的另一项重要要求。实时动态测量已成为测量技术发展的主要方向。测量电路没有良好的频率特性、高的响应速度，就不能准确地测出被测对象的运动状况，无法对被测系统进行准确控制。对一个存在高速变化因素的运动系统，空间不能根治的滞后可能引起系统产生振荡，振荡的幅度还可能越来越大，导致系统失去稳定。为了能够测出快速变化参数，为了使一个高速运动系统稳定，要求测控电路有高的响应速度和良好的频率特性。

3. 转换灵活

为了适应在各种情况下测量与控制的需要，要求测控电路有灵活地进行各种转换的能力。它包括：

a. 模数与数模转换

自然界客观存在的物理量多为模拟量，传感器的输出信号也以模拟信号居多。为了读取方便和提高在信号传输中的抗干扰能力，为了便于与计算机连接和长期保存等，常常需要数字信号，这就需要模数转换。而为了控制执行机构动作，又常需模拟信号，这时又需数模转换。

b. 信号形式的转换

模数与数模转换是信号形式的转换的一种。为了信号处理与传输上的需要，还常需要进行直流与交流、电压与电流信号之间的转换。一个信号的大小，可以用它的幅值、相位、频率、脉宽等表示，为了信号处理、传输与控制上的需要，也常需要进行幅值、相位、频率与脉宽信号之间的转换。

c. 量程的变化

一个测控系统需要测量和控制的量可以差百万倍以上，为了适应测量、控制不同大小量值的需要，而不引起饱和与显著的失真，电路应能根据信号的大小进行量程的变换。

d. 信号的选取

一个系统的信号中不仅包括信号与噪声，而且在信号中也包含具有不同特征的信号，例如不同频率的信号。这些不同特征的信号可能由不同的信号源产生，也可以有不同的物理含义。在测量与控制中常要选取某一频率或某一频带，或某一瞬时的信号，电路应具有选取所需信号的能力。

e. 信号的处理与运算

在测量与控制中常需要对信号尽享处理与运算，如求平均值、差值、峰值、绝对值、求导数、积分等。这里也包括对非线性环节进行线性化处理与误差补偿，进行复杂函数运算，进行逻辑判断等。

4. 可靠性与经济性

随着科技与生产的发展，测控系统应用越来越广、规模原来越大，这对可靠性提出了越来越高的要求。如果单个晶体管（或 PN 结）的可靠性为 0.9999，当一个集成块上集成了 10000 个晶体管，并假定它们的工作可靠性是相互独立的，那么整个集成块可靠性仅 $0.9999^{10000} = 0.368$，假如在整个系统中有 100 个这样的集成电路块，其可靠性仅为 $0.368^{100} = 3.7 \times 10^{-44}$。为使系统的可靠性达 0.99，要求单个集成电路块的可靠性达 0.9999，而要求单个晶体管的可靠性达 0.99999999。从这个例子可以看到，一个现代系统对器件的可靠性提出了更高的要求。

对测控电路的另一个要求是它的经济性。一个成本高昂的电路难以获得广泛应用。要在满足性能要求的基础上，尽可能地简化电路。要合理设计电路，能在不对器件提出过分要求的情况下获得较好的性能。

4.2.3　测控电路可靠性措施

1. 电子线路可靠性设计

采用各种电子元器件进行系统或整机线路设计时，设计师不仅必须考虑如何实现规定的功能，而且应该考虑采用何种设计方案才能充分发挥元器件固有可靠性的潜力，提高系统或整机的可靠性水平。这就是通常所说的可靠性设计。电子线路的可靠性设计是一个内容相当广泛而具体的问题，采用不同类型的器件或者要实现不同的电路功能，都会有不同的可靠性设计考虑。

a. 简化设计

由于可靠性是电路复杂性的函数，降低电路的复杂性可以相应的提高电路的可靠性，所以，在实现规定功能的前提下，应尽量使电路结构简单，最大限度地减少所用元器件的类型和品种，提高元器件的复用率。这是提高电路可靠性的一种简单而实用的方法。

简化设计的具体方案可以根据实际情况来定，一般使用的方法有：

(1)多个通道共用一个电路或器件。

(2)在保证实现规定功能指标的前提下，多采用集成电路，少采用分立器件，多采用规模较大的集成电路，少采用规模较小的集成电路。集成度的提高可以减少元器件之间的连线、接点以及封装的数目，而这些连接点的可靠性常常是造成电路失效的主要原因。

(3)在逻辑电路的设计中，简化设计的重点应该放在减少逻辑器件的数目，其次才是减少门或输入端的数目。因为一般而言，与减少电路的复杂度相比较，提高电路的集成度对于提高系统可靠性的效果更为明显。

(4)多采用标准化、系列化的元器件，少采用特殊的或未经定型和考验的元器件。

(5)能用软件完成的功能，不要用硬件实现。

(6)能用数字电路实现的功能，不要用模拟电路完成，因为数字电路的可靠性和标准化程度相对较高。但是，有时模拟电路的功能用数字电路实现会导致器件数目的明显增加，这时就要根据具体情况统筹考虑，力求选用最佳方案。

在简化设计时应注意三点：一是减少元器件不会导致其他元器件承受应力的增加，或者对其他元器件的性能要求更加苛刻；二是在用一种元器件完成多种功能时，要确认该种器件在性能指标和可靠性方面是否能够同时满足几个方面的要求；三是为满足系统安全性、稳定性、可测性、可维修性或降额和冗余设计等的要求所增加的电路或元器件不能省略。

b. 低功耗设计

电子系统向着小型化和高密度化发展，使得其内部热功率密度增加，可靠性随之降低。降低电路的功耗，是减少系统内部温升的主要途径。这可以从两方面着手：一是尽量采用低功耗器件，如在满足工作速度的情况下，尽量采用 CMOS 电路。而不用 TTL 电路；二是在完成规定功能的前提下，尽量简化逻辑电路，并更多的让软件来完成硬件的功能，以减少整机硬件的数量。

c. 保护电路设计

电子系统在工作中可能会受到各种不适当应力或外界干扰信号的影响，造成电路工作不正常，严重时会导致内部器件的损坏。为此，在电路设计中，有必要根据具体情况设计必要的保护电路。如在电路的信号输入端设计静电保护电路，在电源输入端设计浪涌干扰抑制电路，在高频高速电路中加入噪声抑制或吸收网络。

d. 灵敏度分析

组成电子系统的各个电路对于系统可靠性的贡献并不相同，而组成电路的各个元器件对于该电路可靠性的贡献也不会一样。常常会有这样的情况，某个元器件的参数退化严重，但对电路性能的影响甚微；而另一个元器件稍有变化，就对电路性能产生显著影响。这是因为一个元器件对于电路可靠性的影响(或一个子电路对于系统可靠性的影响)不仅取决于该元器件(或子电路)自身的质量，而且取决于该元器件(或子电路)造成电路(或系统)性能变化的灵敏度。因此，在电路设计中，应进行灵敏度分析，确定对电路性能影响显著的关键元器件或子电路，对其进行重点设计。灵敏度分析可借助于现有的电路模拟器或逻辑模拟器完成。这是提高电路可靠性的一个经济有效的方法。

e. 基于元器件的稳定参数和典型特性进行设计

电路设计通常必须依据所选用器件的参数指标来进行。为了保证电路的可靠性，只要可能，电路性能应该基于器件的最稳定的参数来设计，同时应留出一些允许变化的余量。对于那些由于工艺离散性以及随时间、温度和其他环境应力而变化的不太稳定的性能参数，设计时应给予更为宽容的限制。对于那些不确定的无法控制的性能参数，设计时不宜采纳，否则无法保证电路的可靠性和制造的可重复性。如果产品手册中记载有所需的特性曲线图、外部电路参数或典型应用电路时，应尽可能使用该特性曲线或电路方案进行设计。

f. 均衡设计

在设计一个电子系统时，总是要先将其分割为若干个电路块，以便完成不同的功能。在系统分割时，应注意电路功能和结构的均衡性，这样对提高系统可靠性有利。这主要体现在两个方面：一是每块电路的功能应相对完整，尽量减少各个电路之间的连接，以削弱互连对电路可靠性的影响；二是各个电流所含元器件的数量不要过于集中，这样会带来不可靠因素，同时也方便了装配工艺设计。

g. 三次设计

三次设计包括系统设计、参数设计和容差设计。系统设计是指一般意义上的设计；参数设计是利用正交设计法结合计算机辅助设计，找到稳定性好的合理参数组，是三次设计的核心；容差设计则是在系统的最佳参数组合确定之后，合理规划组成系统的各个元器件的容差，使产品物美价廉。采用三次设计方法获得的产品具有高的信噪比，对于元器件的公差与老化、工作和环境条件的波动变化等具有很强的忍受能力，保证长时间正常工作。因此，在所采用的元器件质量等级相同的条件下，通过三次设计的电路的可靠性明显高于未作三次设计的电路。

h. 冗余设计和降额设计

冗余设计也称余度设计，它是在系统或设备中的关键电路部位，设计一种以上的功能通道，当一个功能通道发生故障时，可用另一个通道代替，从而可使局部故障不影响整个系统或设备的正常工作。采用冗余设计，使得用相对低可靠的元器件构成可靠的系统或设备成为可能。但是，采用冗余设计会使电路的复杂性以及系统的体积、重量、功耗和成本增加，一般只用于那些安全性要求非常高而且难以维修的系统。

i. 可靠性预计

为了验证可靠性设计的效果，根据系统可靠性的要求，电路设计完成后，可对关键电路的失效率进行预计，预计所依据的模型和方法见国军标 GJB299《电子设备可靠性预计手册》。

2. 常用集成电路的应用设计规则

在电路设计时，除了以上所述的通用设计原则之外，还要根据所用器件的具体情况，采用不同的设计规则。下面给出用几种常用集成电路进行电路设计时应该遵循的一些规则。

a. TTL 电路应用设计规则

(1)电源。

·稳定性应保持在±5%之内；

·纹波系数应小于5%；

·电源初级应有射频旁路。

（2）去耦。

每使用 8 块 TTL 电路就应当用一个 $0.01 \sim 0.1 \mu F$ 的射频电容器对电源电压进行去耦。去耦电容的位置应尽可能地靠近集成电路，两者之间的距离应在 $15 cm$ 之内。每块印制电路板也应用一只容量更大些的低电感电容器对电源进行去耦。

（3）输入信号。

输入信号的脉冲宽度应长于传播延迟时间，以免出现反射噪声；

要求逻辑"0"输出的器件，其不使用的输入端应将其接地或与同一门电路的在用输入端相连；

要求逻辑"1"输出的器件，其不使用的输入端应连接到一个大于 2.7V 的电压上。为了不增加传输延迟时间和噪声敏感度，所接电压不要超过该电路的电压最大额定值 5.5V；

不使用的器件，其所有的输入端都应按照使功耗最低的方法连接；

在使用低功耗 TTL 电路时，应保证其输入端不出现负电压，以免电流流入输入钳位二极管；

时钟脉冲的上升时间和下降时间应尽可能的短，以便提高电路的抗干扰能力；

通常时钟脉冲处于高态时，触发器的数据不应改变；

扩展器应尽可能地靠近被扩展的门，扩展器的节点上不能有容性负载；

在长信号线的接收端应接一个 $500\Omega \sim 1k\Omega$ 的上拉电阻，以便增加噪声容限和缩短上升时间。

（4）输出信号。

集电极开路器件的输出负载应连接到小于等于最大额定值的电压上，所有其他器件的输出负载应连接到 VCC 上；

长信号线应该由专门为其设计的电路驱动，例如线驱动器、缓冲器等；

从线驱动器到接收电路的信号回路线应是连续的，应采用特性阻抗约为 100Ω 的同轴线或双扭线；

在长信号线的驱动端应加一只小于 51Ω 的串联电阻，以便消除可能出现的负过冲。

（5）并联应用。

除三态输出门外，有源上拉门不得并联连接。只有一种情况例外，即并联门的所有输入端和输出端均并联在一起，而且这些门电路封装在同一外壳内；

某些 TTL 电路具有集电极开路输出端，允许将几个电路的开集电极输出端连接在一起，以实现"线与"功能。但应在该输出端加一个上拉电阻，以便提供足够的驱动信号和提高抗干扰能力，上拉电阻的阻值应根据该电路的扇出能力来确定。

b. CMOS 电路应用设计规则

（1）电源。

稳定性应保持在 ±5% 之内；

纹波系数应小于 5%；

电源初级应有射频旁路；

如果 CMOS 电路自身及其输入信号源使用不同的电源，则开机时应首先接通 CMOS 电源，然后接通信号源，关机时应该首先关闭信号源，然后关闭 CMOS 电源。

（2）去耦。

每使用 10 ~ 15 块 CMOS 电路就应当用一个 0.01 ~ 0.1μF 的射频电容器对电源电压进行去耦。去耦电容的位置应尽可能地靠近集成电路，两者之间的距离应在 15cm 之内。每块印制电路板也应用一只容量更大些的低电感电容器对电源进行去耦。

（3）输入信号。

输入信号电压的幅度应限制在 CMOS 电路电源电压范围之内，以免引发闩锁；

多余的输入端在任何情况下都不得悬空，应适当地连接到 CMOS 电路的电压正端或负端上；

当 CMOS 电路由 TTL 电路驱动时，应该在 CMOS 电路的输入端与 VCC 之间连一个上拉电阻；

在非稳态和单稳态多谐振荡器等应用中，允许 CMOS 电路有一定的输入电流（通过保护二极管），但应在其输入加接一只串联电阻，将输入电流限制在微安级的水平上。

（4）输出信号。

输出电压的幅度应限制在 CMOS 电路电源电压范围之内，以免引发闩锁；

长信号线应该由专门为其设计的电路驱动，例如线驱动器、缓冲器等；

应避免在 CMOS 电流的输出端接大于 500pF 的电容负载；

CMOS 电路的扇出应根据其输出容性负载量来确定，通常可按下式计算：

$$F_0 = \frac{0.8 C_L}{C_I}$$

式中，F_0 为扇出；C_L 为 CMOS 电路的额定容性负载电容，0.8 是容性负载的降额系数，C_I 为 CMOS 电路的额定输入电容。

（5）并联应用。

除三态输出门外，有源上拉门不得并联连接。只有一种情况例外，即并联门的所有输入端均并联在一起，而且这些门电路封装在同一外壳内。

c. 线性放大器应用设计规则

（1）电源。

稳定性应保持在 ±1% 之内；

纹波系数应小于 1%；

电源初级应有射频旁路。

（2）去耦。

每使用 10 块线性集成电路就应当用一个 0.01 ~ 0.1μF 的射频电容器对电源电压进行去耦。去耦电容的位置应尽可能地靠近集成电路，两者之间的距离应在 15cm 之内。每块印制电路板也应用一只容量更大些的低电感电容器对电源进行去耦。

（3）输入信号。

差模输入电压和共模输入电压均不应超过它们的最大额定值的 60%；

所有不使用的输入端均应按照使功耗最低的方式进行连接；

如果器件具有两个以上的外部调整点，必须多次调整，仅一次是不行的。

（4）输出信号。

长信号线应该由专门为其设计的电路驱动，例如线驱动器、缓冲器等；

从线驱动器到接收电路的信号回路线应采用连续同轴线或双扭线,其特性阻抗应与连接端口的阻抗相匹配。

d. 线性电压调整器应用设计规则

(1)输入电压。

输入电压不应超过其最大额定值的 80%;

差分输入电压应该比推荐的最小电压大 20%,以保持适当的输出电压。

(2)输出负载。

最大输出负载不得超过其最大额定值的 80%;

如果器件内部没有包含短路保护电路,则应设计外部短路保护电路。

(3)散热。

电压调整器应该安装散热器,其散热面积应能够散掉器件承受最大功率时所产生的热量。

3. 印制电路板布线设计

目前电子元器件用于各类电子设备和系统时,仍然以印制电路板为主要装配方式。实践证明,即使电路原理图设计正确,印制电路板布线设计不当,也会对器件的可靠性产生不利的影响。例如,将印制电路板用于装配高速数字集成电路时,电路上出现的瞬变电流通过印制导线时,会产生冲击电流。如果印制导线的阻抗比较大,特别是电感较大时,这种冲击电流的幅值会很大,有可能对器件造成损害。如果印制板两条细平行线靠得很近,则会形成信号波形的延迟,在传输线的终端形成反射噪声。因此,在设计印制板布线的时候,应注意采用正确的方法。

a. 电磁兼容性设计

电磁兼容性(EMC)是指电子系统及其元部件在各种电磁环境中仍能够协调、有效地进行工作的能力。EMC 设计的目的是既能抑制各种外来的干扰,使电路和设备在规定的电磁环境中能正常工作,同时又能减少其本身对其他设备的电磁干扰。

由于瞬变电流在印制线条上所产生的冲击干扰主要是由印制导线的电感成分造成的,因此,应尽量减少印制导线的电感量。印制导线的电感量与其长度成正比,并随其宽度的增加而下降,故短而粗的导线对于抑制干扰是有利的。

时钟引线、行驱动器或总线驱动器的信号线常常载有大的瞬变电流,其印制导线要尽可能地短;而对于电源线和地线这样的难以缩短长度的布线,则应在印制板面积和线条密度允许的条件下尽可能加大布线的宽度。对于一般电路,印制导线宽度选在 1.5mm 左右,即可完全满足要求;对于集成电路,可选为 0.2 ~ 1.0mm。

采用平行走线可以减少导线电感,但导线之间的互感和分布电容增加,如果布局允许。最好采用井字形网状地线结构,具体做法是印制板的一面横向布线,另一面纵向布线,然后在交叉孔处用铆钉或金属化孔相连。

为了抑制印制导线之间的串扰,在设计布线时应尽量避免长距离的平行走线,尽可能拉开线与线之间的距离,信号线与地线及电源线尽可能不交叉。在使用一般电路时,印制导线间隔和长度设计可以参考表 4.9 所列规则。在一些对干扰十分敏感的信号线之间可以设置一根接地的印制导线,也可有效地抑制串扰。

表 4.9	印制电路板防串扰设计规则		mm
印制导线间隔	印制导线最大长度		
	非大平面接地	大平面接地	
0.5	25	50	
1.0	30	60	
3.0	40	150	

为了抑制出现在印制导线终端的反射干扰，除了特殊需要之外，应尽可能缩短印制导线的长度和采用慢速电路。必要时可加终端匹配，即在传输线的末端对地和电源端各加接一个相同阻值的匹配电阻。根据经验，对一般速度较快的 TTL 电路，其印制线条长于 10cm 以上时就应加终端匹配措施。匹配电阻的阻值应根据集成电路的输出驱动电流及吸收电流的最大值来决定。当使用 74F 系列的 TTL 电路时，匹配电阻可采用 330Ω，其等效的终端阻抗为 165Ω。

为了避免高频信号通过印制导线产生的电磁辐射，在印制电路板布线时，还应注意以下要点：

(1) 尽量减少印制导线的不连续性，例如导线宽度不要突变，导线的拐角大于 90°，禁止环状走线等。这样也有利于提高印制导线耐焊接热的能力。

(2) 时钟信号引线最容易产生电磁辐射干扰，走线时应与地线回路相靠近，不要在长距离内与信号线并行。

(3) 总线驱动器应紧挨其欲驱动的总线。对于那些离开印制电路板的引线，驱动器应紧挨着连接器。

(4) 数据总线的布线应每两根信号线之间夹一根信号地线。最好是紧挨着最不重要的地址引线放置地回路，因为后者常载有高频电流(见图 4.20)。

(5) 在印制板布置高速、中速和低速逻辑电路时，应按照图 4.21 的方式排列器件。

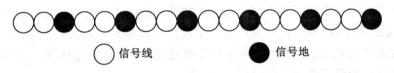

○ 信号线　　　　● 信号地

图 4.20　数据总线的布线方式

b. 接地设计

只要布局许可，印制板最好做成大平面接地方式，即印制板的一面全部用铜箔做成接地平面，则另一面作为信号布线。这样做有许多好处：

(1) 大接地平面可以降低印制电路的对地阻抗，有效地抑制印制板另一面信号线之间的干扰和噪声。例如，由于平行导线之间的分布电容在导线接近接地平面时会变小，因此大接地平面可使印制线之间的串扰明显削弱。

(2) 大接地平面起着电磁屏蔽和静电屏蔽的作用，可减少外界对电路的高频辐射干扰以及减少电路对外界的高频辐射干扰。

（3）大接地平面还有良好散热效果，其大面积的铜箔犹如金属散热片，迅速向外界散发印制电路板中的热量。

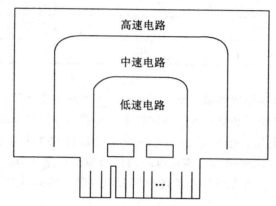

图 4.21 不同工作速度的逻辑电路在印制板上的排列方式

如果无法采用大接地平面，则应在印制电路板的周围设计接地总线，接地总线的两端接到系统的公共接地点上。接地总线应尽可能地宽，其宽度至少应为 2.5mm。

数字电路部分与模拟电路部分以及小信号电路和大功率电路应该分别并行馈电。数字地与模拟地在内部不得相连，屏蔽地与电源地分别设置，去耦滤波电容应就近接地。

c. 热设计

从有利于散热的角度出发，印制板最好是直立安装，板与板之间的距离一般不要小于2cm，而且元器件在印制板上的排列方式应遵循一定的规则：

（1）对于采用自由对流空气冷却方式的设备，最好是将集成电路（或其他元器件）按纵长方式排列，如图4.22(a)所示；对于采用强制空气冷却（如用风扇冷却）的设备，则应按横长方式配置，如图4.22(b)所示。

（2）同一块印制板上的元器件应尽可能按其发热量大小及耐热程度分区排列，发热量小或耐热性差的元器件（如小信号晶体管、小规模集成电路、电解电容器等）放在冷却气流的最上游（入口处），发热量大或耐热性好的元器件（如功率晶体管、大规模集成电路等）放在冷却气流的最下游（出口处）。

（3）在水平方向上，大功率器件尽量靠近印制板边沿布置，以便缩短传热途径；在垂直方向上，大功率器件尽量靠近印制板上方布置，以便减少这些器件工作时对其他元器件温度的影响。

（4）温度敏感器件最好安置在温度最低的区域（如设备的底部），千万不要将它放在发热元器件的正上方，多个器件最好是在水平面上交错布局。

设备内印制板的散热主要依靠空气流动，所以在设计时要研究空气流动路径，合理配置元器件或印制电路板。空气流动时总是趋向于阻力小的地方流动，所以在印制电路板上配置元器件时，要避免在某个区域留有较大的空域。如图4.23(a)所示的那样，冷却空气大多从此空域中流走，而元器件密集区域很少有空气流过，这样散热效果就大大降低。如果像图 4.23(b)那样在空域中加上一排器件，虽然装配密度提高了，但由于冷却空气的通路阻抗均匀，使空气流动也绝缘，从而使散热效果改善。整机中多块印制电路板的配置也应注意同样问题。

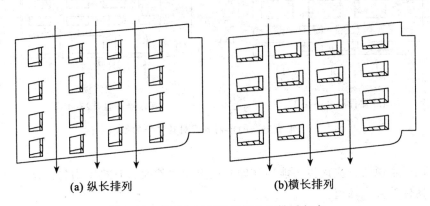

(a) 纵长排列　　　　　　　　(b)横长排列

图 4.22　集成电路在印制板上的排列方式

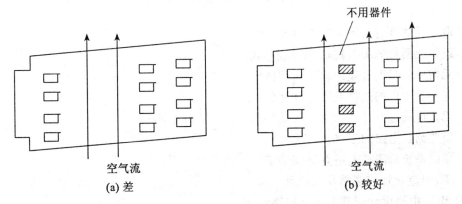

图 4.23　空气流的均匀化

大量实践经验表明，采用合理的元器件排列方式，可以有效地降低印制电路的温升，从而使器件及设备的故障率明显下降。

此外，在高可靠应用场合，应该采用铜箔厚一些的印制电路板基材，这不仅可以增强印制板的散热能力，而且有利于降低印制导线的电阻值，提高机械强度。如选用铜箔厚度为 $70\mu m$ 的印制板，相对于铜箔厚度为 $35\mu m$ 的印制板，印制导线的电阻值可降低 1/2，散热能力可增加一倍，而且在容易遭受剧烈的振动和冲击的环境中，不容易出现断线之类的机械故障。

例如：集成电路在印制板上的排列方式对其温升的影响。

图 4.24 给出了大规模集成电路(LSI)和小规模集成电路(SSI)混合安装情况下的两种排列方式，LSI 的功耗为 1.5 W，SSI 的功耗为 0.3 W。实测结果表明，图 4.24(a)所示方式使 LSI 的温升达 50℃，而图 4.24(b)辐射导致的 LSI 的温升为 40℃，显然采纳后面一种方式对降低 LSI 的失效率更为有利。

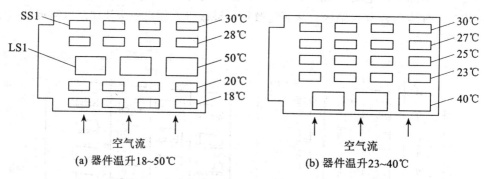

图 4.24 集成电路的排列方式对其温升的影响一例

这个例子也说明，应该尽可能地使印制板上元器件的温升趋于均匀，这有助于降低印制板上的器件的温度峰值。

习   题

1. 电子元器件的失效原因有哪些？
2. 说明元器件的失效特征和失效形式。
3. 元器件的早期失效的原因有哪些？
4. 电子元器件的选择准则是什么？
5. 元器件筛选有什么意义？元器件筛选的方法有哪些？
6. 简述测控电路的组成。
7. 测控系统对测控电路有哪些要求？
8. TTL 电路设计应遵循什么规则？
9. CMOS 电路设计应遵循什么规则？
10. 印刷电路板的设计要注意什么？

第5章 测控系统软件可靠性

测控系统是由硬件和软件两大部分构成的。这两部分相互配合,协调一致,使系统有条不紊地工作。任何一部分出现故障都将影响系统正常工作。测控系统的可靠性不仅与系统硬件有关,而且与系统软件有着极其密切的关系。显然,软件系统的任何故障一定会影响到整个系统的可靠性。软件可靠性研究正在开展,与硬件可靠性研究相比要欠缺一些。在硬件可靠性领域里,近30多年来已建立了一套令人满意的定量指标,预计测定手段,提高可靠性的、可维修性的实用措施;而在软件可靠性的研究上尚无完好的定量规范可以使用。软件的规模越来越大,软件可靠性的问题也愈加突出。本章将从工程的角度讨论测控系统软件可靠性定义、可靠性模型、算法可靠性等。

5.1 软件可靠性

软件可靠性在计算机应用系统的可靠性研究领域中是一个新课题,也是一个日益重要的课题。

在计算机问世的初期,由于硬件可靠性不高,根本无暇顾及软件的可靠性,因此软件可靠性的问题未能引起人们的关注和重视。后来,随着微电子学和计算机科学技术的迅猛发展,特别是随着微处理器的出现,硬件的可靠性有了惊人的提高,这就使计算机系统可靠性的主要矛盾从硬件逐步转向了软件,使得软件的质量和可靠性问题日益突出起来。

随着软件规模与应用领域的日益扩大,因软件错误而使系统硬件发生误动或失效,从而导致系统不能发挥应有的功能,甚至造成严重后果和人身伤亡的事故屡有发生,出现了"软件危机"。1960年6月2日,美国第一个飞往金星的宇宙探测器"水手一号",因计算机软件故障而失败。60年代后期,美国范登堡空军中心多次发生导弹发射失败的重大事件,事后发现几乎都是由于计算机软件错误造成的。IBM公司生产的OS360花费了5000人一年的巨大代价,其软件系统每次修改后的新版本都存在100个左右的错误。在我国,这种危机显得尤为明显,在很大程度上影响了计算机在我国工业生产控制和测控领域的推广应用速度和范围。

为了解决软件危机,国内外从20世纪60年代后期开始,都加强了软件可靠性的研究,并于1990年前后逐渐形成了较为系统的软件可靠性工程和软件可靠性方法学。但是,与硬件可靠性工程及可靠性方法学相比,软件可靠性工程及可靠性方法学还很不成熟,处于刚刚发展确立阶段,无论是基本理论、指标体系,还是数学模型、预计方法、测试评估、设计技术、质量管理等方面,都存在很多问题,需要人们去不断探索和研究。

5.1.1 软件可靠性与硬件可靠性的联系和区别

软件的可靠性与硬件的可靠性有许多相似之处，如两者都是复杂性的函数，都是指系统(或元件、模块)在一定的条件下和一定的时间内能完成预定功能的性质，都可利用可靠性增长来提高它们的可靠性等。

但是，软件可靠性和硬件可靠性还有许多差别。两者在概念内涵、指标选择、设计分析手段以及提高软件可靠性的方法与途径等方面，都有很大的差异。而归根结底，这些差异都是由于软、硬件故障机理的差异造成的。

软件开发的过程本质上是一种人的"思考"过程。从用户提出要求开始，经过分析、设计、实现等各个阶段，最终形成软件产品。在这个过程的各个阶段，都是通过人的思维和各种综合工具，完成对问题求解的描述(采用计算机编程语言或人类的自然语言)。由于这种描述的复杂性和人类思维的局限性，不可避免地因疏忽、遗忘、考虑不周、技术水平的差异和经历、经验的不同而产生软件设计的缺陷。有些缺陷可以在开发过程中检测出来，有的缺陷则不易发现，常常潜伏在软件中，在某一特定条件下，导致软件失效或出错。

由此可见，软件故障(即软件缺陷)与硬件故障的形成机理大不相同：硬件故障主要来源于元器件的失效，一般说来，硬件交付使用时是无故障的，随着使用时间的增长，元器件逐渐老化、失效，故障便逐步增多，所以硬件故障可以说是"后生"的。而软件故障则主要来源于人的失误和水平、能力的局限性，一旦软件开发好交付使用后，一般情况下不会出现故障数增加的现象。相反，随着使用过程中不断出错、检错、纠错活动的进行，软件中潜伏的故障数将逐步减少。所以软件故障可以说是"先天"的。这就是软件故障的重要性质之一——固有性。

当然，软件故障除具有固有性外，还具有两个重要性质：

(1)对环境的敏感性。所谓环境，是指软件的运行环境和输入环境。在多数情况下，一个程序的运行，并不一定遍历程序的所有部分。程序中的各个部分可有多种不同的逻辑组合，形成不同的执行路径，从而实现不同的功能。

而这些组合取决于输入环境(如应用对象、用户要求、输入数据等)，输入环境的改变，导致程序执行路径的重新组合。如果程序中有故障，并且程序的执行路径经过了故障点，那么必然会引起错误；如果程序的执行路径没有经过故障点，则不会引起错误。而对在一定输入环境下执行出错的程序，当退出该环境后，对于其他环境又可能正常执行，但当再次进入该环境时，程序又会出错。可见，软件故障对输入环境十分敏感。至于软件故障对运行环境的敏感性，则更容易理解。一般在某一运行环境(包括硬件平台、硬件配置和支撑软件)下开发和正常执行的程序，改换到另一运行环境下去执行，就会表现出更多的故障。

(2)故障影响的传染性。任一软件故障，只要未被排除，始终存在于该软件中，一旦引起错误，是可以传染其他软件的。例如子程序的错误，通过子程序的调用可能传染调用者，通过进程间的通信，还可能传染更多的进程。

正是软件故障机理的上述特性，使得软件不会像硬件那样随着时间推移而出现性能降级和耗损，软件失效主要是因为程序设计错误、硬件故障或使用错误数据等原因引起的。

我们将软件可靠性与硬件可靠性作如下的分析比较，如表 5.1 所示。

表 5.1　　　　　　　　　　　　软件可靠性与硬件可靠性的比较

序号	软件可靠性	硬件可靠性
1	故障源：软件设计与编码出错	故障源：设计、生产、使用维修中的缺陷
2	失效率随错误排除而下降	失效率变化如浴盆曲线
3	可靠度与时间无关，不因疲劳而出故障，且运行时间愈久，经检测排除错误，可提高可靠度	可靠度是随时间的减函数，连续工作时间愈长，老化磨损，可靠度降低
4	除环境影响外，不影响可靠性	可靠性与环境因素关系极为密切
5	可靠性完全依赖于设计，编码考的人为因素，不宜从任何特质基础进行预测	可以从理论设计与环境因素和使用因素预测固有可靠性
6	可通过软件冗余提高其可靠性	可通过硬件冗余来提高系统的固有可靠性
7	唯有重新设计、编码或通过检测排错，才可以提高可靠性	维修可提高系统的功能或提高使用可靠性
8	不能从单个语句来预计失效，错误随机地贯穿于整个程序，任何语句均可出错	导致系统失效的元器件失效，可以根据所受的电应力等因素预测
9	软件设计、编码产生的缺陷、错误，凡软件问题出现之处，都需要修改	系统元器件发生故障时，其影响仅局限于故障部位，一般不波及其他部位
10	无磨损、老化、寿命衰竭现象、无报警	有磨损、老化和寿命衰竭现象，通过故障诊断定位，可发出报警

5.1.2　软件可靠性技术的内涵

软件可靠性技术也和硬件可靠件技术一样，包括可靠性设计技术和可靠性分析技术两方面。

可靠件设计的目的是为了获得高可靠性的软件，它包括三个分支：

(1)避错排错设计。即从多方面来保证软件的质量和可靠性，使之尽量不出错。这是目前提供软件可靠性的主要方法。

(2)容错设计。使软件系统即使有错也能正常工作，完成规定的功能。这是 20 世纪 70 年代在硬件容错技术突飞猛进的影响下才出现的软件可靠性设计技术。

(3)信息保护设计。信息是程序操作的对象和结果，是软件的重要组成部分。只有确保计算机中信息资源安全可靠，既不被泄露又不被破坏，又不会被不正当存取才称得上软件系统的可靠。

可靠性分析的目的是为了预测、评估软件系统的可靠件，为软件可靠性设计和软件维护提供必要的依据。为进行可靠性分析，需要建立一定的软件可靠性模型。目前常见的软件可靠性模型有失效间隔时间模型、缺陷计数模型、播种模型和数据模型等。

5.1.3 软件可靠性定义

所谓"软件",是指由书面的或可记录的信息、概念、文件或程序所组成的产品。计算机软件的定义是:与计算机系统的操作有关的程序、规程、规则以及与之有关的文件和数据。通常,将交付用户使用的软件"实体"(全套程序、规程及有关的文件和数据)称作"软件产品"。软件必须像硬件一样进行严格的质量管理。

所谓"软件质量",是指软件产品满足规定需求或隐含能力所有的特征和特征之和。软件质量可用下述六个方面来描述和评价,即:

(1)功能性,包括实用性、准确性、互操作性、一致性和安全性。

(2)可靠性,包括成熟性、容错性、可恢复性。

(3)易使用性,包括易学性、易理解性、易操作性。

(4)效率,包括时间性、资源性。

(5)维护性,包括可分析性、易修改性、稳定性和易测试性。

(6)可移植性,包括适加性、可安装性、规范性和可换性。

由此可见,软件可靠性是描述和评价软件质量属性的一个特征量。其定义与硬件可靠性相似,可表示为:

在规定的条件下和规定的时间内,软件成功地完成规定功能的能力或不引起系统故障的能力,称为软件可靠性。

软件可靠性是一个综合指标,它是一个许多软件开发因素的函数。它依赖于软件在开发过程中所使用的软件开发学。显然,应用科学的软件开发方法学,开发出来的软件更可靠。其次,它也与验证方法有关,若能使用一个软件系统的测试策略集来验证开发出来的软件系统,则该软件系统更可靠。另外,软件可靠性还与使用的程序设计语言、软件运行的环境、操作人员的素质等因素有关。

软件可靠性与硬件一样,是要"设计"到产品中去的,使其具有高水平的固有的可靠性。这就要采取规范化、正确的软件可靠性设计方法,制定设计准则,等等。

在一个软件产品已完成开发,提交用户使用时,它的可靠性究竟如何?这是软件开发人员和用户都十分关心的问题。这就需要有一种办法来评估软件可靠性,明确用什么指标来表征软件可靠性,建立软件可靠性指标体系,进而根据不同的产品、不同的软件拟定相应的软件可靠性指标量化标准。

到目前为止,软件可靠性的定量度量还很不完善,与硬件可靠性相比还有相当差距,并且基本沿袭硬件可靠性的度量指标量化概念。近年来,软件可靠性特征量越来越受到重视,并且已取得可喜的进展。国外已相继研究出多种静态和动态模型及相关的计算方法,来评估软件可靠性。例如,用可靠性增长模型定量地评估软件可靠性,用静态模型在测试之前评估软件可靠性等。

软件可靠性指标应根据实际系统的可靠性指标分析确定,并遵循下述原则:

(1)与系统可靠性表示方法相协调;

(2)用户概念;

(3)以使用过程中易观测的参数来表示;

(4)针对具体任务,对不同功能一般应有不同的指标和要求。

目前，常用的表征软件可靠件的指标，除有沿袭硬件可靠性的可靠度、故障率、平均无故障时间 MTTF、平均故障间隔时间 MTBF、平均修复时间 MTTR 等指标外，还有表征软件特殊性的一些可靠性指标。

1. 沿袭硬件可靠性的软件可靠性指标

a. 软件可靠度 $R_s(t)$

软件系统在特定的环境下，在规定的时间内不发生故障地运行的概率，称为软件系统的软件可靠度，以 $R_s(t)$ 表示。它是软件可靠性最重要的特征量，在本质上表征了软件可靠性，故一般也就将软件可靠度称为软件可靠性。

若以 T 表示规定的时间，并设软件系统从时刻 $t_0 = 0$ 开始运行，直到 t 时刻发生故障，则软件可靠性 $R_s(t)$ 可表示为

$$R_s(t) = P_r(t > T)$$

根据 $R_s(t)$ 的定义，显然有：$0 \leqslant R_s(t) \leqslant 1$，$R_s(0) = 1$，$R_s(\infty) = 0$。

并且，在时间区间 $(0, +\infty)$ 上，$R_s(t)$ 是单调下降的。

b. 故障率 $\lambda_s(t)$

软件工作到某时刻 t 尚未失效，在时刻 t 之后单位时间内发生故障的概率，称为该软件在时刻 t 的故障率，也称软件失效率或风险系数，一般用 $\lambda_s(t)$ 表示。

它实际上表示软件在 t 时刻不发生故障的条件下，在区间 $(t, t+T)(T > 0)$ 内，且 T 很小时，单位时间内发生故障的概率密度。据此有

$$\lambda_s(t) \cdot T = 1 - P_r\{在区间(t, t+T) 内，软件不发生故障\}$$

由此可以导出：

$$\lambda = P_r\{在区间(t, t+T) 内，软件不发生故障\}$$
$$= R_s(t) \cdot [1 - \lambda_s(t) \cdot T]$$
$$\frac{\mathrm{d}R_s(t)}{R_s(t)} = -\lambda_s(t)\mathrm{d}t$$

解之有：
$$R_s(t) = \exp\left[-\int_0^t \lambda_s(t)\mathrm{d}t\right] \tag{5.1}$$

式(5.1)显示出故障率 $\lambda_s(t)$ 与软件可靠性函数 $R_s(t)$ 之间的关系。若已知 $\lambda_s(t)$，则可利用式(5.1)求出 $R_s(t)$。在实际工程中，$\lambda_s(t)$ 有多种形式，常用的归纳起来主要有常数型、分段常数型、降函数型三种。

一般认为，软件故障率 $\lambda_s(t) \geqslant 10^{-3}$ 为低可靠性；$10^{-3} < \lambda_s(t) < 10^{-7}$ 为中等可靠性；$\lambda_s(t) \leqslant 10^{-7}$ 为高可靠性。

c. 平均故障间隔时间 MTBF

它实际上是软件在交付用户使用的操作期间，软件各次故障的间隔时间的期望值。它反映用户在使用过程中对软件的信任程度，也可以用于决定重新启动过程的启动点。它也是一个用得较多的重要的软件可靠性指标。

d. 平均故障前时间 MTTF

它是相对于平均故障间隔时间而设定的一个指标，MTBF 是指在软件经测试阶段之后、交付用户使用操作期间的、反映软件故障行为的一个参数。而 MTTF 则是指在软件测试过程中，软件各次故障之间的间隔时间的期望值，是一个在软件测试期间的、反映软件

故障行为的一个参数。它也是软件可靠性的一个重要的指标。

e. 平均修复时间 MTTR

软件系统在特定的环境下，在规定的时间内，在规定的维修级别上，维修时间的平均值，称作平均修复时间，记作 MTTR。它反映了出现软件缺陷后采取对策的效率和软件企业对用户服务的责任心。

2. 表征软件特殊性的软件可靠性指标

a. 平均不工作时间 MTBD

软件系统平均不工作时间间隔时间，称作平均不工作时间，记作 MTBD。

MTBD 一般比 MTBF 要长，它反映了系统的稳定性。若设 T_b 为软件正常工作总时间，n 为系统由于软件故障而停止工作的次数，则可定义为

$$MTBD = \frac{T_s}{n+1}$$

b. 平均操作错误时间 MTBHE

软件操作错误的平均间隔时间，称为平均操作错误的间，记作 MTBHE。它一般与软件的易操作性和操作人员的训练水平、因软件缺陷造成的不工作时间、因软件缺陷而损失的时间等有关。

c. 软件系统不工作时间均值 MDT

因软件故障，系统不工作时间为平均值，称作不工作时间值，记作 MDT。

d. 可用性 $A_s(t)$

软件在规定的开始时刻 t_0 运行正常的条件下，在规定的未来时刻 t 正常运行的概率，通常称为可用性，记作 $A_s(t)$。

在工程上，软件可用性 $A_s(t)$ 可近似表示为：$A_s(t) \approx \dfrac{T_V}{T_V + T_D}$

式中，T_V——在区间 $(t, t+T)$ 内，软件正常工作时间；

T_D——在区间 $(t, t+T)$ 内，因软件故障使系统不工作时间。

$A_s(t)$ 还可用稳态值 A_s 近似表示为

$$A_s = \frac{MTBD}{MTBD + MDT}$$

可用性 $A_s(t)$ 反映了软件系统的稳定性。一般情况下，用于工作生产中的测控系统要求 $A_s \geq 99.8\%$。

e. 初始错误个数 N_C 与剩余错误个数 N_D

初始错误个数 N_C 是指在软件进行排错之前，估计出的软件中含有错误的个数；剩余错误个数 N_D 是指在软件经过一段排错之后，估计出的软件中含有的错误个数。应当指出的是，由于软件中所含错误个数的估计受许多因素的影响，估计的错误个数往往是不准确的。

f. 使用方误用率 M_λ

使用方在使用软件的总次数中，误用次数所占的百分率，称为使用方误用率，常用 M_λ 表示。它实际上是指用户不按照软件规范及说明等文件使用软件而造成的错误，在总使用次数中所占的比例。

5.2　软件可靠性模型

5.2.1　概述

在软件可靠性领域，软件可靠性模型的研究一直都是热点，同时也是薄弱环节。由于软件失效过程是一个随机过程，所以软件可靠性模型都是基于各种不同的基本假设而建立的概率模型。据统计，目前已有 50 多种模型被提出，它们分别应用于各种不同情况下的软件可靠性分析与评估。这些模型大体上可分成四类。

1. 失效间隔时间模型

该类模型最常用的方法是：假定失效间隔时间服从于某一分布，分布的参数依赖于各间隔时间中软件的残留错误数，模型参数的估值通过实例的失效间隔时间来获得。依据该类模型一般可估算出软件的可靠度和平均失效间隔时间等。像 Jelinski-Moranda 的非增长模型、Schick-Woluerton 模型、Goel-Okumoto 的不完善模型、Littlewood 的 Bayes 模型等都属于此模型类。

2. 缺陷计数模型

此类模型也叫出错计数模型，它关心的是在特定的时间间隔内，软件的错误数或失效数。我们一般可以依据在给定的测试时间间隔内，所发现的错误或失效数来建立此类模型。该类模型常见的有：Shoman 模型、Musa 的执行时间模型、Goel-Okumoto 的 NHPP 模型、Musa-Okumoto 的对数泊松执行时间模型等。

3. 故障播种模型

该类模型的基本思想是，首先将一组已知的错误，人为地插入一个固有错误数尚未知的软件中，然后在软件的测试中，观察并统计发现的插入错误数和软件的错误数。从而通过估计软件的总固有错误数，来进行软件可靠度及其他有关指标的评价。比如 Mills-Basin 模型就属这种模型。

4. 基于输入域模型

在该类模型下，对于一个预先确定的输入环境，软件的可靠度定义为在 n 次连续运行中，软件完成指定任务的概率。最早的输入域模型是由 Nelson 于 1973 年提出来的，其基本方法如下：

设：说明所规定的功能为 F，程序实现的功能为 F'，预先确定的输入集为

$$E = \{e_i:\ i = 1,\ 2,\ \cdots,\ n\}$$

令导致软件差错的所有输入的集合为 E_e，即

$$E_e = \{e_j:\ e_j \in E \text{and} F'(e_j) \neq F(e_j)\}$$

则软件运行一次出现错误的概率为

$$P = |E_e| / |E|$$

一次运行正常的概率为

$$P_1 = 1 - P = 1 - |E_e| / |E|$$

在上述讨论中，假设所有输入出现的概率相等。如果不相等，且 e_i 出现的概率为 $P_i(i = 1,\ 2,\ \cdots,\ n)$，则软件运行一次出现差错的概率为

$$P_1 = \sum_{i=1}^{n} (Y_i \cdot P_i)$$

其中，$Y_i = \begin{cases} 0, & \text{如果 } F'(e_i) = F(e_i) \\ 1, & \text{如果 } F'(e_i) \neq F(e_i) \end{cases}$

于是，软件的可靠度为：

$$R(n) = R_1^n = (1 - P_1)^n$$

只要知道了每次运行的时间，上述数据模型中的 $R(n)$ 就很容易转换成时间模型中的 $R(t)$。

值得指出的是，在以上所介绍的四类模型中，相对来说，失效间隔时间模型是最常见、最成熟的，而其他类模型却正处于研究发展阶段。所以，下面几节将分别介绍几种常见的失效间隔时间模型。

5.2.2　Jelinski-Moranda 模型

此模型是 1972 年由 Jelinski 和 Moranda 提出的，是最早而又最常用的评价软件可靠性的模型。它对软件可靠性定量分析技术的建立和发展做出了重要贡献。

1. 基本假设

此模型的基本假设如下：

(1)设在软件测试前有 N 个相互独立的软件缺陷；

(2)在测试中每个错误或缺陷使系统发生失效的可能性相同，各次失效间隔时间也相互独立；

(3)测试中检测到的错误都被排除，每次排错只排除一个错误，排错时间可以忽略不计，且假定排错过程中不引入新的错误；

(4)程序失效率在每个失效间隔时间内是常数，其数值正比于软件尚残留的错误数。在第 i 个测试区间，其失效率函数为

$$\lambda(t_i) = \phi[N - (i - 1)] , (i = 1, 2, \cdots, N)$$

式中，ϕ 是维持概率在曲线下部区域为 1 的比例常数；t_i 是第 i 次失效间隔中以 $i - 1$ 次失效为起点的时间变量。在 t_i 期间，$\lambda(t_i)$ 为常数，每排除一个错误，$\lambda(t_i)$ 就减少一个步长 ϕ。图 5.1 是 $\phi = 0.01$，$N = 100$ 时的变化情况。其软件失效率随着错误的排除，将不断减少，于是软件可靠度随之不断增长。所以此模型为软件可靠度增长模型。

2. 可靠度计算

此模型中，软件失效率随着错误的排除将不断减少，于是软件的可靠度随之不断增长。因此该模型为软件可靠度增长模型。

失效密度函数为

$$f(t_i) = \lambda(t_i) e^{-\lambda(t_i)t_i}$$

可靠度函数为

$$R(t_i) = \exp\{- \phi[N - (i - 1)]t_i\}$$

假设我们已观测到 n 次失效间隔时间 $t_i(i = 1, 2, \cdots, n)$，则可用最大似然法按下式分别计算出测试前软件错误数 N 和比较常数 ϕ 的估计值 $\hat{N}$ 和 $\hat{\phi}$：

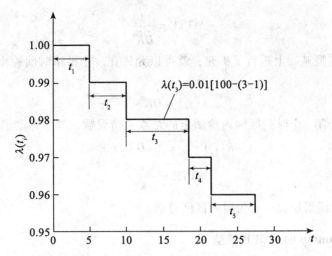

图 5.1　J-M 模型在 $\phi = 0.01$，$N = 100$ 时的 $\lambda(t_i)$ 变化情况

$$\sum_{i=1}^{n} \frac{1}{\hat{N} - (i-1)} = \frac{n \sum_{i=1}^{n} t_i}{\hat{N} \sum_{i=1}^{n} t_i - \sum_{i=1}^{n} (i-1) t_i}$$

$$\hat{\phi} = \frac{n}{\hat{N} \sum_{i=1}^{n} t_i - \sum_{i=1}^{n} (i-1) t_i}$$

也可以计算出 MTTF 值为

$$\text{MTTF} = \frac{1}{\hat{\phi}(\hat{N} - n)}$$

可见 i 愈大时 $\lambda(t_i)$ 愈小，$R(t_i)$ 愈大，MTTF 也愈大，即可靠度增长。在本模型的基础上，有人提出建议对该模型做了改动，以便可在一次排错时排除多于一个的错误。还有许多人对残存错误引起的故障发生具有相同的可能性及固定 N 提出异议，Moranda 对于 Jelinski-Moranda 模型的假设改为：相连续的失效率按等比级数减少。即定义失效率函数为

$$\lambda(t_i) = DK^{i-1}$$

式中，D 和 K 为与错误检测率有关的常数，可由测试所收集到的数据来进行估计。在此情况下，软件可靠度函数为

$$R(t_i) = \exp(-DK^{i-1} t_i)$$

同样，若已观测到 n 次失效间隔时间 $t_i(i=1, 2, \cdots, n)$，则 D 和 K 的估计值 $\hat{D}$ 和 $\hat{K}$ 可由下式计算：

$$\frac{n}{\hat{D}} = \sum_{i=1}^{n} \hat{K}^{i-1} t_i$$

$$\frac{1}{\hat{K}} \sum_{i=1}^{n} (i-1) = \hat{D} \sum_{i=1}^{n} (i-1) \hat{K}^{i-1} t_i$$

也可以计算出 MTTF 值为

$$\text{MTTF} = \frac{1}{\hat{D}\hat{K}^n}$$

Sukert 在此模型基础上进行了扩充，就可以允许在一个排错时间检出的错误数多于一个。其失效率为

$$\lambda(t_i) = DK^{n_i-1}$$

式中，n_i 为在整个第 i 个时间区间内检测出的总累积错误数。其可靠度函数和 MTTF 为

$$R(t_i) = \exp(-DK^{nm}t_i)$$

$$\text{MTTF} = \frac{1}{DK^{nm}}$$

式中，n 为平均错误累积数；m 为时间区间总数。

5.2.3 Goel-Okumoto 的 NHPP 模型

Goel 和 Okumoto 两人首先提出了基于非齐次 Poisson 过程(Nonhomo-geneousProgress)模型。此模型假定在某些随机时刻由于系统中的软件错误将引起软件失效。

1. 基本假设

(1)软件是在与预期的操作环境相似的条件下运行。

(2)在任何时间序列 $t_0 < t_1 < \cdots < t_m$ 构成的时间区间 (t_0, t_1), (t_1, t_2), $\cdots$, (t_{m-1}, t_m) 中检测到的错误数是相互独立的。

(3)每个错误的严重性和被检测到的可能性大致相同。

(4)在 t 时刻检测出的累计错误数 $[N(t), t \geq 0]$ 是一个独立的增量过程，$N(t)$ 服从期望函数为 $m(t)$ 的 Poisson 分布。在 $(t, t + \Delta t)$ 时间区间，发现的错误数的期望值正比于 t 时刻剩余错误的期望值。

(5)累计错误的期望值函数 $m(t)$ 是一个有界的单调递增函数，并满足：

$$m(0) = 0, \lim_{t \to \infty} m(t) = a$$

式中，a 是最终可被检测出的错误总数的期望值。

2. 可靠度计算

设 $N(t)$ 为 t 时刻所观察到的累积失效数，他们根据对许多系统的失效率数据的研究，提出了如下模型：

$$P\{N(t) = n\} = \frac{(m(t))^n}{n!} e^{-m(t)}, \qquad n = 0, 1, 2, \cdots$$

式中，$m(t) = a(1 - e^{-bt})$ 称为 t 时刻所观察到的失效数的期望值，a 为最终观察到的失效期望值，b 为对每个错误的发现率。t 时刻的失效率为

$$\lambda(t) = \frac{dm(t)}{dt} = abe^{-bt} \text{。}$$

此模型认为错误的发现数是一随机变量，其观察值与测试和其他环境因素有关。

$m(t)$ 与 $\lambda(t)$ 两函数在 $a = 175$, $b = 0.05$ 情况下的变化如图 5.2 所示。可见，在 a，b 为常数的情况下，t 时刻所观察到的失效数期望值 $m(t)$ 随 t 呈指数增加，而失效率 $\lambda(t)$ 随 t 的增大呈指数减小。

在许多测试的情况下，人们发现失效率是先随时间增加，到一定时间后又降低。为描

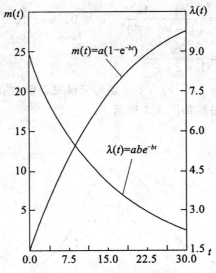

图 5.2　G-O NHPP 模型的 $m(t)$ 与 $\lambda(t)$

述这种情况，Goel 又提出了广义 NHPP 模型：

$$P\{N(t)=n\} = \frac{(m(t))^n}{n!}e^{-m(t)} \qquad , n = 0,\ 1,\ 2,\ \cdots$$

$$m(t) = a(1 - e^{-bt^c})$$

$$\lambda(t) = abce^{-bt^c}t^{c-1}$$

山田载、尾崎俊治等人提出了延迟 S 字形的 NHPP 模型。延迟 S 字形的 NHPP 增长模型是基于错误发现率的，其平均值函数 $m(t)$ 和瞬时错误发现率分别为

$$m(t) = a[1 - (1 + bt)e^{-bt}]$$

$$\lambda(t) = ab^2t \cdot e^{-bt}$$

式中，b 为软件错误发现率；a 的意义同前。延迟 S 字形 NHPP 增长模型的 $\lambda(t)$ 曲线如图 5.3 所示。

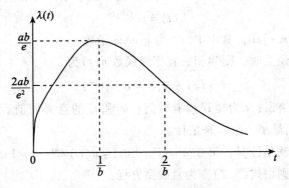

图 5.3　延迟 S 字形瞬时错误发现率

Ohba 提出了内折(Inflection)S 形的 NHPP 模型。该模型的瞬时错误发现率 $\lambda(t)$ 和归一化的错误发现率分别为

$$\lambda(t) = \frac{ab(1+c)e^{-bt}}{(1+c\cdot e^{-bt})^2},\ a>0,\ b>0,\ c>0$$

$$d(t) = \frac{b}{1+c\cdot e^{-bt}}$$

式中，a、b 的意义同前；$c = (1-r)/r$，r 是与错误发现能力有关的内折系数。内折 S 字形 NHPP 增长模型的 $\lambda(t)$ 曲线如图 5.4 所示。

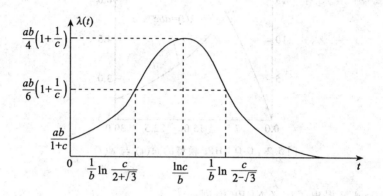

图 5.4　内折 S 字形瞬时错误发现率

5.2.4　Weibull 模型

威布尔分布模型最早是瑞典的 weibull 对 389 条链测量其容许约应力值时提出来的。Weibull 分布是在硬件可靠性建模中应用最广的分布之一。由于模型参数具有极大的灵活性，Weibull 模型可处理失效率增长、减少或为常量的各种情况。在研究软件可靠性时，其失效率函数为

$$\lambda(t) = \frac{m}{t_0}t^{m-1}$$

式中，t_0 为尺度参数；时间 t 是指 CPU 时间；m 为形状参数。可靠度函数和 MTTF 分别为

$$R(t) = e^{-(t/t_0)^m}$$

MTTF $= [t_0\Gamma(1/m)]m$，其中 $\Gamma(\cdot)$ 为 gamma 函数

如果写成程序错误数时，则累积的程序错误数 $n(t)$ 为

$$n(t) = N\left(1 - e^{-\left(\frac{t}{t_0}\right)^m}\right) \tag{5.2}$$

式中，N 为预测的总错误；t 为错误检验时间；m 和 t_0 的意义同前。Coutinho 曾证明对于模型参数 m 和 t_0 可用最小二乘法来估计。

在使用最小二乘法估计时，可令 $a = t_0^{-m}$，$F(i) = n(t_i)/N$，$b = \ln a$，$Y_i = \ln[\ln(1/(1-F(i)))]$，$X_i = \ln t_i$；则由式(5.2)变为直线型方程：

$$Y_i = mX_i + b$$

使用从数据中计算出的点 $(X_i,\ Y_i)$ 易得到 m 和 t_0 的最小二乘估计值。

日本 Sharp 公司的福岛藤弘曾提出一种混合的 Weibull 模型。由于在实际预测时，曲线在某一时刻产生了拐点，实测数据偏离了预测曲线。在这种情况下，将原来的单一曲线

在拐点以后再加上另一条新的曲线，这样可以得到更好的数据处理结果。也就是说，在拐点时间 $t = r$ 处将曲线分成两条参数不同的单一曲线。相加在一起的两个单一曲线的数学式为

$$n(t) = N_1 \left(1 - e^{-\left(\frac{t}{t_0} \right)^{m_1}} \right) + N_2 \left(1 - e^{-\left(\frac{t}{t_0} \right)^{m_2}} \right)$$

在 $t < r$ 时，$N_2 = 0$；$t > r$ 以后错误总数 $N = N_1 + N_2$。如果有两个拐点，还应在此基础上再加第三项。这样做可以使预测更符合实际情况，可使预测模型与实测数据偏离更小，因而也更便于推广应用。

图 5.5 给出了用于实际数据的事例。

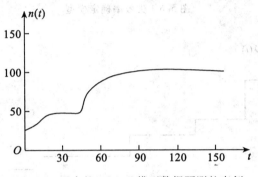

图 5.5　混合的 Weibull 模型数据预测的事例

图中有一拐点，第一段曲线的形状参数 $m_1 = 0.65$，第二段曲线 $m_2 = 0.75$。这一实际数据用除 Weibull 以外的模型是很难拟合的，同时也说明即使使用 Weibull 分布模型若仅用一条曲线来描述也是很困难的。

5.2.5　Littlewood 模型

1980 年 Littlewood 用贝叶斯方法对 Jelinski-Moranda 模型进行了改造，提出的确定性可靠性增长模型。Littlewood 认为，在每次错误被修正以后，残留的失效率按一定量减小，这是 Littlewood 模型的基本点。

1. 基本假设

(1) 连续输入有独立的失效概率，程序中每个错误对应的失效率是相互独立的随机变量。

(2) 对于给定失效率 λ_i，其错误发生的时间间隔 x_i 为 $t_i - t_{i-1}$ 具有参数为 λ_i 的指数分布。

(3) 程序失效率是各个失效率之和。

(4) 任何时候，程序残留错误失效率是独立的、恒等分布的随机变量。

(5) 发现程序错误后，立即改正。改正时无新的错误引入。

(6) 输入过程模拟运行环境。

2. 可靠度计算

从 Littlewood 模型的基本点出发，若失效率每次按相等大小变化，则我们可得到失效率确定模型，如图 5.6 所示。

但是，人们注意到，对不同的错误有不同的失效率，这是符合软件实际情况的。于是，可将失效率看做随机变量，来建立软件可靠性模型，即：失效率变化值随机变化，但错误未改正期间失效率不改变。于是就可得失效率随机模型，如图 5.7 所示。

按贝叶斯观点，失效率在没有对软件做更改时也是一个变化的量。也就是说，程序正确执行的时间越长失效率越低，也就越可靠。这就是微分排错模型，即贝叶斯模型，如图 5.8 所示。

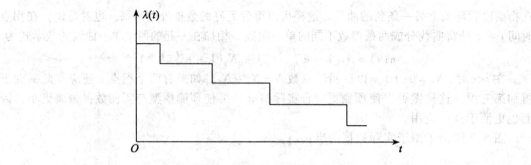

图 5.6   失效率确定模型

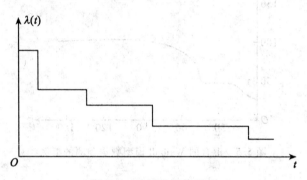

图 5.7   失效率随机模型

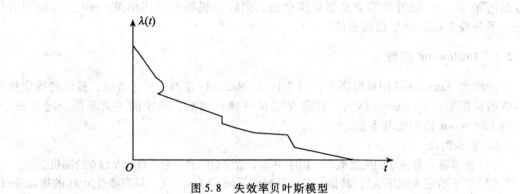

图 5.8   失效率贝叶斯模型

在 Littlewood 模型中，λ_j 是一个随机变量，又假定测试反映了运行环境。如果每个错误失效率 φ 的验前分布是具有参数 α 和 β 的 $\gamma(v)$ 分布，则验后分布的计算式为

$P_{df}\{\varphi = l |$ 在 t 时间内没有这个错误造成的失效$\}$

$$= \frac{P_{df}\{ \text{在 } t \text{ 时间内没有这个错误造成的失效} | \varphi = l\} P_{df}\{\varphi = l\}}{\int_0^\infty \{ \text{在 } t \text{ 时间内没有这个错误造成的失效} | \varphi = l\} P_{df}\{\varphi = l\} \mathrm{d}l}$$

$$= \frac{\mathrm{e}^{-lt} \dfrac{\beta^\alpha l^{\alpha-1} \mathrm{e}^{-\beta t}}{\Gamma(\alpha)}}{\int_0^\infty \mathrm{e}^{-lt} \dfrac{\beta^\alpha l^{\alpha-1} \mathrm{e}^{-\beta t}}{\Gamma(\alpha)} \mathrm{d}l} = \frac{(\beta + t)^\alpha l^{\alpha-l} \mathrm{e}^{-(\beta+t)l}}{\Gamma(\alpha)}$$

因此，后验分布为 $r(\alpha, \beta+t)$。若 m_j 个错误已被修正，那么设每个错误构成一个独立的错误过程，λ_j 有 r 分布 $\{(N-m_j)^\alpha, \beta+t\}$，其中，$N$ 为软件中原有的错误数。这样就可得到

$$R_j(t) = \int_0^t \frac{e^{-lt}(\beta+S_j)^{(N-m_j)a} \cdot l^{(N-m_j)a-l} \cdot e^{-(\beta+S_j)l}}{\Gamma[(N-m_j)a]} dl = \left[\frac{\beta+S_j}{\beta+S_j+t}\right]^{(N-m_j)a}$$

式中，t 为自 j 次失效以来所经历的时间；S_j 为第 j 次失效的时间。这种分布与指数分布不同，它容许很大的无错的时间间隔，它更适合于软件失效间隔时间的边缘分布服从 Pareto 分布的情况。

5.2.6　对数 Poisson 执行时间模型

令 $M(t)(t>0)$ 为到执行时间 t 为止，软件经历失效的次数，又设 $\mu(t)=E[M(t)]$，则失效率函数 $\lambda(t)$ 为

$$\lambda(t) = \frac{d\mu(t)}{dt}$$

1. 模型的假设

(1) 在 $t=0$ 处，$M(0)=0$；

(2) 失效率随经历的失效次数按指数规律下降，若 λ_0 为初始失效率，θ 为每次失效的失效率的下降率，则：$\lambda(t)=\lambda_0 e^{-\theta\mu(t)}$；

(3) 对一个小的时间区间 $[t, t+\Delta t]$ 中有一次和一次以上失效的概率分别为 $\lambda(t)+o(\Delta t)$ 和 $o(\Delta t)$，且当 $\Delta t \to 0$ 时，$o(\Delta t)/\Delta t \to 0$。

2. 模型的结论

(1) $\mu(t) = \frac{1}{\theta}\ln(\lambda_0\theta t+1)$

(2) $P\{M(t)=m\} = \frac{[\mu(t)]^m}{m!}e^{-\mu(t)}$

即 $\{M(t), t>0\}$ 为 Poisson 过程，$M(t)$ 的均值函数为 $\mu(t)$。

(3) $R(t' \mid t_{i-1}) = e^{\mu(t'_{i-1}+t')+\mu(t_{i-1})}$

5.3　调度算法可靠性

调度算法是指根据系统的资源分配策略所规定的资源分配算法。对于不同的系统和系统目标，通常采用不同的调度算法。实时调度是实时系统调度研究领域中最为重要的一部分，实时调度用来确定多任务环境下任务的执行顺序和在获得 CPU 资源后任务执行时间的长短，以确保各个任务都能够按时完成。实时调度的策略影响着整个实时系统的功能特性。

目前对于调度算法的研究很多，有基于周期性任务的、有基于非周期性任务的，有动态的、有静态的等等。其中最有影响力的是由 Liu 和 Layland 于 1973 年提出的单调速率算法 RMS(Rate Monotonic Scheduling)和截止时间优先算法 EDF(Earliest Deadline First)，其他的很多算法都是在这两个算法基础上的改进。

5.3.1　实时调度算法分类

实时调度算法的分类有多种方式,常用的分类方式有:

1. 静态调度和动态调度

静态调度是指在编译的时候就确定了从就绪队列中选取哪个任务来运行。这类调度算法的前提是假设系统中实时任务的特性是事先知道的,适合于问题需求比较确定的情况。静态调度算法的优点是运行开销小,可预测性强,一旦找到了一个调度解决方案,便能保证所有的任务截止期都可以被满足。但它的最大缺点是灵活性差,一旦调度决定后在运行期间不能再改变。

动态调度跟静态调度不同的是它不是预先确定调度哪个任务,而是在系统运行期间才决定选择哪个就绪任务来运行。这类调度算法只考虑目前就绪的任务的特性,以此来决定当前的调度序列,对未来将要到达的任务的特性一无所知。动态调度算法的优点是比较灵活,它的缺点是开销比较大,可预测性差。

2. 抢占式和非抢占式

对于基于优先级的系统而言,可抢占型实时操作系统是指内核可以抢占正在运行任务的 CPU 使用权并将使用权交给进入就绪态的优先级更高的任务,是内核抢了 CPU 让别的任务运行。

不可抢占型实时操作系统使用某种算法并决定让某个任务运行后,就把 CPU 的控制权完全交给了该任务,直到它主动将 CPU 控制权还回来。中断由中断服务程序来处理,可以激活一个休眠态的任务,使之进入就绪,而这个进入就绪态的任务还不能运行,一直要等到当前运行的任务主动交出 CPU 的控制权。

3. 单处理器调度和多处理器调度

单处理器调度指实时系统运行在一个单独的处理器上,仅需要考虑任务在此处理器上运行的情况。

多处理器调度指实时系统运行在一个多处理器的环境下,在这样的系统上进行调度时还需要考虑任务被分配到哪个处理器上的问题。

4. 集中调度和分布调度

这种分类方式是按照在实时多处理器系统上的调度而进行的。集中调度是指系统中有一个专门的处理器作为调度器,所有任务的调度策略都由这个中心调度器决定,然后再把任务分配到其他处理器上运行。

分布式调度与集中调度不同,它是指在每个处理器上都有一个调度器,这些调度器相互之间是平等独立的关系,可以各自作出调度决策,如果任务在某个处理器上无法被调度,则可以将该任务迁移到其他可以满足的处理器上运行。

5.3.2　单处理器实时调度算法

多处理器调度涉及处理器的分配问题,比较复杂,这里主要考虑在单处理器环境下的任务调度策略。在单处理器中,常用的有三种调度方法分别是单调速率调度(RMS)、截止时间优先算法(EDF)以及最短空闲时间优先调度 LLF(Least Laxity First)。其他的算法大多都是在这三种算法基础之上进行改进的。其中 RMS 是静态调度算法,后两种是动态调度算法。

1. 单调速率调度

任务按单调速率优先级分配(RMPA)的调度策略称为速率调度。RMPA 指任务的优先级按任务周期来分配。周期短的任务优先级高,周期长的任务优先级则低。

单调速率调度算法是一个固定优先级的静态调度算法。RMS 做了一系列假设:

(1)所有任务都是周期性的;

(2)任务间不需要同步,没有共享资源没有任务间数据交换等问题;

(3)CPU 必须总是执行优先级最高且处于就绪态的任务,即须用可抢占式调度法。

由于采用抢占式的调度方式,高优先级的任务就绪后立即抢占正在运行的任务。Liu 和 Layland 的理论证明了下列公式,即用 RMS 调度的独立的周期性任务总能满足其截止时间的要求。

$$\sum_{i=1}^{n} \frac{C_i}{T_i} \leq n(2^{\frac{1}{n}} - 1) \tag{5.3}$$

式中:C_i——任务 i 的最长执行时间;T_i——任务 i 的周期;n——系统中的任务数。

已经证明:对于在单处理器上调度独立、可抢占的周期任务,RMS 是最佳的静态优先级算法。RMS 算法的优点是开销小,灵活性好,可调度性测试简单。但在某些情况下,最高执行率的任务并非是最重要的任务。

2. 截止时间优先算法

截止时间优先算法 EDF 也称为期限驱动优先策略,是一种动态调度策略。该算法在实时系统广泛使用。EDF 指本调度时刻,任务的优先级根据任务的期限动态分配。期限越短,优先级越高。当有新任务就绪时,任务的优先级就有可能需要进行调整。EDF 是最优的单处理器动态调度算法,其可调度上限为 100%。只要任务集的总 CPU 利用率小于 1,它就总是可以被调度的。

调度任务在每个新的调度准备状态时,在调度任务集合 $\{T\}$ 中选择一个与时限 d_i 最近的任务 T_i 分配给 CPU 运行。当一个新任务 T_j 到达时,调度任务要重新计算任务集的时限序列,如果新任务 T_j 的时限 d_j 比正在运行任务 T_i 的时限 d_i 短,那么新任务 T_j 就抢占正在运行的任务 T_i 运行,被抢占的任务 T_i 重新排队。可见 EDF 算法的调度是依据各任务的时限来调度的,是抢占式的算法。它可以用于周期性任务调度,也可以用于非周期性随机任务插入的调度。

一个任务集合 $\{T_1, T_2, \cdots, T_n\}$ 满足

$$\sum_{i=1}^{n} e_i/p_i \leq 1 \tag{5.4}$$

则 EDF 算法在任务集上可调度。

当 EDF 可调度条件不满足,即上述公式不成立时,称调度过载。EDF 调度算法已被证明是动态最优调度,而且是充要条件,处理机利用率最大可达 100%。但瞬时过载时,系统行为不可预测,可能发生多米诺骨牌现象,一个任务丢失时会引起一连串的任务接连丢失。另外,它的在线调度开销比 RMS 大。其缺点也很明显——代价高,它需要在系统运行过程中动态地计算来确定任务的优先级,当任务较多时,系统性能将变得不堪忍受。

3. 最短空闲时间优先调度

最短空闲时间优先调度策略(LLF)也是一种动态调度策略。LLF 指在调度时刻,任务的优先级根据任务的空闲时间动态分配。空闲时间越短,优先级越高。

理论上,EDF 和 LLF 策略都是单处理器下的最优调度策略。但由于 EDF 和 LLF 在每个调度时刻都要计算任务期限或空闲时间,并根据计算结果改变任务的优先级,因此开销大,不易实现,其应用受到一定的限制。

LLF 算法是结合任务执行的缓急程度来给任务分配优先级的算法。假设在 t 时刻,任务剩余部分的执行时间为 x,绝对期限为 d 的任务空闲时间为 $d-t-x$。每次在新任务释放时,调度程序检查所有就绪任务的空闲时间,并按照空闲时间将新任务和现有任务重新排序。空闲时间越少,优先级越高,也就越需要尽快执行,这样保证了紧急任务能够优先执行。由于 LLF 算法是按照任务空闲时间动态给单个任务分配优先级,所以 LLF 算法是任务级动态优先级算法。由此就可能引出一个问题,由于等待执行的任务的空闲时间是严格递减的,越来越少,任务等待执行的缓急程度也随着时间的减少越来越紧急,所以可能会产生等待任务抢占正在执行任务的现象,造成任务间的频繁切换,这种情况称为"颠簸"现象,会导致系统开销增大,影响 LLF 算法的应用范围。

为此已经有人提出改进的 LLF 算法,针对多个具有相同最小空闲时间的任务,减少任务上下文频繁切换。另一种思路是利用给任务增加抢占条件(如增加任务抢占阈值),控制任务不必要的抢占,降低由任务抢占引起的系统开销和过多的上下文切换。那么,这种如何确定抢占条件,以及如何合理分配给任务的方法将是现在学术界研究的热点问题之一。

4. 其他实时系统调度算法

(1)FCFS 算法,FCFS 算法是最简单的先到先服务算法。调度的依据是每个任务到达的时间 S。每次调度选择 T_s 最大的任务占 CPU 运行,T_s 在运行过程中不能被其他任务中断。显然,FCFS 算法是不能保证任务的时限。系统中的任务个数极少,并且在任务的时限不急迫的情况下,FCFS 才适用。

(2)DM 算法,DM 是单调时限算法,是在 RMS 算法之后发展起来的一种固定优先级调度算法。在 DM 调度算法中,任务优先级由任务时限来决定,时限宽度越小,优先级别越高,时限宽度越长,优先级别越低。使用 DM 算法必须动态检测每个任务的时限,进行排队,这将使调度十分复杂。多媒体系统一般定义任务的时限等于它的周期,所以 DM 算法不被多媒体系统采用。

(3)SJF 算法,SJF 是最小执行时间优先算法。调度任务在调度准备时从调度集中选最小执行时间的任务运行。SJF 算法可以保证较小执行时间任务的时限,但是对于执行时间长、时限要求紧迫的任务,它往往不能保证任务的时限。

5.3.3　DM 算法的可调度性分析

定义 $S=\{t_1, t_2, \cdots, t_n\}$ 为一个含有一个周期性任务的集合,集合中的任务用 $t_i=(T_i, C_i, D_i, P_i, U_i)(i=1, 2, \cdots, n)$ 来表示,其中,T_i 表示 t_i 的周期,C_i 表示 t_i 的最坏执行时间,D_i 表示 t_i 的截止期限,即 t_i 的运行必须在时间 D_i 内完成,P_i 表示 t_i 在该任务集中的优先级(优先级值越小优先级越高),U_i 表示 t_i 的 CPU 利用率,即 $U_i=C_i/T_i$。整

个任务集的 CPU 利用率定义为

$$U = \sum_{i=1}^{n} (C_i/T_i) \tag{5.5}$$

所谓的 RM 调度，就是为每一个周期任务指定一个固定的优先级，该优先级按照任务周期的长短顺序排列，任务周期越短，其优先级越高，调度总是试图最先运行周期最短的任务。也就是说，若 $T_i < T_j$，$1 \le i \le n$，$1 \le j \le n$，则 $P_i \le P_j$。为方便计算，我们假定：若 $i < j$，$1 \le i \le n$，$1 \le j \le n$，则 t_i 的优先级高于 t_j，也就是说，t_1，t_2，$\cdots$，t_n 按照优先级由高到低的顺序排列。

Liu 和 Layland 证明了 RM 算法是最优的，即对于在任何其他静态优先级算法下可调度的任务集合，在 RM 算法下也是可调度的，证明思想如下。假设一个任务集 S 采用其他静态优先级算法可以调度，设 t_i 和 t_j 是其中两个优先级相邻的任务，$T_i > T_j$，而 $P_i \le P_j$。将 t_i 和 t_j 的优先级互换，可以证明这时 S 仍然可以调度。按照这样的方法，其他任何静态优先级调度最终都可以转换成 RM 调度。这样便证明了 RM 算法在所有静态优先级算法中是最优的。RM 算法的最优性保证了其能够广泛地应用于各种静态优先级调度的情况，这是 RM 算法受到重视的重要原因。

需要特别指出的是，理想的 RM 调度模型是建立在一系列假设的基础上的，这些假设在理想的 RM 模型中缺一不可。所谓的 RM 扩展模型则意味着对这些基本假设进行修改。RM 模型的基本假设如下：

(1)所有的任务请求都是周期性的，具有硬时限要求，即必须在限定的时限内完成；

(2)任务的时限要求仅限于任务必须在该任务的下一个请求发生之前完成，即 $D_i = T_i$，$i = 1$，2，$\cdots$，n；

(3)任务之间都是独立的，每个任务的请求不依赖于其他任务请求的开始或完成；

(4)每个任务的运行时间是不变的，这里任务的运行时间是指处理器在无中断情况下用于处理该任务的时间；

(5)调度和任务切换的时间忽略不计；

(6)任务之间是可抢占的；

(7)所有任务的分配都在单处理器上进行。

Liu 和 Layland 在以上基本假设的基础上对 RM 算法的可调度性判定进行了研究，提出了一个 RM 算法下的可调度性判定条件：

给定任务集 S = $\{t_1$，t_2，$\cdots$，$t_n\}$，如果这 n 个任务的 CPU 利用率满足下面的条件：

$$U < n(2^{1/n} - 1) = L(n) \tag{5.6}$$

则该任务集 S 用 RM 算法是可调度的。这里，$L(n)$ 表示 n 个任务的 CPU 利用率的最小上界。关于 DM 算法的进一步讨论，请参考文献[23]。

5.4　程序运行时间计算方法

5.4.1　程序运行时间概述

测控系统就是一个实时系统，程序在规定的时间内完成规定的任务，是我们最为关心的问题。因为速度、实时性永远是嵌入式设备性能优化的基本立足点之一。可惜的是，我们平时常用的测试运行时间的方法，并不是那么精确的。换句话说，想精确获取程序运行时间，不是那么容易的。也许你会想，程序不就是一条条指令么，每一条指令序列都有固定执行时间，为什么不好算？真实情况下，计算机并不是只运行一个程序。进程的切换、各种中断、共享的多用户、网络流量、高速缓存的访问、转移预测等，都会对计时产生影响。

对于进程调度，花费的时间分为三部分：第一是计时器中断处理的时间，也就是当且仅当这个时间间隔的时候，操作系统会选择是继续当前进程的执行，还是切换到另外一个进程中去。第二是进程切换时间，当系统要从进程 A 切换到进程 B 时，它必须先进入内核模式将进程 A 的状态保存，然后恢复进程 B 的状态。因此，这个切换过程是有内核活动来消耗时间的。第三就是进程的具体执行时间了，这个时间也包括内核模式和用户模式两部分，模式之间的切换也是需要消耗时间，不过都算在进程执行时间中了。

其实模式切换非常费时，这也是很多程序中都要采用缓冲区的原因。例如，如果每读一小段文件就要调用一次 read 之类的内核函数，那太受影响了。所以，为了尽量减少系统调用，或者说，减少模式切换的次数，向程序（特别是 IO 程序）中引入缓冲区概念，来缓解这个问题。

一般来说，向处理器发送中断信号的计时器间隔通常是 1～10ms。这个时间太短，切换太多，性能可能会变差；这个时间太长，如果在任务间切换频繁，又无法提供在同时执行多任务的假象。这个时间段也决定了一些下面要分析的不同方法衡量时间的差异。

5.4.2 嵌入式操作系统中程序运行时间计算方法

1. Linux 的 time 命令

Linux 系统中统计程序运行时间最简单直接的方法就是使用 time 命令，文献[1，2]中详细介绍了 time 命令的用法。此命令的用途在于测量特定指令执行时所需消耗的时间及系统资源等，在统计的时间结果中包含以下数据：

(1)实际时间(real time)，从命令执行到运行终止的消逝时间；

(2)用户 CPU 时间(user CPU time)，命令执行完成花费的系统 CPU 时间，即命令在用户态中执行时间的总和；

(3)系统 CPU 时间(system CPU time)，命令执行完成花费的系统 CPU 时间，即命令在核心态中执行时间的总和。

其中，用户 CPU 时间和系统 CPU 时间之和为 CPU 时间，即命令占用 CPU 执行的时间总和。实际时间要大于 CPU 时间，因为 Linux 是多任务操作系统，往往在执行一条命令时，系统还要处理其他任务。另一个需要注意的问题是即使每次执行相同的命令，所花费的时间也不一定相同，因为其花费的时间与系统运行相关。

time 命令使用方法是直接调用 time 命令。

使用 tms 结构体和 times 函数，在 Linux 中，提供了一个 times 函数，原型是

clock_t times(struct tms * buf)

这个 tms 的结构体为

```
struct tms
{
clock_t tms_utime;// user time
clock_t tms_stime;// system time
clock_t tms_cutime;// user time of reaped children
clock_t tms_cstime;// system time of reaped children
}
```

这里的 cutime 和 cstime，都是对已经终止并回收的时间的累计，也就是说，times 不能监视任何正在进行中的子进程所使用的时间。

2. 周期计数

在 Linux 中，为了给计时测量提供更高的准确度，很多处理器还包含一个运行在时钟周期级别的计时器，它是一个特殊的寄存器，每个时钟周期它都会自动加 1。这个周期计数器是一个 64 位无符号数，直观理解，就是如果你的处理器是 1GHz 的，那么需要 570 年，它才会从 2 的 64 次方绕回到 0，所以大可不必考虑溢出的问题。

但并不是每种处理器都有这样的寄存器的，且每种处理器即使有，实现机制也不一样。因此，无法用统一的、与平台无关的接口来使用它们。这就需要用到汇编了。在这里实际用的是 C 语言的嵌入汇编。

```
void counter(unsigned * hi,unsigned * lo)
{
asm("rdtsc;movl %%edx,%0;movl %%eax,%1"
:"=r"(*hi),"=r"(*lo)
:
:"%edx","%eax");
}
```

第一行的指令负责读取周期计数器，后面的指令表示将其转移到指定地点或寄存器。这样，我们将这段代码封装到函数中，就可以在需要测量的代码前后均加上这个函数即可。最后得到的 hi 和 lo 值都是两个，相减得到间隔值。

要注意的是，周期计数方式还有一个问题，就是我们得到了两次调用 counter 之间总的周期数，但不知道是哪个进程使用了这些周期，或者说处理器是在内核还是在用户模式中。

3. gettimeofday 函数计时

gettimeofday 是一个库函数，包含在 time. h 中。它的功能是查询系统时钟，以确定当前的日期和时间。它很类似于刚才所介绍的周期计时，除了测量时间是以秒为单位，而不是时钟周期为单位的。原型如下：

```
struct timeval
{
long tv_sec;
long tv_usec;
```

　　}

　　int gettimeofday(struct timeval ∗ tv, NULL)

　　这个机制的具体实现方式在不同系统上是不一样的，其精确程度，是和系统相关的。比如在 Linux 下，是用周期计数来实现这个函数的，所以和周期计数的精确度差不多，但是在 Windows NT 下，使用间隔计数实现的，精确度就很低了。

　　具体使用的时候，程序开始运行 gettimeofday（tvstart，NULL），结束再运行一个 gettimeofday(tvend，NULL)。然后将 sec 域和 usec 域相减的差值就是计时时间。

　　在 Linux 下，这是最有效而方便的计时方式了。

　　4. clock 函数

　　clock 也是一个库函数，仍然包含在 time. h 中，函数原型是：

　　clock_t clock(void);

　　功能：返回自程序开始运行的处理器时间，如果无可用信息，返回-1。转换返回值若以秒计需除以 CLOCKS_PER_SECOND。（注：如果编译器是 POSIX 兼容的，CLOCKS_PER_SECOND 定义为 1000000。）

　　使用 clock 函数也比较简单：在要计时程序段前后分别调用 clock 函数，用后一次的返回值减去前一次的返回值就得到运行的处理器时间，然后再转换为秒。举例如下：

　　clock_t starttime, endtime;

　　double totaltime;

　　starttime = clock( );

　　…………

　　endtime = clock( );

　　totaltime = (double) ((endtime-starttime)/(double) CLOCKS_PER_SEC);

　　5. time 函数

　　在 time. h 中还包含另一个时间函数：time。通过 time( )函数来获得日历时间(Calendar Time)。

　　其原型为：time_t time(time_t ∗ timer)。

　　通过 difftime 函数可以计算前后两次的时间差：

　　double difftime(time_t time1, time_t time0)。

　　用 time_t 表示的时间(日历时间)是从一个时间点(如 1970 年 1 月 1 日 0 时 0 分 0 秒)到此时的秒数，则此函数的前后两次时间差也是以秒为单位。

　　例如：

　　time_t startT, endT;

　　double totalT;

　　startT = time(NULL);

　　…………

　　endT = time(NULL);

　　totalT = difftime(startT, endT);

　　这里只是介绍 Linux 平台下 C 语言中计算程序运行时间的方法，它们各有利弊，依据自己的需要可以使用对应的方法。

5.4.3 缩短程序运行时间

1. 降低算法复杂度

一个算法所耗费的时间等于算法中每条语句的执行时间之和。

每条语句的执行时间等于语句的执行次数（即频度（Frequency Count））乘以语句执行一次所需时间。

算法转换为程序后，每条语句执行一次所需的时间取决于机器的指令性能、速度以及编译所产生的代码质量等难以确定的因素。

若要独立于机器的软、硬件系统来分析算法的时间耗费，则设每条语句执行一次所需的时间均是单位时间，一个算法的时间耗费就是该算法中所有语句的频度之和。

求解算法的时间复杂度的具体步骤是：

(1)找出算法中的基本语句；算法中执行次数最多的那条语句就是基本语句，通常是最内层循环的循环体。

(2)计算基本语句的执行次数的数量级；只需计算基本语句执行次数的数量级，这就意味着只要保证基本语句执行次数的函数中的最高次幂正确即可，可以忽略所有低次幂和最高次幂的系数。这样能够简化算法分析，并且使注意力集中在最重要的增长率上。

(3)用大 O 记号表示算法的时间性能。将基本语句执行次数的数量级放入大 O 记号中。

如果算法中包含嵌套的循环，则基本语句通常是最内层的循环体，如果算法中包含并列的循环，则将并列循环的时间复杂度相加。例如：

```
for ( i=1 ;i<=n;i++)
x++;
for ( i=1 ;i<=n;i++)
for ( j=1 ;j<=n;j++)
x++;
```

第一个 for 循环的时间复杂度为 $O(n)$，第二个 for 循环的时间复杂度为 $O(n2)$，则整个算法的时间复杂度为 $O(n+n2)=O(n2)$。

常见的算法时间复杂度由小到大依次为：

$$O(1)<O(log2n)<O(n)<O(nlog2n)<O(n2)<O(n3)<\cdots<O(2n)<O(n!)$$

$O(1)$表示基本语句的执行次数是一个常数，一般来说，只要算法中不存在循环语句，其时间复杂度就是 $O(1)$。$O(log2n)$、$O(n)$、$O(nlog2n)$、$O(n2)$和 $O(n3)$称为多项式时间，而 $O(2n)$和 $O(n!)$称为指数时间。计算机科学家普遍认为前者是有效算法，把这类问题称为 P 类问题，而把后者称为 NP 问题。

2. 良好的数据结构

在计算机科学中，数据结构（data structure）是计算机中存储、组织数据的方式。通常情况下，精心选择的数据结构可以带来最优效率（algorithmic efficiency）的算法。

一般而言，数据结构的选择首先会从抽象数据类型的选择开始。一个设计良好的数据结构，应该在尽可能使用较少的时间与空间资源的前提下，为各种临界状态下的运行提供支持。数据结构可通过编程语言所提供的数据类型、引用（reference）及其他操作加以实现。

不同种类的数据结构适合于不同种类的应用，而部分甚至专门用于特定的作业任务。

在许多类型的程序设计中，选择适当的数据结构是一个主要的考虑因素。许多大型系统的构造经验表明，封装的困难程度与最终成果的质量与表现，都取决于是否选择了最优的数据结构。在许多时候，确定了数据结构后便能很容易地得到算法。而有些时候，方向则会颠倒过来，例如当某个关键作业需要特定数据结构下的算法时，会反过来确定其所使用的数据结构。然而，不管是哪种情况，数据结构的选择都是至关重要的。

3. 程序优化

程序优化是指对解决同一问题的几个不同的程序，进行比较、修改、调整或重新编写程序，把一般程序变换为语句最少、占用内存量少、处理速度最快、外部设备分时使用效率最高的最优程序。

优化前需要问自己的几个问题：为什么要优化？优化的目标是什么？哪些部分才需要优化？能够接受由此带来的可能的资源消耗（人力、维护、空间等）吗？

程序优化有三个层级，它们依次产生更显著的优化代码，在考虑优化方案时可以尝试从不同的层级着手思考优化的方案。

a. 代码调整

代码调整是一种局部的思维方式，基本上不触及算法层级，它面向的是代码，而不是问题。

所以：语句调整、用汇编重写、指令调整、换一种语言实现、换一个编译器、循环展开、参数传递优化等都属于这一级；这个级别的优化需要掌握大量的小的优化技巧和知识，需要不断地积累；简单的语句调整、公共表达式提取、废代码删除等当前的很多编译器也能做到了，但也需要了解一些编译器的优化能力使自己的代码配合编译器做好优化；用汇编重写并不是简单把高级语言改写为汇编实现，那样写的汇编很可能没有当今的编译器产生的代码好，所以如果决定用汇编实现，那就应该按照汇编的角度来规划自己的实现，适当的参考编译器生成的汇编码也是可取的；在某些领域，使用 CPU 的新特性和新的指令集等将产生巨大的性能收益，这些地方经常采用汇编来实现。

b. 新的视角

新的视角强调的重点是针对问题的算法，即选择和构造适合于问题的算法。很多经典算法都对问题作了一些假设，而在面对实际问题时"新的视角"提示我们应该重新检视这些假设，并尝试从不同的角度思考问题，寻求适合于问题的新算法。

发掘问题的本来意义，从不同的角度思考面对的问题，使用适合于问题的算法，尝试打破一些规则，发掘和怀疑自己的某些假定，恢复问题的本来面目。

c. 表驱动状态机

将问题抽象为另一种等价的数学模型或假想机器模型，例如构造出某种表驱动状态机；这一级其实是第二级的延伸，只是产生的效果更加明显，但它有其本身的特点（任何算法和优化活动都可以看做是他的投影）；这一级一般可以产生无与伦比的快速程序。

要达到这一级需要大量修炼的，并且思考时必须放弃很多已有的概念或者这些概念不再重要。例如，变量、指针、空间、函数、对象等，剩下的只应该是那个表驱动状态机；把这种境界描述为：一些输入驱动着一个带有状态的机器按设定好的最短路线运转着。除此之外 have nothing。即把解决一个问题的算法看做一个机器，它有一些可变的状态、有一些记忆、有一些按状态运行的规则，然后一些输入驱动这个机器运转。这就是第三级要求的思考优化问题的切入点，也就是寻找一部机器，使它运行经过的路径最短（可能是速度也可能是空间等等）。

5.5　同步

在单 CPU 系统中，临界区、互斥和其他同步问题经常使用信号量、管程等方法来解决，这些方法在分布式系统中并不十分适用。因为它们必须依赖于共享存储器的存在。例如，有两个进程通过使用信号量而相互作用，它们必须都能访问信号量。如果它们在同一台机器上运行，它们能够共享内核中的信号量，并通过执行系统调用访问它。但是，如果它们运行在不同机器上，这种方法就不适用了。与此紧密相关的是进程之间如何协作及如何彼此同步。比如说，在分布式系统中临界区如何实现，资源如何分配。本节将介绍分布式系统中进程合作及同步有关的一些问题。

5.5.1　基本概念

进程互斥是进程之间发生的一种间接性作用，一般是程序不希望的。通常的情况是两个或两个以上的进程需要同时访问某个共享变量，于是产生了进程互斥。

一般将发生能够访问共享变量的程序段成为临界区。两个进程不能同时进入临界区，否则就会导致数据的不一致，产生与时间有关的错误。

解决互斥问题应该满足互斥和公平两个原则，即任意时刻只能允许一个进程处于同一共享变量的临界区，而且不能让任一进程无限期地等待。解决互斥问题可以用硬件方法，也可以用软件方法。本节将介绍软件方法。

进程同步是进程之间直接的相互作用，是合作进程间有意识的行为。典型的例子是公共汽车上司机与售票员的合作，如图 5.9 所示。

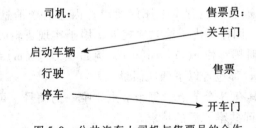

图 5.9　公共汽车上司机与售票员的合作

只有当售票员关门之后司机才能启动车辆，只有司机停车之后售票员才能开车门。司机和售票员的行动需要一定的协调。同样的，两个进程之间有时也有这样的依赖关系，因此我们也要有一定的同步机制保证它们的执行次序。

进程间主要有四种同步和互斥机制：信号量、管程、会合、分布式系统。这里主要介绍分布式系统中的同步。

5.5.2　分布式操作系统中的进程同步

在单机条件下，多个进程运行于同一个处理机和内存环境中，进程通信十分简单。进程之间可以借助于"共享存储器"进行直接通信。而在多机条件下，相互合作的进程可能在不同的处理机上运行，进程间的通信涉及处理机的通信问题。在松散耦合系统中，进程间通信还可能要通过较长的通信信道，甚至网络。因此，在多机条件下，广泛采用间接通信方式，即进程间是通过消息进行通信的。

在分布式操作系统中，为了实现进程的同步，首先要对系统中发生的事件进行排序，还要有良好的分布式同步算法。

在单处理机系统及紧密耦合的多处理机系统中，由于共用一种时钟又共享存储器，确定两个事件的先后次序比较容易。而在分布式系统中，既无共用时钟，又无共享存储器，自然也就难以确定两个事件发生的先后次序了。

下面简单介绍 Lamport 于 1978 年提出的一个算法。该方法建立在以下基础上：

（1）事件之间存在的偏序；

（2）为每一个进程设置一个逻辑时钟。

所谓逻辑时钟，是指能为本地启动的所有活动，赋予一个编号的机构，可以用计数器来实现。在系统中，每一个进程都拥有自己的逻辑时钟 c。在一个系统的逻辑时钟系统，应满足条件：

对于任何活动 a(ini) 和 b(inj)，如果 a->b，则相应的逻辑时钟 c(i, a)<b(j, b)。其中 i, j 表示处于不同物理位置的进程。为了满足上述条件，必须遵循以下规则：

（1）根据活动发生的先后顺序，赋予每个活动唯一的逻辑时钟值。

（2）若活动 a 是进程 i 发送的一条消息 m，消息 m 中应包含一个时间邮戳 T(m)=c(i, a)；当接收进程 j 在收到消息时，如果其逻辑时钟 c(j, b)<c(i, a)，则应当重置 c(j, b) 大于或等于 c(j, b)。

由于每个进程都拥有自己的逻辑时钟，这些时钟的运行并非同步，因此可能出现这种情况：一个进程 i 发送的消息中所含的逻辑时钟 c(m)=100，而接收进程 j 在收到此消息时的逻辑时钟 c(j)=96，这显然违背了全序的要求，因为发送消息事件 A 和接收事件 B 之间存在着 A->B 的关系。因而提出了第二项规则，用于实现逻辑时钟的同步。根据这个规则，应该调整进程 j 的时钟，使 c(j)>=c(m)，例如 c(j)=c(m)+1=101。

在所有的同步算法中，都包含以下四项假设：

（1）每个分布式系统具有 N 个节点，每个节点有唯一的编号，可以从 1 到 N。每个节点中仅有一个进程提出访问共享资源的请求。

（2）按序传送信息。即发送进程按序发送消息，接收进程也按相同顺序接收消息。

（3）每个消息能在有限的时间内被正确地传送到目标进程。

（4）在处理机间能实现直接通信，即每个进程能把消息直接发送到指定的进程，不需要通过中转处理机。

在同步算法中，比较著名的有 Lamport 算法、Ricart and Agrawla 算法、Mackawa（Square-Root）算法等。下面介绍其中的几个。

1. Lamport 算法

在该方法中，利用事件排序方法，对要求访问临界资源的全部事件进行排序，并且按照先来先服务的原则，对事件进行处理。该算法规定，每个进程 Pi 在发送请求消息 Request 时，应该为它打上时间邮戳(Ti, i)，其中 Ti 是进程 Pi 的逻辑时钟值，而且在每个进程中都保持一个请求队列，队列中包含了按逻辑时钟排序的请求消息。Lamport 算法用以下五项规则定义：

(1)当进程 Pi 要求访问某个资源时，该进程将请求消息挂在自己的请求队列中，也发送一个 Request(Ti, i)消息给所有其他进程。

(2)当进程 Pj 收到 Request(Ti, i)消息时，形成一个打上时间邮戳的 Reply(Tj, j)消息，将它放在自己的请求队列中。应该说明，若进程 Pj 收到 Request(Ti, i)消息前，也提出过对同一资源的访问请求，那么其时间邮戳应该比 T(Ti, i)小。

(3)若满足以下两个条件，则允许进程 Pi 访问该资源：

- Pi 自身请求访问该资源的消息已经处于请求队列的最前面。
- Pi 已经接收到从其他所有进程发回的响应消息，这些消息上的邮戳时间晚于 T(Ti, i)。

(4)为了释放该资源，Pi 从自己的请求队列中消除请求消息，并发送一个打上时间邮戳的 Release 消息给其他所有进程。

(5)当进程 Pj 收到 Pi 的 Release 消息后，从自己的队列中消除 Pi 的 Request(Ti, i)消息。

这样，当每一个进程要访问一个共享资源时，本算法要求该进程发送 3(N-1)个消息，其中(N-1)个 Request 消息，(N-1)个 Reply 消息，(N-1)个 Release 消息。

2. Ricart and Agrawla 算法

Ricart 等提出的分布式同步算法，同样基于 Lamport 的事件排序，但又做了一些修改，使每次访问共享变量时，仅需发送 2(N-1)个消息。下面是 Ricart and Agrawla 算法的描述。

(1)当进程 Pi 要求访问某个资源时，它发送一个 Request(Ti, i)消息给所有其他进程。

(2)当进程 Pj 收到 Request(Ti, i)消息后，执行如下操作：

- 若进程 Pj 正处在临界区中，则推迟向进程 Pi 发出 Reply 响应；
- 若进程 Pj 当前并不要求访问临界资源，则立即返回一个有时间邮戳的 Reply 消息；
- 若进程 Pj 也要求访问临界资源，而在消息 Request(Ti, i)中的邮戳时间早于(Tj, i)，同样立即返回一个有时间邮戳的 Reply 消息；否则，Pj 保留 Pi 发来的消息 Request(Ti, i)，并推迟发出 Reply 响应。

(3)当进程 Pi 收到所有其他进程发来的响应时，便可访问该资源。

(4)当进程释放该资源后，仅向所有推迟发来 Reply 消息的进程发送 Reply 消息。

该算法能够获得较好的性能：能够实现诸进程对共享资源的互斥访问；能够保证不发生死锁，因为在进程-资源图中，不会出现环路；不会出现饥饿现象，因为对共享资源的访问是按照邮戳时间排序的，即按照 FCFS 原则服务的；每次对共享资源访问时，只要求发 2(N-1)个消息。图 5.10 说明了进程在访问共享资源时的状态转换。

当然这个算法也有一定的问题：

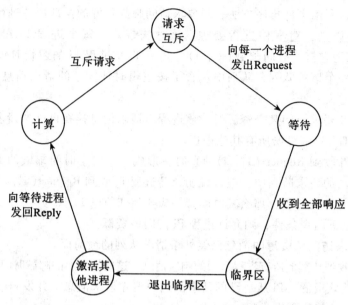

图 5.10　进程在访问共享资源时的状态转换

（1）每个要求访问共享资源的进程，必须知道所有进程的名字，因此，一旦有新进程进入系统，它就将通知系统中所有进程。

（2）如果系统中有一个进程失败，则必然会使发出 Request 消息的进程无法收到全部响应，因此，系统还应该具备这样的功能，即一旦某个进程失效，系统能将该进程的名字通知其他进程。

3. 令牌传送法

为实现进程互斥，在系统中可设置令牌（token），表示存取权力。令牌本身是一种特殊格式的报文，通常只有一个字节的长度，它不断地在由进程组成的逻辑环（logical ring）中循环。环中的每一个进程只有唯一的前驱者（prodecessor）和唯一的后继者（successor）。当环路中的令牌循环到某个进程并被接收时，如果该进程希望进入临界区，它便保持该令牌，进入临界区。一旦它推出临界区，再把令牌传送给后继进程。如果接收到令牌的进程并不要求进入临界区，便直接将令牌传送给后继进程。由于逻辑环中只有一个令牌，因此也就实现了进程的互斥。使用令牌时，必须满足以下两点要求：

（1）逻辑环应该具有及时发现环路中某进程失效或退出，以及通信链路故障的能力。一旦发现上述情况，应立即撤销该进程，或重构逻辑环。

（2）必须保证逻辑环中，在任何时候都有一个令牌在循环，一旦发现令牌丢失，应立即选定一个进程产生新令牌。

利用令牌传送法实现互斥，所需要的消息数目是不定的。因为，不管是否有进程要求进入其临界区，令牌总是在逻辑环中循环，当逻辑环中所有进程都要求进入临界区时，平均每个进程访问临界区只需要一个消息。但如果在令牌循环一周的时间内，只有一个进程要求进入临界区，则等效地需要 N 个消息（N 是逻辑环中进程数）。即使无任何进程要进入临界区，仍需不断的传输令牌。另一方面，在令牌传送法中，存在着自然的优先级关系，即上游站具有更高的优先级，它能够优先进入临界区。就好像 FCFS 队列一样，环路中的进程可依次进入自己的临界区，因而不会出现饥饿现象。

习　　题

1. 什么叫软件危机？如何解决软件危机？
2. 软件可靠性与硬件可靠性有何不同？
3. 软件错误的来源有哪些方面？软件可靠性包括哪些内容？
4. 软件可靠性模型有哪几类？
5. 说明软件可靠性模型的应用。
6. 调度算法有哪些种类？各有何特点？
7. 嵌入式系统中如何计算程序执行时间？缩短程序运行时间的方法有哪些？
8. 如何理解分布式操作系统中进程同步的概念？

第6章　测控系统通信可靠性

实际上，通信承担着计算机或智能装置之间数据的存储、处理、传输和交换等任务。因此，测控系统通信的可靠性是测控系统可靠性研究的重要内容。

6.1　通信系统的基本模型

不管通信系统的构成如何，是简单的电话通信系统，或是复杂的其他信息网络系统，它们的目的均是为了传送信息。理论上，为了将通信系统带共性的问题进行一般化的讨论，可采用如图6.1所示的通信系统模型。

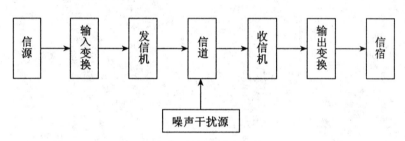

图6.1　通信系统模型

事实上，通信的目的是设法使收信端获得一个与发信端相同的、尽可能不失真的"消息"，它携带有收信者所需接收的"信息"。任何一种通信系统，在其收信端不可能无失真地再现由发信端发出的消息，也没有必要作无失真传送消息的要求，只要能够识别其主要特征就可以接受。例如，通电话的双方，只要不丢失对方说话的内容，而且能够识别是谁的声音，就可以认为这个话音质量可以接受。要求适度就构成了合理的通信系统的性能指标。

收信端和发信端消息之间的差别，是通信信道中的噪声、干扰以及通信设备本身的工作特性引起的。

所谓信道，是指传输信息的通道，如电线、光缆以及大气空间等。

在图6.1中，发信机的功能是将消息转换为适合于在信道中传送的信号。信号是消息的载体，信号可以是电信号，也可以是光信号，本质上是一种载送消息，并适合在信道中传输（或传播）载体，不论有线通信（如明线、电缆和光纤通信）或无线电通信均如此。

传输模拟信号的通信系统，称为模拟通信系统；传输数字信号的通信系统，称为数字通信系统。模拟信号和数字信号均可采用基带传输和载波传输两种方式在信道中传输。

所谓基带传输是将基带信号直接送往信道中的传输方式；所谓载波传输是将基带信号

对载波进行调制后，以载波传输的传输方式。但光纤通信和无线电通信仅能采用载波传输方式，此时的基带信号必须由光载波和无线电载波载送。

如果说调制是通信系统工作的核心，而对信号的编码加工处理则是数字通信系统工作的又一核心。所谓编码，简单地说，它是用一些符号（如正、负脉冲）按一定规律组合来表示某种消息的含义。例如，表示"是"的含义或表示"否"的含义等，编码信号是数字信号。编码有两个目的：①为了提高信号的传输效率，以此为目的编码称为有效性编码，或称为信源编码；②为了提高信号传输时的可靠性（或抗干扰能力），以此为目的的编码，称为可靠性编码，或称为信道编码。

模拟信号经过抽样、量化和代码处理，变换成数字信号的过程（称为模数或加变换），就是一种信源编码，通常称为脉冲编码调制，即 PCM(Pulse Code Model)。在某些情况下，例如当传输数字电视信号时，需要将 PCM 数字电视信号的速率（数码串）进行压缩，因此产生了以减少速率为目的的压缩编码，这类编码属于信源编码；同时对数字信号的加密处理，也属于信源编码。信源编码的主要措施是尽可能删去信源信号的多余部分（称为剩余度），以提高传输效率。一般来说，信源信号经过信源编码后，代表信源信号的"符号"之间的相关性减少了，比原来更加独立，这将导致信源编码信号的抗噪声干扰能力下降。因此，对信源编码信号进行传输时，还需进行抗干扰性编码，即进行信道编码。

信道编码的主要措施是在经信源编码处理后的数字信号中，人为地加入一些"码元"，即加进剩余度，以提高数字信号的抗噪声干扰的能力。

综上讨论可见，通信系统中的发信机，要将信源发出的消息，转换为适合于在信道中传输的信号，需要经过复杂的加工处理，或者说要经过许多变换而收信机只需经解调、解（译）码等相应的反变换处理，就可获取发信端信源发出的消息。

发信者称为信源，收信者称为信宿。在现代通信中，信源和信宿可以是人，也可以是计算机或其他机器设备。此时的计算机和其他机器设备，称为终端设备 TE(Terminal Equipment)，简称终端 TE。信源称为发信终端，信宿称为收信终端。

6.1.1　模拟通信系统

图 6.2 所示的模拟通信系统模型是载波传输方式的模型。

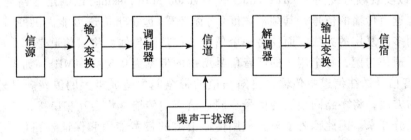

图 6.2　模拟通信系统模型

实际模拟通信系统的组成要比该模型复杂得多，例如还应有提供能量的电源系统等环节。仅对信号加工处理环节而言，还应具有放大、变频、滤波等一系列环节。如果将这些内容都包括进来，模拟通信系统将是一个庞杂的系统。该模型是"点"对"点"式的通信方式。

在模拟通信系统中，要将"消息"转变为"信号"一般要经过转换和调制。在数字通信系统中要加上编码。

所谓转换是将表达消息的感觉媒体（通常是一些非电物理量）通过显示媒体转换为电物理量（电流、电压）。例如，电话机的送话器（显示媒体）将发话人的声压转换为相应变化的电流；电视摄像机将图像景物的光感转换为相应变化的电压等，都是通信中的转换过程。

调制是通信系统工作的核心，信号之所以载有消息，是通过调制加工处理后而获得的。将与消息作相应变化的电压或电流，对发信机中的"被调制部件（如调制器）"电振荡或光振荡波的参数进行控制，就可以达到调制的目的。例如，控制振荡波的振幅，就是调幅、控制振荡波的频率，就是调频、控制振荡波的相位，就是调相。被调制的振荡波，称为载波信号，或称已调波信号。

调制的主要作用是将经转换获得的电信号（如话音信号）的频谱在发信机中进行"搬移"，将它搬移到某个载（即载波的频率）附近的频带内。这样做，至少可以达到以下两个目的。

（1）利用高载频率电磁波对大气空间有"强"的辐射能力，来满足无线电通信的需要。根据电磁场理论的观点，低频（率）信号（如话音信号和视频信号），由于其波长很长，虽然可视为电磁波，但不具备强的辐射能力，它们通常只能在传输线（如电细线、双线传输线）引导下传输。因此，低频信号要以无线电方式和以大气空间为传输媒体进行通信，必须对其进行调制处理，将它的频谱搬移到某个高频附近的频率范围内。实际中，这需要根据传输的"波（领）段"而定。例如，给定传输波段是微波波段，就需要将低频信号的频谱搬移到微波频段上去。但须指出，这是对载波进行直接调制的发信机而言，如果出于某种技术上的考虑（例如，在微波通信系统中，为了获得较好的设备兼容性）不允许直接在发射载波上进行调制，可以选定在一个低的载频上进行调制，然后再采用所谓"变领"的方法，将它搬移到发射载频上去。例如，在频率为70MHz的载频上进行调制，然后再用变频的方法，将70MHz的载频搬移到5GHz的载频发射。所谓变频也是通信系统中搬移信号频谱的加工处理方法。

（2）可以实现频分复用FDM（Frequency Division Multiplexing）以满足多路通信的要求。通常，送往返道传输的信号，其频带宽度（简称带宽）远小于信道可能提供的带宽，因此，如果不采用多路复用的方法，而仅将一个信号送往信道传输，将对信道带宽造成极大的浪费。以电话通信为例，每个用户的话音信号所占的带宽为$0.3 \sim 3.4$MHz。如果将带宽不足4kHz的话音信号送往信道中传输，将对信道的带宽能力造成极大的浪费。另外，如果不采用调制的方法，将多路同频段的信号在同一信道中传输，将会互相串扰，接收端无法将各路信号区分开来。因此，为了充分利用传输信道的带宽能力和保证各路信号互不串扰，必须采用多路复用。对于模拟信号通信而言，是将每个用户的话音信号频谱利用调制方法，将它们搬移到高低不同的载频附近，令载频按高低秩序排队，以组成多个用户的多路信号。这种复用方式，称为频分复用（FDM）。

消息经转换处理后，所得到的初始电信号是一种连续信号，称它为模拟信号，它是随时间能连续变化的函数；如果将模拟信号经过所谓抽样、量化和代码处理，就可以得到数字信号。数字信号在时间上、取值上均是离散的，是离散信号。由于它们都没有经过调制处理，其频谱均从零频附近开始，一直延传到很远(通常为数 MHz 或更宽)。具有这些特点的信号，通常称为基带信号，分别被称为模拟基带信号和数字基带信号。

在该模型中，重点是调制和反调制(解调)功能，因为在信号变换过程中，它们的作用是实质性的。信号的调制变换由调制器完成，已调信号的反变换由解调器完成，它可以从已调信号中取出发信端送来的基带信号。

引入信道中的噪声及干扰是多途径的。例如，系统中大量使用的有源器件(各类 PN 结器件)的内部噪声、无源器件(电阻、引线)的热噪声。传输媒体的噪声干扰(如无线电通信的工业干扰、雷电干扰)，甚至电源系统的噪声，都将进入信道中，依附在信道中传输的信号上。可见，通信系统模型中的噪声源必不可少，它是引入通信信道中各种噪声的一个"集中概括"，噪声将给收信端对信号的变换带来困难，严重影响通信质量，是需要解决的问题。

6.1.2　数字通信系统模型

数字通信系统模型如图 6.3 所示。

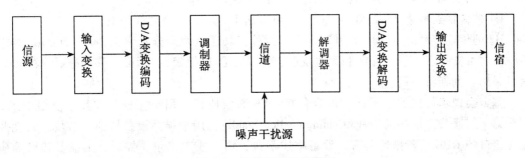

图 6.3　数字通信系统模型

在图 6.3 所示的数字通信系统模型中，除应具有调制和解调功能外，还应具备编码和解(译)码功能，在数字通信系统中，它们的作用是实质性的。信源编码和解码在一般情况下分别由模/数(AD)和数/模(D/A)交换器完成；信道编码和解码分别由信道编码器和解(译)码器完成。同理，实际数字通信系统方案(组成、框图)十分庞杂，且必须具备同步系统。信道中噪声来源是多途径的，通信系统中的噪声源必不可少，噪声将给收信端对信号变换带来许多困难，须设法"对抗"。

注意，图 6.2 和图 6.3 所示的模拟和数字通信系统模型仅适用于载波传输，若用于基带传输，只需将调制器和解调器移去即可。

6.2　测控系统网络协议

测控网络一般是指以控制事物对象为特征的计算机网络系统。工业控制网络主要用来处理实时现场信息，测控系统进行实时控制信息处理的数据通道，相对于 ISO/OSI 参考模型而言，它具有协议简单、容错性强和安全可靠等特点。目前使用较多并且具有较大影响力的现场总线主要有基金会现场总线（Fundation Fieldbus，FF）、LonWorks 总线、PROFIBUS 现场总线和 CAN（Controller Area Network）总线。

6.2.1 基金会现场总线

基金会现场总线（Foundation Field Bus，FF）是在过程自动化领域得到广泛支持和具有良好发展前景的技术。其前身是以美国 Fisher Rosemount 公司为首，联合 Foxboro、横河、ABB、西门子等 80 家公司制订的 ISP 协议，以及以 Honeywell 公司为首，联合欧洲等地的 150 家公司制订的 WorldFIP 协议。屈于用户的压力，这两大集团于 1994 年 9 月合并，成立了现场总线基金会，致力于开发出国际上统一的现场总线协议。它以 ISO/OSI 开放系统互连模型为基础，取其物理层、数据链路层、应用层为 PF 通信模型的相应层次，并在应用层上增加了用户层。用户层主要针对自动化测控使用的需要，定义了信息存取的统一规则，采用设备描述语言规定了通用的功能块集。由于这些公司是该领域自控设备的主要供应商，对现场底层网络的功能需求了解透彻，也具备足以左右该领域现场自控设备发展方向的能力，因而由它们组成的基金会所颁布的现场总线规范具有一定的权威性。

基金会现场总线分低速 H1 和高速 H2 两种通信速率。

H1 的传输速率为 31.25kb/s，通信距离可达 1900m，支持总线供电。

H2 的传输速率分为 IMb/s 和 2.5Mb/s 两种，其通信距离分别为 750m 和 500m。物理传输介质可支持双绞线、光缆和无线发射，协议符合 IEC1158-2 标准。其物理媒介的传输信号采用曼彻斯特编码。

基金会现场总线的主要技术内容包括：FF 通信协议，用于完成开放互连模型中第 2 层至第 7 层通信协议的通信栈（Communication Stack），用于描述设备特征、参数、属性及操作接口的 DDL 设备描述语言、设备描述字典，用于实现测量、控制、工程量转换等应用功能的功能块，实现系统组态、调度、管理等功能的系统软件技术以及构筑集成自动化系统、网络系统的系统集成技术。

基金会现场总线围绕工厂底层网络和全分布自动化系统两个方面形成了技术特色。其主要技术内容如下。

（1）基金会现场总线的通信技术。

它包括基金会现场总线的通信模型、通信协议、通信控制器芯片、通信网络与系统管理等内容，涉及一系列与网络相关的硬、软件，如通信软件，被称之为因卡的仪表用通信接口卡，FF 与计算机的接口卡，各种网关、网络中继器。它是现场总线的核心基础技术之一，无论对于现场总线设备的开发制造单位，还是设计单位、系统集成商以至用户，都具有重要作用。

（2）标准化功能块（Function Block，FB）与功能块应用进程（Function Block Application Process，FBAP）。

它提供一个通用结构，把实现控制系统所需的各种功能划分为功能模块，使其公共特征标准化，规定它们各自的输入、输出、算法、事件、参数，并将它们组成为可在某个现场设备中执行的应用进程，便于实现不同制造商产品的混合组态与调用。功能块的通用结构是实现开放系统构架的基础，也是实现各种网络功能与自动化功能的基础。

（3）设备描述（Device Description，DD）与设备描述语言（Device Description Language，DDL）。

为实现现场总线设备的互操作性，支持标准的功能块操作，基金会现场总线采用了设备描述技术。为控制系统理解现场设备的数据意义提供必要的信息，因而也可以看做控制系统或主机对某个设备的驱动程序，即设备描述是设备驱动的基础。设备描述语言是一种用以进行设备描述的标准编程用语言。采用设备描述编译器，把 DDL 编写的设备描述源程序转化为机器可读的输出文件。控制系统正是凭借这些机器可读的输出文件来理解各制造商的设备的数据意义。

（4）现场总线通信控制器与智能仪表或工业控制计算机之间的接口技术。

在现场总线的产品开发中常采用 OEM 集成方法构成新产品。已有多家供应商向市场提供 FF 集成通用控制芯片、通信栈软件等。把这些部件与其他供应商开发的、或自行开发的完成测量控制功能的部件集成起来，组成现场智能设备的新产品。要将通信卡与实现变送、执行功能的部件构成一个有机的整体，要通过 FF 的 PC 接口卡将总线上的数据信息与上位的各种 MMI（即人机接口）软件、高级控制算法融为一体，尚有许多智能仪表本身及其与通信软硬件接口工作需要做。例如 OPC 技术，将这一技术引入到过程控制系统，使现场总线控制系统比较容易与现有的计算机平台结合起来，使工厂网络的各个层次可以在网络上共享数据与信息。可以认为，OPC 是实现数据开放式传输的基础。

（5）系统集成技术。

它包括通信系统与控制系统的集成，例如网络通信系统组态、网络拓扑、配线、网络系统管理、控制系统组态、人机接口、系统管理维护等，这是一项集控制、通信、计算机、网络等多方面的知识，集软硬件于一体的综合性技术。它在现场总线技术开发初期，在技术规范、通信软件不成熟时具有特殊的意义。对系统设计单位、用户、系统集成商更是具有重要作用。

（6）系统测试技术。

包括通信系统的一致性与可互操作性测试技术、总线监听分析技术、系统功能与性能测试技术。一致性与互可操作是为了保证系统的开放性而采取的重要措施，一般要经授权过的第三方认证机构作专门测试，验证符合统一的技术规范后，将测试结果提交基金会登记注册，授予 FF 标志。只有具备了 FF 标志的现场总线产品，才是真正的 FF 产品，其通信的一致性与系统的开放性才有相应保障。有时由具有 FF 标志的现场设备所组成的实际系统还需进一步进行互操作性测试和功能、性能测试，以保证系统的正常运转并达到所要求的性能指标。总线监听分析用于测试判断总线上通信的流通状态，以便于通信系统的调试、诊断与评价。对现场总线设备构成的自动化系统功能、性能测试技术还包括其实现的各种控制系统功能的能力、指标参数的测试，并可在测试基础上进一步开展对通信系统自动化系统综合指标的评价。

6.2.2　LonWorks

LonWorks 是又一具有强劲实力的现场总线技术。它是由美国 EcheLon 公司推出并由它与摩托罗拉、东芝公司共同倡导，于 1990 年正式公布而形成的。它采用了 ISO/OSI 模型的全部七层通讯协议，采用了面向对象的设计方法，通过网络变量把网络通信设计简化为参数设置，其通信速率从 300b/s 至 15Mb/s 不等，直接通信距离可达 2700m，支持双绞线、同轴电缆、光纤、射频、红外线、电力线等多种通信介质，并开发了相应的本质安全防爆产品，被誉为通用控制网络。

LonWorks 技术所采用的 LonTalk 协议被封装在称之为 Neuron 的神经元芯片中而得以实现。集成芯片中有 3 个 8 位 CPU：第一个用于完成开放互连模型中第 1 和第 2 层的功能，称为媒体访问控制处理器，实现介质访问的控制与处理；第二个用于完成第 3~6 层的功能，称为网络处理器，进行网络变量的寻址、处理、背景诊断、路径选择、软件计时、网络管理，并负责网络通信控制，收发数据包等；第三个是应用处理器，执行操作系统服务与用户代码。芯片中还具有存储信息缓冲区，以实现 CPU 之间的信息传递，并作为网络缓冲区和应用缓冲区。

Echelon 公司的技术策略是鼓励各 OEM 开发商运用 LonWork 技术和神经元芯片，开发自己的应用产品。据称目前已有 2600 多家公司在不同程度上应用了 LonWorks 技术，1000 多家公司已经推出了 LonWorks 产品，并进一步组织起 LonWorks 互操作协会，开发推广 LonWorks 技术与产品。它已被广泛应用在楼宇自动化、家庭自动化、保安系统、办公设备、交通运输、工业过程控制等行业。另外，在开发智能通信接口、智能传感器方面，LonWorks 神经元芯片也具有独特的优势。

6.2.3 ProfiBus

ProfiBus 是德国国家标准 DIN19245 和欧洲标准 EN50170 的现场总线标准，由 ProfiBus-DP、ProfiBus-FMS、ProfiBus-PA 组成 Bus。DP 型用于分散外设间的高速数据传输，适合于加工自动化领域的应用。FMS 意为现场信息规范，ProfiBus-FMS 适用于纺织、楼宇自动化、可编程控制器、低压开关等。而 PA 型则适用于过程自动化的总线类型，它遵从 IEC1158-2 标准。该项技术是以西门子公司为主的十几家德国公司、研究所共同推出的。它采用了 OSI 模型的物理层、数据链路层，FMS 还采用了应用层，传输速率为 9.6kb/s ~12Mb/s，最大传输距离在 12Mb/s 时为 100m，1.5Mb/s 时为 400m，可用中继器延长至 10km。其传输介质可以是双绞线，也可以是光缆，最多可挂接 127 个站点，可实现总线供电与本质安全防爆。

6.2.4 控制器局域网总线 CAN

CAN(Control Area Network) 即控制器局域网络。它是一种有效支持分布式控制或实时控制的串行通信网络。CAN 最初是由德国的 BOSCH 公司为汽车监测、控制系统而设计的。现代高级汽车越来越多地采用电子装置控制，如发动机的定时、注油控制、加速、刹车控制(ASC)及复杂的防抱死制动系统(ABS)等。由于这些控制需检测及交换大量数据，采用硬接信号线的方式不但繁琐、昂贵，而且难以解决问题，采用 CAN 总线上述问题得到很好的解决。据资料介绍，世界上一些著名的汽车制造厂商，如 BENZ(奔驰)、BMW(宝马)、NRSCHE(保时捷)、ROLLS、ROLLS-ROYCE(劳斯莱斯)和 JAGUAR(美洲豹)等都采用 CAN 总线来实现汽车内部控制系统与各检测和执行机构间的数据通信。

由于 CAN 总线本身的特点，其应用范围目前已不再局限于汽车行业，而向过程工业、机械工业、纺织机械、农用机械、机器人、数控机床、医疗机械及传感器等领域发展。

CAN 已经形成国际标准，并已被公认为几种最有用途的现场总线之一。

CAN 属于总线式串行通信网络，由于其采用了许多新技术及独特的设计，与一般的通信总线相比，CAN 总线的数据通信具有突出的可靠件、实时性和灵活性。其特点可概括如下。

(1)CAN 为多主方式工作，网络上任一结点均可在任意时刻主动地向网络上其他节点发送信息，而不分主从，通信方式灵活，无需站地址等节点信息。利用这一特点，可方便地构成多机备份。

(2)CAN 网络上的节点信息分成不同层次的优先级，以满足不同的实时要求级的数据最多可在 134ms 内得到传输。

(3)CAN 采用非破坏性总线仲裁技术，当多个节点同时向总线发送信息时，优先级较低的节点会主动地退出发送，而最高优先级的节点可不受影响地继续传输数据，从而大大节省了总线冲突仲裁时间。尤其是在网络负载很重的情况下也不会出现网络瘫痪情况。

(4)CAN 只许通过报文滤波，可实现点对点、一点对多点及全局广播传输方式，无需专门的"调度"。

(5)CAN 的直接通信距离是 10km(速率 5kb/s 以下)，通信速率最高可达 1Mb/s。

(6)CAN 上的节点数取决于总线驱动电路，最多可达 110 个。

(7)CAN 采用短帧结构。每一帧的有效字节数为 8 个，传输时间短，受干扰概率低，具有极好的检错效果。

(8)CAN 的每帧信息都有 CRC 校验及其他检错措施，保证了数据出错率极低。

(9)CAN 的通信介质可为双绞线、同轴电缆或光纤，选择灵活。

(10)CAN 节点在错误严重的情况下具有自动关闭输出功能，以便总线上其他节点的操作不受影响。

a. CAN 的技术规范

随着 CAN 在各种领域的应用和推广，对其通信格式的标准化提出了要求，为此，1991 年 9 月 Philips Semiconductors 制订并发布了 CAN 技术规范(Version 2.0)。该技术规范包括 A 和 B 两部分。2.0A 给出了 CAN 报文标准格式，而 2.0B 给出了标准的和扩展的两种格式。此后，1993 年 11 月 ISO 正式颁布了道路交通运输工具——数据信息交换——高速记信控制器局域网(CAN)国际标准 ISO11898，为控制器局域网的标准化、规范化铺平了道路。

CAN 规范中的一些基本概念介绍如下。

(1)报文。总线上的信息以不同格式的报文发送，但长度有限制。当总线开放时，任何连接的单元均可开始发送一个新报文。

(2)信息路由。在 CAN 系统中，一个 CAN 节点可使用有关系统结构的任何信息(如站地址)。这里包含一些重要概念：

系统灵活性——节点可在不要求所有节点及其应用层改变任何软件或硬件的情况下挂接于 CAN 网络；

报文通信——一个报文的内容由其标识符 ID 命名，ID 并不指出报文的目的，但描述数据的含义，以便网络中的所有节点有可能借助报文滤波决定该数据是否使它们激活；

成组——由于采用了报文滤波，所有节点均可接收报文并同时被相同的报文激活；

163

数据相容性——在 CAN 网络内，可以确保报文同时被所有节点或者没有节点接收，因此，系统的数据相容性是借助于成组和出错处理达到的。

（3）位通率。CAN 的数据传输率在不同的系统中是不同的，而在一个给定的系统中是唯一的并且是固定的。

（4）优先权。在总线访问期间，标识符定义了一个报文静态的优先权。

（5）远程数据请求。通过发送一个远程帧，需要数据的节点可以请求另外的数据帧，读数据帧与对应的远程帧以相同标识符 ID 命名。

（6）多主站。当总线开放时，任何单元均可开始发送报文，发送具有最高优先权报文的单元赢得总线访问权。

（7）仲裁。当总线开放时任何单元均可开始发送报文，若同时有两个或更多的单元开始发送，总线访问冲突运用逐位仲裁规则，借助标识符 ID 解决。这种仲裁规则可以保证信息和时间均无损失。若具有相同标识符的一个数据帧和一个远程帧同时发送，数据帧优先。

（8）单通道。由单一进行双向位传送的通道组成的总线，借助数据同步实现信息传输。在 CAN 技术规范中，实现这种通道的方法不是固定的，例如，可以用单线（加接地线）、两条差分连线、光纤等。

（9）总线数值表示。总线上具有两种互补逻辑数值；显性电平或隐性电平。在显位与隐位同时发送期间，总线上数值将是显位的。例如，在总线的"线与"操作情况下，显位由逻辑"0"表示，隐位由逻辑"1"表示，在 CAN 技术规范中未给出表示这种逻辑电平的物理状态（如电压、光、电磁波等）。

（10）应答。所有接收器均对接收报文的相容性进行检查，回答一个相容报文并标注一个不相容报文。

（11）睡眠方式及唤醒。为降低系统功耗，CAN 器件可被置于无任何内部活动的睡眠方式，相当于没有连接总线的驱动器。睡眠状态借助任何总线激活或者系统的内部条件被唤醒而告终。在总线驱动器再次置于在线状态之前，为唤醒内部活动重新开始，传输层将等待系统振荡器至稳定状态，并一直等待至其自身同步于总线活动（通过检查后 11 个连续的隐位）。

b. CAN 节点的分层结构

为使设计透明和执行灵活，遵循 ISO/OSI 标准模型，CAN 分为数据链路层（包括逻辑链路控制子层 LLC 和媒体访问控制子层 MAC）和物理层，而在 CAN 技术规范 2.0A 的版本中，数据链路层的 LLC 和 MAC 子层的服务和功能被描述为"目标层"和"传送层"。CAN 的分层结构和功能如图 6.4 所示。

LLC 子层的主要功能是：为数据传送和远程数据请求提供服务，确认由 LLC 子层接收的报文实际已被接收，并为恢复管理和通知超载提供信息。在定义目标处理时，存在许多灵活性。MAC 子层的功能主要是传送规则，亦即控制帧结构、执行仲裁、错误检测、出错标定和故障界定。MAC 子层包要确定为开始一次新的发送，总线是否开放或者是否马上开始接收。位定时特性也是 MAC 子层的一部分。MAC 子层特性不存在修改的灵活性。物理层的功能是有关全部电气特性在不同节点间的实际传送。在一个网络内物理层的所有节点必须是相同的。然而，在选择物理层时存在很大的灵活性。

CAN 技术规范 2.0B 定义了数据链路中的 MAC 子层和 LLC 子层的一部分，并描述与

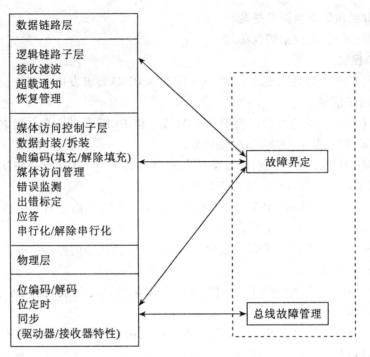

图 6.4　CAN 的分层结构

CAN 有关的外层。物理层定义信号怎样进行发送，因而涉及位定时、位编码和同步的描述。在这部分技术规范中，未定义物理层中的驱动器/接收器特性，以便允许根据具体应用，对发送媒体和信号电平进行优化。MAC 子层是 CAN 协议的核心，它描述由 LLC 子层接收到的报文和对 LLC 子层发送的认可报文。MAC 子层可响应扣文帧、仲裁、应答、错误检测和标定。MAC 子层内称为故障界定的一个管理实体监控，它具有识别永久故障或短暂扰动的自检测机制。LLC 子层的主要功能是报文滤波、超载通知和恢复管理。

6.2.5　RS-232C 通信接口

RS-232C 串行通信接口，它是计算机系统中最常见的标准，最常见的是 PC 机与 MODEM、PC 机与鼠标之间通过 RS-232C 接口连接，不仅如此，利用 RS-232C 接口还可以连接多种设备，它是连接数据通信设备（DCE）与数据终端设备（DTE）之间的串行通信标准总线。

1. RS-232C 的引脚功能

由于 RS-232C 接口最典型的应用是计算机与 MODEM 的连接，以下讲解中，就考虑 PC 机通过 RS-232C 接口与 MODEM 进行连接。标准的 RS-232C 接口有 25 条线，下面一一进行介绍。

a. 数据线

引脚 2 脚（TXD）：主信道数据发送端。

引脚 3 脚（RXD）：主信道数据接收端。

引脚 7 脚（SGND）：数据地。

引脚 14 脚：辅信道数据发送端。

引脚 15 脚：辅信道数据接收端。

b. 状态和控制线

引脚 4 脚（RTS）：请求发送。当 PC 机（或其他 DTE）要求发送数据时，向 MODEM（或其他 DCE）发出该信号。

引脚 5 脚（CTS）：允许发送。当 MODEM（或其他 DCE）收到 RTS，而它自身也准备好了，则向 MODEM（或其他 DCE）发出该信号。

引脚 20 脚（DTR）：数据终端准备好。当 PC 机（或其他 DTE）准备完毕，要求接收数据时，向 MODEM（或其他 DCE）发出该信号。

引脚 6 脚（DSR）：当 MODEM（或其他 DCE）收到 DTR，而它自身也准备好了，则向 MODEM（或其他 DCE）发出该信号。

引脚 22 脚（RI）：当 MODEM（或其他 DCE）收到电话线路的振铃信号，则向 PC 机（或其他 DTE）发出该信号。

引脚 8 脚（CD）：当 MODEM（或其他 DCE）收到电话线路的载波信号，则向 PC 机（或其他 DTE）发出该信号。

引脚 21 脚（SD）：当 MODEM（或其他 DCE）收到的信号误码率很高，则向 PC 机（或其他 DTE）发出该信号。

c. 定时信号线

定时信号线都是方波信号，用来支持同步串行通信。

引脚 15 脚：发送信号元定时（DCE 发出的）。

引脚 24 脚：发送信号元定时（DTE 发出的）。

引脚 17 脚：接收信号元定时（DCE 发出，DTE 接收）。

d. 其他信号线

引脚 1 脚（PGND）：保护地，通常该引脚与机壳相连。

引脚 23 脚：数据速率选择，用来在双速同步设备中，选择其中的一个速率。

从上述引脚功能可以看出，标准的 RS-232C 接口引脚比较多，但是常用的只有 9 个，所以一般计算机上用 9 芯的 D 形插座，它和标准的 RS-232C 接口如图 6.5 所示。

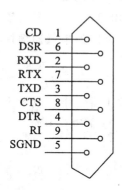
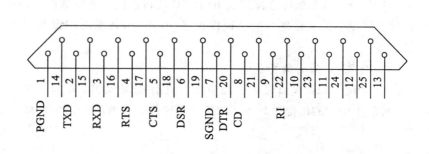

图 6.5　RS-232C"D"形接口

2. 常用的 RS-232C 电平转换电路

在 RS-232C 接口电路中规定：-3 ~ -15V 为"1"、+3 ~ 15V 为"0"，显然这与 TTL 的电平信号的规定是不同的，需要使用电平转换电路，进行两种电平信号的转换。图 6.6 是两个计算机通过 RS-232C 和电话线进行串行通信的连接示意图。

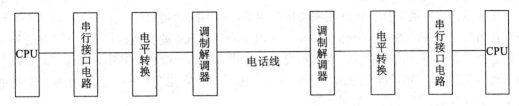

图 6.6　通过电话线的互连

常用的电平转换电路是 MC1488 和 MC1489，MC1488 用于把 TTL 电平转换成 RS-232C 电平，MC1489 用于把 RS-232C 电平转换成 TTL 电平，如图 6.7 所示。

由于 MC1488 需要使用 +12V 和 -12V 电源，而有的电路中缺少这两种电源信号。所以，另外有一些电路仅使用单一的 +5V 电源，通过内部自升压电路，提供较高的正负电源，这种电路通常都需要外接电容。MAX232 就是其中之一，如图 6.8 所示。

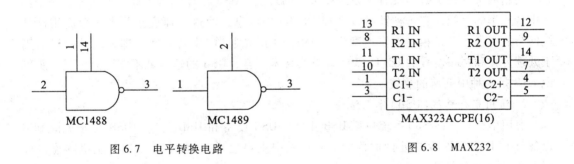

图 6.7　电平转换电路　　　　　图 6.8　MAX232

类似的电平转换电路还有很多，在设计时可以进行选用。

6.2.6　通用串行总线(USB)技术

最初，通用串行总线是由 Compaq、Digital Equipment、IBM、Intel、Microsoft、NEC 和 Northern Telecom 等七家公司共同开发的一种新的外设连接技术。这一技术将最终解决对串行设备和并行设备如何与计算机相连的争论，大大简化了计算机与外设的连接过程。1995 年，通用串行总线内通用串行总线应用论坛(USB-IF)进行了标准化。目前已经有许多串行端口和串行总线技术应用于主机和外设之间的通信，它们都有其特定的目的和缺点。而该组织的目标就是发展一种兼容低速和高速的技术，从而可以为广大用户提供一种可共享的、可扩充的和使用方便的串行总线，将串行通信技术推向 21 世纪。该总线应独立于主计算机系统，并在整个计算机系统结构中保持一致。为了实现上述目标，USB-P 发布了一种称为通用串行总线(Universal Serial Bus)的串行技术规范，简称为 USB。

1. 通用串行总线(USB)概述

USB 和 RS-232C 不同，USB 并不完全是一个串口，它实际上是一种串行总线。这就意味着计算机后面的 USB 端口可以连接许多设备，这些设备可以相互连接在一起，而且不同类型的设备可以通过一种称为 USB 集线器的硬件分离开来。这些与传统的串口上只能连接一个设备有着本质区别。

正如前面提到的一样，USB 用来将串口和并口等不同的接口统一起来，使用一个 4 针插头作为标准插头。通过这个标准插头，采用菊花链形式(星形结构)可以把所有的外设连接起来，并且不会损失带宽。也就是说，USB 将取代当前微机上的串口和并口。所以当我们提到 USB 时，与其将它想象成一个串口，还不如将它想象成一个连接有不同设备的网络，就像我们所熟悉的以太网一样。

但是要想在同一条总线上连接不同的设备并不容易实现，因为这意味着会有许多设备来共享总线上有限的带宽。对于我们所熟悉的 RS-232C 串口标准来说，它的带宽就非常有限，不能用其来与打印机相连。当然，也就更不可能利用它来从数字相机上下载图片了。一条 RS-232C 串口通信电缆只能连接一个物理设备，而 USB 上却可以连接最多 127 个外设。所有这些外设都有可能和主机进行通信，USB 不仅要处理好总线竞争问题，还要保证各个设备的正常数据通信要求。因此，相对于 RS-232C 而言，USB 总线的实现机制要复杂得多。

问题的关键在于必须要有一条速度很快的总线。USB 在计算机工业中被认为是一个具有中低速率的总线，它每秒钟可以处理 10Mbit 的信息，而这一速度正是大多数商用计算机网络的速度。但是相对工作速度为 300Mb/s 的"光通道"串行总线和即将问世的专门用于处理音频和视频信号的 IEEE 1394 等总线技术而言，USB 的速度就不能称为快了。所以说 USB 是一种中低速的总线。

2. 通用串行总线(USB)体系结构

通用串行总线(USB)系统包括 USB 主机、USB 设备和 USB 互连。USB 互连是指 USB 设备与 USB 主机连接并进行通信的方式，其中主要包括 USB 设备与 USB 主机的连接模型，即 USB 拓扑结构。

3. USB 拓扑结构

USB 设备与 USB 主机通过 USB 总线相连。USB 的物理连接是星形结构，如图 6.9 所示，集线器(Hub)位于每个星形结构的中心，每一段都是 USB 主机(根集线器)和 USB 设备(集线器或功能部件)之间的点对点连接，也可以是集线器和其他 USB 设备之间的点对点连接。

(1)USB 主机。

在整个 USB 系统中只允许有一个 USB 主机，集线器集成在主机系统中，它可以提供一个或多个接口，主机系统的 USB 接口称为 USB 主控制器。

(2)USB 设备。

USB 设备包括集线器和功能部件，集线器提供访问 USB 总线的多个接入点，功能部件向系统提供特定的功能，例如鼠标、显示器、扫描仪和打印机等。

4. USB 电气特性

USB 电线拥有四根导线：两根用于传输数据的双绞数据信号线(D_+ 和 D_-)，两根给

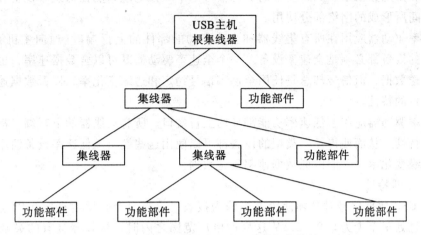

图 6.9　通用串行总线(USB)星形拓扑结构

USB 设备提供电源(Vbus 和 GND)。每根线都有一定的电气特性。

a. 发送驱动器特性

USB 使用一个差模输出驱动器向 USB 电线传送 USB 数据信号。在低输出状态,驱动器稳态输出的变化幅度必须使输出低电压小于 0.3V,此时要有 1.5kΩ 负载接到 3.6V 电源上;在高输出状态,驱动器稳态输出的变化幅度必须使输出高电压大于 2.8V,此时在地线上接有 15kΩ 负载。差模高输出状态和低输出状态之间输出的变化幅度必须很好地进行平衡,从而将信号偏差减至最小。另外,还需要驱动器上的摆动速率控制功能把辐射噪声和串话减至最小。驱动器输出必须支持三态操作,以此来进行双向半双工通信。同时还需高阻抗来将那些正在进行热插入操作或已经连接了但电源却没有接通的下行设备同端口隔离开来。相对于没有损坏的局部参考地而言,驱动器必须能承受信号管脚上的 $-0.5 \sim 3.8V$ 的电压。当驱动器处于工作状态和正在驱动信号时,它必须能够承受这一电压达 10.0ms,并且能够承受当驱动器处于高阻状态时所产生的不确定条件。

USB 支持两种信号速率:全速率(12Mb/s)和低速率(1.5Mb/s)。USB 的最高速率是 12Mb/s,但它可以工作在 1.5Mb/s 的较低速率,而这种较低的传送速率是依靠较少的电磁保护而实现的,利用一种对设备透明的方式来实现数据传送模式的切换。同一个 USB 系统可以同时支持这两种模式。1.5Mb/s 低速率方式用来支持数量有限的像鼠标这样的低带宽要求的设备,这类设备不能太多,因为其数目越多,对总线利用率的影响就越大。

一个全速率连接可以利用一个屏蔽的双绞线对来实现,该电线特性阻抗为(90±15%)Ω,最大长度为 5m。每一个驱动器的阻抗必须位于 $19 \sim 44\Omega$ 之间。数据信号上升和下降时间必须在 4ns 和 20ns 之间,平稳地上升或下降,并且能得到很好的匹配,以便将射频辐射和信号偏差降至最小。

一个低速率连接可以利用一个非屏蔽的非双绞线对来实现,最大长度为 3m。该电缆上的上升和下降时间必须大于 75ns,以便射频辐射低于规定的限制;要小于 300ns,以限制时序延迟和信号偏差及变形。在驱动电线时,驱动器必须以平滑的上升和下降时间、微小的反射和阻尼振荡来达到所要求的稳态信号电平。该电缆只能在低速率设备和与之相连的端口之间所形成的网络部分使用。

全速率驱动器应用在所有集线器和全速率功能部件的上行端口（通向主机）。所有带有集线器的设备都必须是全速率设备。一个全速率驱动器既可以全数据速率，也可以低数据速率发送数据，但信号却总是任用全速率信号约定和边缘变化率，以低数据速率运行并不改变设备的特性。

低速率驱动器应用于低速率功能部件的上行端口。所有集线器的下行端口都符合两种驱动器的特性，从而使得任一类型的设备都可以使用这些端口。低速率设备使用低速信号约定和边缘变化率，只能以低数据速率发送数据。

b. 接收器特性

接收 USB 数据信号时必须使用差模输入接收机。当两个差模数据输入以地电位作为参考，并且处于至少为 0.8~2.5V 这样的电压范围之内时，接收器具有的灵敏度至少应为 200mV，0.8~2.5V 称为共模输入电压范围。当差模数据输入不在共模输入电压范围之内时，也要求能进行正确的数据接收。接收器所能承受的稳态输入电压应该位于 -0.5~3.8V 之间。另外，对不同的接收器而言，每一条信号线都必须有一个终端接收器，这些接收器必须具有 0.8~2.0V 这样的开关阈值电压。建议单端接收器具有滞后作用，以减少其对噪声的灵敏度。

典型的发送驱动器和接收器连接如图 6.10 所示。

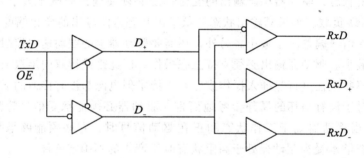

图 6.10　典型的发送驱动器和接收器连接

6.3　测控通信网络差错分析

测控系统通信网络一般分为若干层次，最底层是物理层，其次是数据链路层。不同网络协议，其层次结构不同。但一般来说，都存在物理层和数据链路层。

数据链路层是在物理层的基础上实现相邻节点的数据传输，具体地说就是在一条链路上实现可靠的数据传输。因此，数据链路层的可靠度的基本度量是数据传输的差错率，亦即在时间 t 内，传输 N_0 个 bits，如果出错的位数为 N_t 个，则其差错率为（也称误码率）

$$p_t = \frac{N_t}{N_0}$$

当 $t\to\infty$，则有
$$p=\lim_{t\to\infty}p_t=\lim_{t\to\infty}\frac{N_t}{N_0}。$$

数据传输的差错率直接确定了通信网络的性能。如果数据传输的差错率越高，则通信网络的性能就越差，数据链路层为了消除这些传输误差，就要花更多的时间来纠正它。因为，数据链路层提供给高层的服务是对上一层透明的无差错的数据传输，它要求数据链路层内部必须纠正相邻节点间在物理信道上的数据传输错误。

数据传输的差错率与具体的信道媒介相关。实际上，任何信道都不是理想的，信道的带宽有限，在传输信号时会产生各种失真，以及在信道上存在多种干扰。因此，信道上的码元传输速率有一个上限。

1924 年，奈奎斯特(Nyquist)推出在理想低通矩形特性的信道的情况下，最高码元传输速率的公式，即：理想低通信道的最高码元传输速率=2W　baud。

这里，码元传输速率是调制速度或波形速率、符号速率。1 baud 为 1 个码元/秒，这就是奈氏准则。

1948 年香农(Shannon)用信息论的理论推导出了带宽受限且有高斯白噪声干扰的极限信息传输速度：
$$信道的极限信息传输速率=W\log_2(1+S/N)\text{ b/s}。$$
式中，W 为信道的带宽；S 为信道内所传信号的平均功率；N 为信道内部的高斯噪声功率。

此就是香农公式。它表明，当用此速率进行传输时，可以做到不产生差错。当然，这只是理想的情况，实际上，差错总是存在的。

另一方面，数据传输的可靠性与帧的结构有关。

帧是数据传输的基本单位，由控制信息和有效数据组成，控制信息是附带信息，是为有效数据传输服务的。因此，数据链路层的工作效率显然与有效数据位占帧长的比例有关。

综合上面的分析，数据链路层的可靠度定义为：

定义 6.1　数据链路层的可靠度定义为在相邻节点间，在规定时间内正确有效数据的能力。也就是在单位时间内(秒)，能传送有效数据位数的比例。

设每个比特出错是相互独立的，且误码率为 p_b，数据帧的帧长为 l_f

则数据帧的差错率(或误帧率)为
$$p_f=1-(1-p_b)^{l_f}。$$

现以连续 ARQ 协议为例来说明。它是数据链路层协议的一个典型模型。

其帧传输过程如图 6.11 所示。

ARQ 协议的工作原理是发送端在发送完一个帧后，不是停下来等待应答帧 ACK 或 NAK，而是可以连续再发送若干个数据帧。如果在此过程中接收到了接收端发来的应答帧，那么，发送端还可以接着发送数据帧。

图 6.11 表示，节点 A 向节点 B 发送数据帧。当节点 A 发完 0 号帧后，不是停止等待，而是继续发送后续的 1 号帧、2 号帧、3 号帧、4 号帧、5 号帧。节点 A 在发送 3 号帧的同时收到了 0 号帧的确认帧 ACK0，在发送 4 号帧的同时收到了 1 号帧的确认帧 ACK1，在发送 5 号帧的同时收到了 3 号帧的否认帧 NAK2。当节点 A 接收到 NAK2 后，继续发送完 5

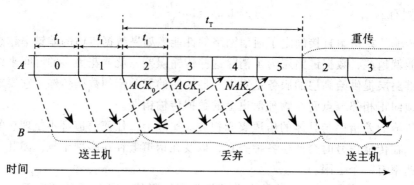

图 6.11　连续 ARQ 协议的工作原理

号帧，然后又返回来，从 2 号帧开始，再发送 2 号帧、3 号帧、4 号帧、5 号帧等。

设成功发送一个帧的时间为 t_I，出现差错时，重发一个帧需时间 t_T，则正确传送一个数据帧所需的平均时间是

$$t_v = t_I + (1 - p_f) \sum_{i=1}^{\infty} i p_f^i t_T = t_I [1 + (a - 1) p_f] / (1 - p_f) 。$$

其中，$a = \dfrac{t_T}{t_I}$。

当发送节点处于饱和状态(即发送端的发送速率最大)时，链路的吞吐量为

$$\lambda = \frac{1}{t_v} = \frac{1 - p_f}{t_I [1 + (a-1) p_f]}$$

设每帧中有效数据位数为 l_d，则得单位时间内传输的平均有效数据位数为

$$D = \lambda \times l_d = \frac{l_d (1 - p_f)}{t_I [1 + (a-1) p_f]}，\text{这里 } t_I = \frac{l_f}{C}，C \text{ 为信道容量。}$$

则有 $D = \dfrac{C l_d (1 - p_f)}{l_f [1 + (a-1) p_f]} = \dfrac{C \rho_d (1 - p_f)}{1 + (a-1) p_f}$。

然而，依发送端饱和的假设，单位时间内发送端共发送的数据位数为：C。

故有

$$R = \frac{D}{C} = \frac{\rho_d (1 - p_f)}{1 + (a-1) p}$$

此即为数据链路层的可靠性测度。其中 $\rho_d = l_d / l_f$ 为数据帧的有效数据的比例。由此可知，数据链路层的可靠度与信道容量成正比，也与帧中有效数据的比例成正比，而与误帧率成反比。实际上，当发送端处在饱和状态时，发送端的平均数据率(或称平均有效数据率)为

$$T = \lambda \times l_d = \frac{l_d (1 - p_f)}{t_I [1 + (a-1) p_f]}。$$

作归一化处理得平均有效数据率为

$$U = \frac{T}{C} = \left(\frac{l_d}{l_f} \right) \left[\frac{1 - p_f}{1 + (a-1) p_f} \right]。$$

此即为信道利用率。

由此可知，本节定义的数据链路层可靠性的测度和信道利用率相同。

6.4　测控通信网络流量分析

随着计算机网络的不断发展，以及工业网络向更庞大的企业网发展，计算机网络技术将分散在测控现场的各种孤立的自动化子系统有机地集成起来，从而实现了生产车间分散化、生产过程的自动化、生产信息集成化等目标。而传统的控制系统与从封闭的底层工业网络中暴露到开放的企业网和广域网中。控制系统的分布式特征使得生产过程中的控制系统可以分别位于不同的区域，甚至依靠 Internet 来实现跨地域的协同工作。

由于工业网络变得更加开放，因此产生了很多新兴的监控技术，如基于 Web 的虚拟仪器、基于 IP 网络的视/音频监控、基于 Internet 的分布式数据采集等。

然而，越来越庞大的工业网络不得不面对新产生的问题，即无论如何升级网络硬件设备，还是不能从根本上解决各种监控子系统对工业网络资源的争夺。对于一个大型的测控通信网络而言，大量的底层传感器、上层控制器、企业资源数据库、远程监控系统、决策系统都作为节点存在于网络中，持续或间断地占用网络资源。

分布式的测控通信网络与广域网类似，都属于开放且复杂的网络，开放网络的不可预测波动表现得非常明显，包括数据突发性、流量阻塞和丢包等。本节将介绍网络流量的特点、控制策略及网络流量预测方法。

6.4.1　网络流量的特点

网络流量数据间的各种特性反映了网络业务间的相互作用和影响。目前网络流量数据存在以下几种主要的特性：

a. 长相关性与自相似性

长相关性反映了自相似过程中的持续现象，意味着未来的统计信息蕴含在过去和现在的信息之中，这种信息可以通过预测和估计的技巧获得，实际的网络流量业务的到达是长相关的。

自相似性是指局部的结构与总体的结构相比具有某种程度的一致性，其中的结构包括空间维度上的，也包括时间维度上的。从流量分析的角度看，自相似性的直观解释是在不同时间尺度上，网络流量对时间的分布看起来是相似的。

b. 周期性

周期的变化特性反映网络流量时间序列随时间变化而表现出来的一种季节性变化规律，通常以天、周、月、年为单位，若周期太长，就会使得周期性流量特性可能被淹没在大量的流量信息中而不被发现，周期性变化规律是客观存在的，它可能是由于流量数据的周期采集引起的，也可能是人们上网的行为习惯引起的。

c. 混沌性

混沌是指确定的、宏观的非线性系统在一定条件下所呈现出的不确定的或者不可预测的随机现象。非线性流量中有混沌吸引子的作用机制存在，在预测研究中只要能恢复出流量时间序列的混沌吸引子，就可以通过寻找预测状态点的邻域状态点与其后续状态点的函数关系，作为预测函数，实现流量预测。

d. 多分形性

多分形性又称为多重分形测度，对于许多非均匀的分形过程，一个维数无法描述全部的特征，多分形延伸了网络流量中的自相似（自相似即单分形）行为，多分形性质体现了依赖于时间的尺度规律，描述局部时间内网络流量的不规则现象时更加灵活。

6.4.2　网络流量模型

网络流量模型是理解和预测网络行为、分析和评价网络性能、设计网络结构的基础。网络流量建模的基本原则是：以流量的重要特性为出发点，设计流量模型以刻画实际流量的突出特性，同时又可以进行数学上的研究。习惯上，人们称早期的模型为传统的网络流量模型，而随着研究的深入，人们发现网络流量具有自相似的特性，于是就出现了自相似的网络流量模型。

a. 传统网络流量模型

传统的网络流量　模型认为若间隔时间 s 足够大，当前时刻 t 与过去时间 $t-s$ 的业务量是不相关的。这些模型产生的流量通常在时域上仅具有短相关性，随着时间分辨率的降低，流量的突发性得到缓和。它的优点是系统性能评价易于数学解析，但无法描述网络长相关性，因而不能准确描述流量自相似性。传统流量模型的典型模型有泊松模型、马尔科夫模型、自回归模型等。

泊松模型（Poisson Model）就是时间序列间隔是离散的，呈指数分布，并且时间序列的到达也是服从指数分布。它的核心思想是网络事件为独立分布，并且只与一个单一的速率参数有关，能够较好满足早期流量建模的需求，但泊松流量模型从不同的数据源汇聚的网络流量将随着数据源的增加而日益平滑，这和实际测试的流量不符。

马尔科夫模型（Markov Model）利用某一变量的现在状态和动向去预测该变量的未来状态和动向，在随机过程中引入相关性，可以在一定程度上捕获业务流的突发性，同时马尔科夫方法是一种具有无后效应的随机过程，但它的缺点是只能预测网络的近期流量而无法描述网络流量的长相关性。

自回归模型（Autoregressive，AR）强调时间序列未来的点数由同一时间序列过去的值来决定，采用线性映射，用过去的值来影响将来的值，主要适用于高速通信网络中消费带宽的规划。它的优点是计算相对简单，但由于其自相关函数以指数形式衰减，所以，不能很好地模拟比指数衰减要慢的自相关结构的流量。

b. 自相似网络流量模型

对于网络流量的自相似性，是在统计意义上具有尺度不变性的一种随机过程，且流量具有多重分形的特点，能描述流量的突发性和长相关性，刻画了业务流量的自相似特性，但在实际的网络业务流量中存在多种特性，因此，自相似模型也难以完成描述网络流量的全部特征。自相似流量模型有 ON/OFF 模型、分形布朗运动模型、多重分形小波模型等。

ON/OFF 流叠加模型定义了叠加大量的 ON/OFF 源，每个源都有周期交替的 ON 和 OFF 状态。在 ON 状态，数据源以连续的速率发送数据包；在 OFF 状态，不发送任何数据包，且每个发送源处于 ON 或 OFF 状态的时长独立的符合重尾分布。它的优点是物理意义明确，可以更加深入地了解自相似本身，但缺点是各个源端必须是独立同分布，且输出速率为常数，而大多数网络业务分布是无法满足这些要求的。

分形布朗运动(Fractional Brownian Motion，FBM)模型是一种能够描述网络业务流量自相似特性的模型，它的优点是只需要较少的参数就可以完整的刻画整个模型，有坚实的数学基础，可以方便地应用于流量的实时仿真和特性分析。但缺点是：参数较少，使得其描述能力有限；可以用来对长相关数据进行建模但无法描述业务的短相关特性；而且，此模型对非高斯的信号不能很好地分析，所以，分形布朗运动模型只适用局域网内实时流量的仿真和性能分析，而不能完整的描述流量的实际情况。

多重分形小波模型(Multi-fractal Wavelet Model，MWM)是基于 Haar 小波的网络流量模型，小波模型功率谱在理论上可以任意接近幂律，而功率谱满足幂律的随机过程是自相似的。MWM 模型是一个乘法模型，需要较少参数就能对网络流量中的短相关和长相关进行描述，同时，该模型对长相关性给出了物理解释，可以很好匹配实际网络流量，缺点是小波变换并不是在每个尺度下都独立，而且小波基的选取也影响模型的质量。

c. 流量预测模型的新发展

随着智能算法的不断发展，它良好的非线性映射能力，在预测的领域中表现出很大的优势和潜力，在网络流量预测领域应用较多的是人工神经网络。

人工神经网络(Artificial Neural Network，ANN)预测模型是通过采集历史流量数据整理成神经网络的训练集，通过训练确定网络模型，并用该模型估计未来指定时间的流量。神经网络具有优良的非线性特性，特别适用于高度非线性系统的处理，但神经网络技术性能还不十分稳定，而且预测需要大量的训练样本和迭代，不断修正模型从而增加了时间和空间复杂度。

6.5 测控通信网络时延分析

6.5.1 时延产生的原因

在现场测控领域，面向的是分散化的控制器、监测器等，其应用场合环境比较恶劣，这样就对传输数据提出了不同的要求，例如实时性、抗干扰性、安全性等。其中，实时性是将网络技术运用于控制领域需要解决的主要矛盾之一，特别是在运动控制系统中，对实时性的要求尤为苛刻。当传感器、执行器和控制器等多个节点通过网络交换数据时，由于网络带宽有限且网络中的数据流量变化不规则，不可避免地会造成数据碰撞、多路传输、连接中断和网络拥塞等现象，因此出现信息交换时间延迟。同时，测控系统各个节点在量化、编码、解码等数据处理过程中也会导致时间延迟。网络时延会造成系统品质降低、性能恶化，甚至导致系统的不稳定，对实时系统的影响更大。网络时延是测控系统分析和设计中不可忽略的重要因素。

网络时延主要由以下四个因素构成。

(1)数据包排队等待时延。当网络忙或发生数据包碰撞时，等待网络空闲再发送所用的等待时间。

(2)信息产生时延。发送端待发送信息封装成数据包并进入排队队列所需时间。

(3)传输时延。数据包在实际传输介质上传输所需时间，其大小取决于数据包的大小、网络带宽和传输距离。

（4）数据处理、计算时延。节点在采集、量化、编码、解码和计算等数据处理过程中所需的时间。

6.5.2 测控系统中时延的组成

下面针对图 6.12 的测控系统的一般结构分析系统时延的组成。

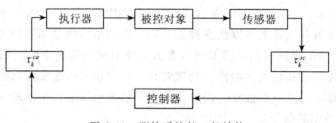

图 6.12 测控系统的一般结构

首先从各个节点时延组成的角度深入分析，然后再归纳出一般性结论。从传感器采集被控对象测量数据到执行控制信号这一过程中，系统的时延由以下几个部分组成。

（1）传感器节点采集数据、处理数据所花费的时间。

（2）传感器节点竞争发送权等待的时间和传感器数据在网络中传输时间。

（3）控制器节点计算控制时、处理数据所花费的时间。

（4）控制器节点竞争发送权等待的时间和控制时在网络中的传输时间。

（5）执行器节点处理数据所花费的时间。

其中，各节点采集、计算、处理数据所花费的时间称为设备时延，取决于所采用的软、硬件，若采用处理器足够快，可将其视为常数甚至忽略不计。节点竞争发送权等待的时间和数据包在网络中传输的时间称为通信时延，取决于网络自身的特点，例如采用的 MAC 协议、数据传输速率和数据包长度等。通常，为研究方便，将设备时延和通信时延合并考虑，标记为传感器—控制器时延 τ_k^{sc} 和控制器—执行器时延 τ_k^{ca}。这样，测控系统的时延 τ_k 主要由三部分组成：$\tau_k = \tau_k^{sc} + \tau_k^c + \tau_k^{ca}$，这里 τ_k^c 为控制器的计算时延，与传感器—控制器时延 τ_k^{ca}、控制器—执行器时延 τ_k^{ca} 相比，它的数值和变化都很小。在系统设计时，通过选择合适的硬件和进行高效率的软件编码，可以使计算时延产生的影响减少到相当小的程序。因而，在分析设计测控系统时，可以把计算时延 τ_k^c 包含在 τ_k^{ca} 中，即：$\tau_k = \tau_k^{sc} + \tau_k^{ca}$。

6.5.3 网络时延的类型

受网络拓扑结构、网络所采用的通信协议、路由算法、网络的负载状况、网络的传输速率和数据包的大小等因素的影响，网络时延呈现固定、或随机时变、或不确定时变的特征。

以太网采用的是 CSMA/CD 介质访问控制机制，节点发送信息之前，首先侦听网络是否空闲，若空闲，则立即发送信息；否则，处理等待状态直至网络空闲再尝试发送。若多个节点同时侦听到网络空闲并同时发送信息时，信息发生"碰撞"，则网络立即停止发送信息，等待一个随机长度的时间段后再尝试重新传输信息，时延呈现随机时变的特性。图 6.13 所示为 Nilsson 在实验中测得的在以太网环境下的时延分布情况。图中横轴 k 代表采样时刻，纵轴代表在第 k 时刻的传感器—控制器、控制器—执行器时延大小。

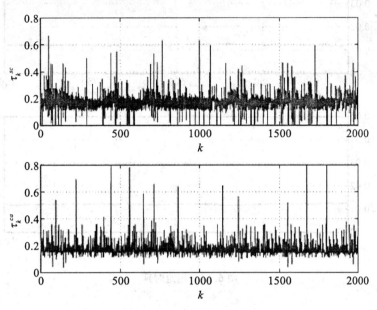

图 6.13　以太网环境下随机时延

在令牌网、令牌环网中，令牌在网络节点间依次传输，节点获得令牌时才能发送数据，节点等待发送所需要的时间由网络的节点数以及自身的优先级决定，一旦这些因素确定，节点等待发送数据的时间即可确定，因此在令牌网、令牌环网中，网络时延呈现固定的特征，如图 6.14 所示。

CAN 采用的是带有冲突检测的载波侦听多路访问/仲裁报文优先权介质访问协议，节点发送信息之间，首先侦听网络是否空闲，若空闲，则立即发送信息；否则，处于等待状态直至网络空闲再尝试发送。当信息发生"碰撞"时，按照各自的优先级分配网络使用权，优先级最高的节点获得网络使用权，时延呈现不确定时变的特性，如图 6.15 所示。

Nilsson 提出对随机网络时延采用多种建模方法：常数时延、相互独立的随机时延、Markov 特性随机时延。

a. 常数时延

当被控过程中的采样周期远远大于网络时延时，将网络时延建模成常数是一种方便有效的方法，此时可用时延的均值或极大值进行系统分析。若被控过程的采样周期不能远远大于网络时延，则不能将网络时延建模成常数，否则会得到错误的结论。另外，在一定的条件下，在源节点和目的节点分别设置一定长度的缓冲区可以将网络中的随机时延转化为常数时延。

b. 相互独立的随机时延

在测控系统中，网络时延在多数情况下是随机的，为了方便系统分析和设计，常常认为网络时延序中的时延变量相互独立，且服从某一确定的概率分布。

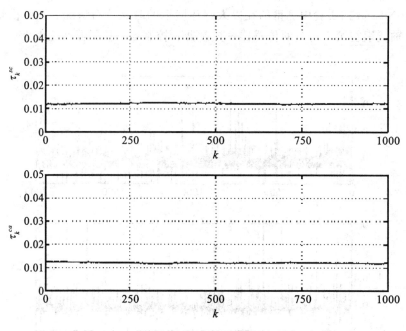

图 6.14　固定时延

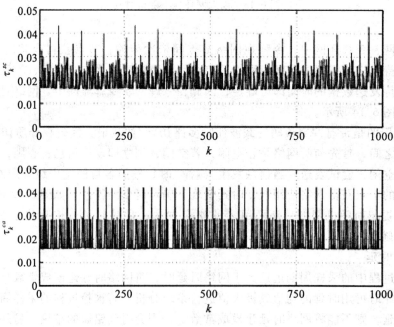

图 6.15　不确定时延

c. Markov 特性随机时延

　　将网络时延建模成一个概率分布由 Markov 链调节的随机序列更符合系统实际。简单的情况是将网络负载情况看成 Markov 链的状态，例如网络负载可以是低负载、中负载和高负载。图 6.16 表示的是 Markov 链的三种状态以及它们的状态转移情况。有向弧表示可能存在状态转移，有向弧上的 q_{MH} 等表示状态转移概率。对应 Markov 链的每一个状态，再定义相应的时延分布模型，如图 6.17 所示。

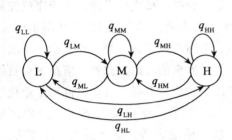

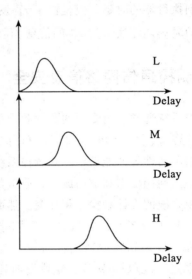

L—低负载；M—中负载；H—高负载

图 6.16　将网络负载情况建模成 Markov 链　　图 6.17　对应于 Markov 链状态的时延分布

6.5.4　时延的计算方法

1. 往返时延动态估计

较早对网络时延测量的方法出现在 TCP/IP 协议对 RTT 的动态估计中。RTT 是指从数据包被发送时刻到接收到通知数据到达信息所间隔的时间。TCP 使用 RTT 时间来保证数据的可靠传输并提高网络的服务质量，其算法如下。

定义第 i 次传输时所估计的 RTT 时间为 RTT_i，第 i 次传输的实际 RTT 值为 RTT_i，则第 $i+1$ 次传输的 RTT 估计值可由如下关系得到

$$RTT_{i+1} = (\alpha \cdot RTT_i) + (1-\alpha) \cdot RTT$$

式中，$\alpha \in [0, 1]$，α 越大 RTT 估计值对新的 RTT 实际值越不敏感。

另外，TCP 还定义了重发超时 RTO(Retransmission Time-Out)，当数据包发出后，系统开始计时，如果经过 RTO 时间后未收到反馈通知则认为数据丢失，数据将被重新发送。RTO 值就是根据 RTT 来计算。由 RTT 估计值得到 RTO 值如下：

$$RTO_i = \beta \cdot RTT_i$$

式中，β 为大于 1 的数。

由以上两式可以看出，如果 RTT 估计值太大，系统将对数据包丢失的敏感度降低，网络总是处于等待状态，网络利用率下降。相反，RTT 估计值过小，则系统对数据丢失过于敏感，数据重发概率增加，造成网络无效负荷增加，效率下降。因此，合理估计网络数据传输时延是一个非常重要的问题。

2. 时间戳

还可以使用时间戳(timing stamp)的方法来计算时延。时间戳是一种形象的说法，它

表示将数据产生的时刻和数据一起发送出去。传感器可以把测量值及其时间戳放在一个数据包中传送,这样,控制器在得到测量数据的同时也得到了该数据的时戳值。控制器把该时戳值与本地时钟值相比较,就能够容易地计算出 τ_k^{sc} 的值。用同样的方法也可以计算出控制器到执行器的时延,但是由于 τ_k^{ca} 发生在控制信号 u_k 被计算出来之后,因此在计算控制信号的时候还无法得到 τ_k^{ca} 的信息。

6.6 测控通信网络信息安全

测控系统通常是由专用的硬件和通信组成,是单独的,孤立的系统,用于完成控制功能的计算资源(包括 CPU 计算时间和内存)都是极其有限的。系统的设计需要满足可靠性、实时性和灵活性等性能需求。在测控系统中信息安全通常都不是一个重要的设计要求,因而为了提高性能要求和节约成本,通常都忽略了信息安全的考虑。此外,信息安全目标有时和控制系统的设计和操作相冲突。然而,由于技术的快速发展,信息化推动工业化进程的加速,越来越多的计算机技术和网络通信技术应用于工业控制网络中。例如,用通用的计算机设备和数据通信设备取代专用的控制和通信设备;嵌入式技术、监视控制与数据采集系统(SCADA)、企业资源计划(ERP)、生产执行系统(MES)等企业信息自动化的应用;企业信息网络与 Internet 相连等;Windows 操作系统和 TCP/IP 网络协议,等等。同时,更多的信息网络被集成到工业控制网络中,这种集成互联能提高远程数据获取,允许产品处理和对现场设备远程维护的支持,增加商业分析和决策。这些技术应用的同时,随之带来了测控网路的安全问题,例如病毒、信息泄露和篡改、系统不能使用等安全问题。

6.6.1 测控网络与信息网络的区别

工业控制网络区别于信息网络的主要有以下四点:

a. 性能和功能需求不同

信息网络设计以高带宽和可靠响应为目标,高的延迟和抖动是可以接受的;控制网络有较高的实时性和较快的时间响应要求,控制系统和实时操作系统都运行在资源受限的设备上,不可能提供安全措施。

b. 人机交互响应时间的不同

对于一些控制网络来说,人机交互的响应时间是很关键的。例如在一些紧急操作情况下,不能要求操作员输入密码或其他认证授权信息而阻碍紧急操作的执行。

c. 安全体系的不同

对于信息网络,重要数据都存储在服务器上,我们主要保护服务器上的数据的安全;对于控制网络,正好相反,主要是保护工作站、控制器、传感器等节点设备的数据存储和传输的安全。

d. 可用性和可靠性需求不同

由于生产制造过程的连续性,现应用于信息系统的补丁、升级和测试等安全措施不能适用于控制系统。控制系统对网络的可用性和可靠性有了更高的要求。

6.6.2　测控通信网络安全威胁

基于 Internet 的测控网络采用以太网将现场控制系统、过程监控层网络、企业信息管理层网络进行高度集成和互联，这种扁平化的网络结构层次也使测控网络面临越来越多的安全威胁。测控网络面临的安全威胁分为如下几类：

1. 网络拓扑安全

网络拓扑是指网络的结构方式，表示连接在地理位置上分散的各个节点的几何逻辑方式。网络拓扑决定了网络的工作原理及网络信息的传输方法。一旦网络的拓扑逻辑被选定，必定要选择一种适合这种拓扑逻辑的工作方式与信息的传输方式。如果这种选择和配置不当，将为网络安全埋下隐患，网络的拓扑结构本身就有可能给网络的安全带来问题。常见的网络拓扑结构有总线形、星形、环形和树形等。在实际应用中，通常是它们中的全部或部分的混合形式，而非单一的拓扑结构。下面对各种拓扑结构在安全方面的优缺点做一简要介绍。

a. 总线形结构

总线形结构是将所有的网络工作站或网络设备连接在同一物理介质上，每个设备直接连接在通常所指的主干电缆上。由于总线形结构连接简单，增加和删除节点较为灵活。

总线形拓扑结构存在如下安全缺陷：

(1)故障诊断困难。

虽然总线形结构简单，可靠性高，但故障检测却很困难。因为总线形结构的网络不是集中控制，故障检测需要在整个网络上的各个站点进行，必须断开再连接设备以确定故障。而且，由于一束电缆连接着所有设备电缆，故障的排除也显得较为困难。

(2)故障隔离困难。

对于总线形拓扑，如故障发生在站点，则只需将该站点从网络上除掉，如故障发生在传输介质上，整个总线要被切断。

b. 星形拓扑结构

星形拓扑结构是由中央节点和通过点到点链路接到中央节点的各站点组成。星形拓扑如同电话网一样，将所有设备连接到一个中心点上，中央节点设备常被称为转接器、集线器或中继器。

星形拓扑结构主要有如下缺陷：

(1)电缆的长度和安装。

因为每个站点直接和中央节点相连，因此需要大量的电缆，电缆沟、维护、安装等都存在问题。

(2)扩展困难。

要增加新的网点，就要增加到中央节点的连接，这需要事先设置好大量的冗余电缆。

(3)对中央节点的依赖性太大。

如果中央节点出现故障，则会成为致命性的事故，可能会导致大面积的网络瘫痪。

(4)容易出现"瓶颈"现象。

大量的数据处理要靠中央节点来完成，因而会造成中央节点负荷过重，结构复杂，容易出现"瓶颈"现象，系统安全性较差。

c. 环形拓扑结构

环形拓扑结构的网络由一些中继器和连接中继器的点到点链路组成一个闭合环。每个中继器与两条链路连接，每个站点都通过一个中继器连接到网络上，数据以分组的形式发送。由于多个设备共享一个环路，因此需对网络进行控制。

环形拓扑结构主要有如下缺陷：

（1）节点的故障将会引起全网的故障。

在环上数据传输通过了接在环上的每一个节点，如果环上某一节点出现故障，将会引起全网的故障。

（2）诊断故障困难。

因为某一节点故障会引起全网不工作，因此难以诊断故障，需要对每个节点进行检测。

（3）不易重新配置网络。

要扩充环的配置较困难，同样，要关掉一部分已接入网的节点也不容易。

（4）影响访问协议。

环上每个节点接到数据后，要负责将之发送到环上，这意味着同时要考虑访问控制协议，节点发送数据前，必须知道传输介质对它是可用的。

d. 树形拓扑结构

树形拓扑结构是从总线形拓扑演变而来的，形状像一棵倒置的树。通常采用同轴电缆作为传输介质，且使用宽带传输技术。当节点发送信号时，根节点接收此信号，然后再重新广播发送到全网。

树形结构的主要缺陷是对根节点的依赖性太大，如果根节点发生故障，则全网不能正常工作，因此该种结构的可靠性与星形拓扑结构类似。

2. 网络软件漏洞

网络系统由硬件和软件组成。由于软件程序的复杂性、编程的多样性和能力的局限性，在网络信息系统的软件中很容易有意或无意地留下一些不易被发现的安全漏洞。

（1）网络漏洞。

在复杂的工业控制应用中，网络服务的安全漏洞是不容忽视的。如工业现场设备的应用服务将面临服务欺骗的威胁；将 Web 服务器置入 PLC 或现场设备实现动态交互将面临 CGI 滥用威胁；除此之外，还有拒绝服务、FTP 漏洞、Telnet 漏洞等应用服务漏洞。

（2）系统漏洞。

虽然工业控制网络中有些现场设备没有使用任何操作系统，但是一些更为重要的工业交换机、OPC 服务器、组态设备等使用了通用的操作系统。这些系统往往存在一些安全漏洞。如系统弱口令等。

（3）协议漏洞。

许多工业通信协议设计之初并没有考虑安全问题，通信是建立在 IP 信任的基础上，所以不可避免地会遭受安全攻击。如 TCP/IP 协议容易遭受 IP 欺骗、ARP 欺骗等攻击。

（4）策略漏洞。

缺乏或不合理的安全保障技术或策略，将会给工业控制网络带来极大的安全风险。例如，不正确安全网关和防火墙的过滤策略将使一些非安全报文进入控制网络，明文传输重要通信报文将遭受非法窃取等。

　　3. 网络人为威胁

　　网络信息的安全与保密所面临的威胁来自很多方面，并且随着时间的变化而变化。这些威胁可以宏观地分为人为威胁和自然威胁。自然威胁可能来自于各种自然灾害、恶劣的场地环境、电磁辐射和电磁干扰、网络设备自然老化等。这些无目的的事件，有时会直接威胁网络信息安全，影响信息的存储媒体。人为威胁则通过攻击系统暴露的要害或弱点，使得网络信息的保密性、完整性、可靠性、可控性、可用性等受到侵害，造成不可估量的经济损失和政治上的损失。

　　人为威胁又分为两种：一种是以操作失误为代表的无意威胁（偶然事故）；另一种是以计算机犯罪为代表的有意威胁（恶意攻击）。

　　虽然人为的偶然事故没有明显的恶意企图和目的，但它会使信息受到严重破坏。

　　最常见的偶然事故有：操作失误（未经允许使用、操作不当、误用存储媒体等）、意外损失（电力线路搭接、漏电、电焊火花干扰）、编程缺陷（经验不足、检查漏项、水平所限）、意外丢失（被盗、被非法复制、丢失媒体）、管理不善（维护不力、管理薄弱、纪律松懈）、无意破坏等。

　　人为的恶意攻击是有目的的破坏。恶意攻击可以分为主动攻击和被动攻击。主动攻击是指以各种方式有选择地破坏信息，如修改、删除、伪造、添加、重放、乱序、冒充、病毒等；被动攻击是指在不干扰网络信息系统正常工作的情况下，进行侦听、截获、窃取、破译和业务流量分析及电磁泄漏等。

　　由于人为恶意攻击有明显企图，其危害性相当大，常见的人为恶意攻击有：

　　（1）窃听。

　　在广播式网络信息系统中，每个节点都能读取网上的数据。对广播网络的基带同轴电缆或双绞线进行搭线窃听是很容易的，安装通信监视器和读取网上的信息也很容易。

　　网络体系结构允许监视器接收网上传输的所有数据帧而不考虑帧的传输目的地址，这种特性使得窃听网上的数据或非授权访问很容易，且不易被发现。

　　（2）流量分析。

　　流量分析能通过对网上信息流的观察和分析推断出网上的数据信息，例如有无传输、传输的数量、方向、频率等。因为网络信息系统的所有节点都能访问全网，所以流量分析易于完成。由于报文信息不能被加密，所以即使对数据进行了加密处理，也可以进行有效的流量分析。

　　（3）破坏完整性。

　　破坏完整性，即有意或无意地修改、破坏信息系统，或者在非授权和不能监测的方式下对数据进行修改。

　　（4）重发。

　　重发是重复一份报文或报文的一部分，以便产生一个被授权效果。当攻击节点拷贝发到其他节点的报文，并在其后重发它们时，如果网络系统不能监测重发，接收节点将依据此报文的内容接受某些操作。例如，报文的内容是关闭网络的命令，则将会出现严重的后果。

　　（5）假冒。

　　当一个实体假扮成另一个实体时，就发生了假冒。一个非授权节点，或一个不被信任的、有危险的授权节点都能冒充一个授权节点，而且不会有多大困难。很多网络适配器都允许网络帧的源地址由节点自己来选取或改变，这就使假冒变得较为容易。

(6)拒绝服务。

当一个授权实体不能获得对网络资源的访问，或当紧急操作被推迟时，就发生了拒绝服务。拒绝服务可能由网络部件的物理损坏而引起；也可能由使用不正确的网络协议而引起，如传输了错误的信号或在不适当的时候发出了信号；也可能由超载而引起。

(7)资源的非授权使用。

资源的非授权使用，即与所定义的安全策略不一致的使用。因常规技术不能限制节点收发信息，也不能限制节点侦听数据，因此，一个合法节点能访问网络上的所有数据和资源。

(8)干扰。

干扰，即由一个节点产生数据来扰乱提供给其他节点的服务。干扰也能由一个已经损坏的并还在继续传送报文的节点所引起，或由一个已经被故意改变成具有此效果的节点所引起。频繁的、令人讨厌的电子邮件信息是最典型的干扰形式之一。

(9)病毒。

目前，全世界已经发现了几十万种计算机病毒，并且新的病毒还在不断出现。随着计算机技术的不断发展以及人们对计算机系统和网络依赖程度的增加，计算机病毒已经构成了对计算机系统和网络的严重威胁。

6.6.3 常用的安全措施

(1)防病毒措施。

针对网络中所有可能的病毒攻击设置对应的防毒软件。通过全方位、多层次的防毒系统配置，使网络没有薄弱环节成为病毒入侵的缺口。网络防病毒技术包括预防病毒、检测病毒和消除病毒等3种技术。

(2)防火墙技术控制访问权限。

防火墙技术主要作用是在网络入口处检查网络通信，根据客户设定的安全规则，在保护内部网络安全的前提下，保障内外网络通信。

(3)入侵检测技术。

针对防火墙后门有可能暴露或入侵者可能就在防火墙内的情况，在特定的监控机上运行入侵检测系统，可以实现提供实时的攻击侦测保护。一旦发现攻击行为，网络入侵检测系统可以立即做出响应，并且对入侵经过进行记录，以便采取相应的维护措施。

(4)网络隔离。

网络隔离(如网关隔离)使得内部网不直接或间接地连接公共网络，通过过滤外部报文来防止系统外部意外入侵。目前多采用具有包过滤功能的以太网交换机来实现。

(5)入侵容忍技术。

无数的网络安全事件告诉我们，网络的安全仅依靠"堵"和"防"是不够的。第三代网络安全技术，隶属于信息生存技术的范畴。卡耐基梅隆大学的学者给这种生存技术下了一个定义：所谓"生存技术"就是系统在攻击、故障和意外事故已发生的情况下，在限定时间内完成使命的能力。它假设我们不能完全正确地检测对系统的入侵行为，当入侵和故障突然发生时，能够利用"容忍"技术来解决系统的"生存"问题，以确保信息系统的保密性、完整性、真实性、可用性和不可否认性。

入侵容忍技术的实现主要有两种方法：一种是攻击响应，通过检测到局部系统的失效或估计到系统被攻击，而加快反应时间，调整系统结构，重新分配资源，使信息保障上升到一种在攻击发生的情况下能够继续工作的系统。可以看出，这种实现方法依赖于"入侵判决系统"是否能够及时准确地检测到系统失效和各种入侵行为。另一种被称为"攻击遮蔽"技术，就是待攻击发生之后，整个系统好像没什么感觉。该方法借用了容错技术的思想，就是在设计时就考虑足够的冗余，保证当部分系统失效时，整个系统仍旧能够正常工作。

6.6.4　基于安全区的测控通信网络安全模型

测控系统网络由信息管理层、过程控制层、现场设备层三部分构成。现场设备层划分为若干个控制区域，各个控制区域由执行机构、可编程控制器、感应器等组成，采用现场总线或工业以太网介质来实现相互之间的通信，并完成系统中某一部分的测量与控制功能。过程控制层网络是系统的主干网，内部相关现场设备均通过适用于工业控制现场的以太网络连接在一起，主要包括 HMI(人机接口)、以太网交换机、基于控制器的 PC、数据采集与监控系统。信息管理层可以将中间层的信息转入上层的数据库，采用交换式以太网并通过网关及路由设备接入 Internet，实现远程用户随时通过浏览器对生产过程进行实时监控。

1. 控制区安全模型

控制区域可以划分为 SCADA、输入输出接口、远程诊断和维护、控制回路等几个部分，图 6.18 给出了控制区域的安全模型。

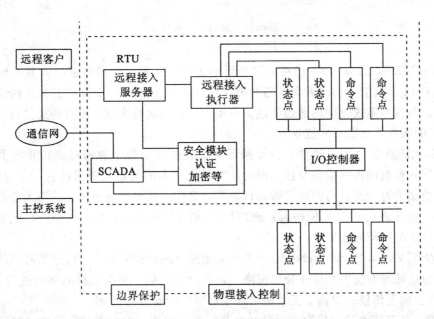

图 6.18　控制区域安全模型

该模型中使用边界保护和物理访问控制来保护控制区域的资源，并将安全措施集中在 RTU(remote terminal units 远程终端控制系统)中。给执行器与传感器等规定一个特定的设备 ID，并通过 I/O 控制器与 RTU 直连。集中到 RTU 的操作形成一组数据值称为"点"，这些数据值是由 RTU 提供的遥测和控制数据的数字化表示。"状态点"代表从传感器读取的数值。"命令点"代表直连的执行器的动作。接入状态点和命令点被接入控制、安全功能模块和与安全相关的信息通信接口所限制，通过设置安全模块(数据/设备标识符鉴别服务被用作一个独立的功能来强调数据和指令信号的鉴定)来实现访问控制与完整性控制，防止未授权用户的非法操作，以实现分布式控制网络中各个组件的自身与信息传输安全。

2. 系统安全体系架构

构造了图 6.19 所示基于安全区域的测控系统网络的安全体系架构。其中各主要组成部分的作用如下：

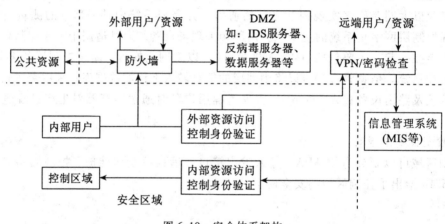

图 6.19 安全体系架构

(1) DMZ(Demilitarized Zone)可以被当做一个代理区用来保护外部网和 ICN 网之间的通信，在 DMZ 上的服务器或者系统需要被同化并且能被最新的安全补丁和反病毒的文件实时更新。与这些系统之间的通信的最大范围需要由防火墙限制，所有的通信将会通过同化在 DMZ 的服务器指定后才能发生。

(2) 防火墙负责对进出的数据包按照系统设置的安全规则进行过滤，并提供代理服务。所有进入控制网内的信息与控制网内计算机发送出的信息均要通过它。它对所有进、出网络的数据进行过滤，对网络的访问行为进行管理，从而有效地阻止恶意入侵者对系统进行攻击；通过集成 IDS(入侵检测系统)对通过防火墙的信息内容和活动进行记录并对网络攻击进行检测和破坏报警。

(3) VPN(Virtual Private Network)负责对远端用户进行密码检查。可采用隧道技术以及加密、身份认证等方法来实现在公用网络上建立专用网络，使得数据能够通过安全的"加密通道"在公网上传播，提高了工业网络远程控制中的安全性。

(4) 内、外部资源访问控制主要是对内部信息子网用户的权限进行管理，对用户的权限进行分类控制。可以限制用户的权限来实现区分操作，从而消除威胁并控制潜在隐患。外部资源访问控制/身份验证是对内部用户访问系统之外的信息资源(网络上其他资源)的控制。内部资源访问控制/身份验证是对远端用户访问内部资源进行的控制。

在该架构中，将外网与内网通过防火墙隔离，并将控制系统与管理网络划分开来，对于远程接入的用户，要经过 VPN 密码检查与身份认证和权限确认后才能够执行操作，实现了内外网的隔离，保证了内网的安全。

6.7　测控通信网络性能可靠性

随着以太网技术的发展，其标准化、灵活性、价格低廉、稳定可靠、通信速率高、软硬件产品丰富、应用广泛以及支持技术成熟等优点，使以以太网为代表的通信技术正成为测控系统通信网络应用的新亮点。

测控通信网络性能的可靠性主要取决于通信设备的可靠性、计算机网络的拓扑结构、通信介质的容量等因素。在网络性能可靠性研究中，可以做如下假设：当一条边发生故障时，这条边上的数据流也就为 0；当这条边无故障时，这条边的实际流量可达到它的额定容量。也就是说，计算机网络的流量只和各条通信信道的物理故障有关。

但这样分析略显粗糙，有许多不足。其一，部件状态，如边的状态不能只用"好"和"坏"来区分。实际上，有许多因素能导致通信线路处在非"好"非"坏"的状态，如外部的干扰经常使一根 64kb/s 的专线电缆工作在 40~50kb/s 左右，或者更低，但从计算机网络的角度来说，网络还在工作，是"好"的，只是"好"的程度不够。因此，部件的状态描述要能体现"好"的程度。其二，整个计算机网络也不能用"好"和"坏"两种状态来概括。例如，一个计算机网络，从一个节点到另一个节点，能传输 100 个数据单元就是好的网络，否则就不是好的网络，这样的划分过于刻板和绝对。其三，当前的计算机网络，由于采用先进的技术，其硬件（包括通信电缆），发生故障的概率很小，且趋于 0，因此，影响计算机网络结构的连通性的故障也是越来越少。但尽管如此，计算机网络的性能要求却是越来越高，人们总是觉得使用计算机网络时受到了什么约束。实际上，这个约束就是计算机网络的配置，亦即影响计算机网络性能的因素主要是计算机网络的配置。这样，基于二值系统理论的分析方法就显得有些力不从心，必须采用其他的分析方法。

6.7.1　多状态单调关联模型

设所考虑的计算机网络的模型是网络 $N(G, c, f, s, t)$，其中：

$G=G(V, E)$ 为计算机网络的关联图，且 $|V|=n$，$|E|=m$。

$V=\{v_1, v_2, \cdots, v_n\}$。$E=\{e_1, e_2, \cdots, e_m\}$。

$S=\{0, 1, 2, \cdots, M\}$ 表示网络吞吐量可能的值，共分作 $M+1$ 个状态。

$c=\{c_1, c_2, \cdots, c_m\}$ 是各条边的容量。c_i 为边 e_i 上的容量，且假定 c_i 是正整数。这也表示边 e_i 的流量 f_i 可能有 $f_i=\{f_1, f_2, \cdots, f_m\}$，且 $e_i \in E$，总有 $f_i \leqslant c_i$。f_i 是一个不确定的量，$f_i \in \{0, 1, 2, \cdots, c_i\}$，故称 f_i 有 c_i+1 个状态。

设计算机网络的各节点是完美的。

$f=\{f_1, f_2, \cdots, f_m\}$ 是计算机网络边的状态向量。它的一个取值表示计算机网络的一个状态。

χ：表示计算机网络所有状态的集合。

$\phi : \chi \to S$ 为计算机网络吞吐量的结构函数。它表示的是从源节点 s 到目的节点 t 的最大数据流。

$(j_i, f) = (f_1, f_2, \cdots, f_{i-1}, j, f_{i+1}, \cdots, f_m)$，这里 $j \in S$。

$(\cdot_i, f) = (f_1, f_2, \cdots, f_{i-1}, \cdot, f_{i+1}, \cdots, f_m)$。

$j = (j, j, \cdots, j)$。

设 x 和 y 是状态变量，有

$y < x$ 表示对任意的 i 都有 $y_i \leqslant x_i$，且至少有一个 i 使得 $y_i < x_i$，$i = 1, 2, \cdots, m$。

$x \vee y$ 表示 $\max(x, y)$。

$x \vee y = (x_1 \vee y_1, x_2 \vee y_2, \cdots, x_m \vee y_m)$。

$x \wedge y$ 表示 $\min(x, y)$。

$x \wedge y = (x_1 \wedge y_1, x_2 \wedge y_2, \cdots, x_m \wedge y_m)$。

定义 6.1　设 ϕ 是计算机网络吞吐量的结构函数，如果

（1）$\phi(f)$ 随 f 的增大而增大；

（2）$\min\limits_{1 \leqslant i \leqslant m} f_i \leqslant \phi(f) \leqslant \max\limits_{1 \leqslant i \leqslant m} f_i$；

则称该计算机网络吞吐量是多状态单调的。

定义 6.2　设 ϕ 是计算机网络吞吐量的结构函数，且是多状态单调的。如果：

（1）对任意的 i 部件及其 j 状态，总存在一个状态向量 f 使得 $\phi(j_i, f) = j$，且当 $l \neq j$ 时，$\phi(l_i, f) \neq j$，则称 ϕ 是强关联的（Strongly Coherent）。

（2）对任意的 i 部件及其 j 状态，$j \geqslant 1$，总存在一个状态向量 f 使得 $\phi((j-1)_i, f) < \phi(j_i, f)$，则称 ϕ 是关联的（Conerent）。

（3）对任意的 i 部件及其 j 状态，总存在一个状态向量 f 使得当某些 $l \neq j$ 时有 $\phi(l_i, f) \neq \phi(j_i, f)$，则称 ϕ 是弱关联的（Weakly Conerent）。

定义 6.3　设 ϕ 是计算机网络吞吐量的结构函数，且是多状态单调的，则 ϕ 的对偶为 $\phi^D(f) = M - \phi(c - f)$。

定义 6.4　设 ϕ 是计算机网络吞吐量的结构函数，且是多状态单调的。如果 $\phi(f) = j$，则 f 称为状态 j 向量。如果一个状态 x 使得 $\phi(x) \geqslant j$，则 x 称为状态 j 的上向量（Upper Vector for Level j）。

定义 6.5　设 ϕ 是计算机网络吞吐量的结构函数，且是多状态单调的。如果 $\phi(f) = j$，且有一个状态 x 使得 $\phi(x) \leqslant j$，则 x 称为状态 j 的下向量。

定义 6.6　设 ϕ 是计算机网络吞吐量的结构函数，且是多状态单调的。a 为状态 j 的上向量。如果对任意的状态向量 x，当 $x < a$ 时有 $\phi(x) < j$，则 a 称为状态 j 的最小上向量。

定义 6.7　设 ϕ 是计算机网络吞吐量的结构函数，且是多状态单调的。b 为状态 j 的下向量。如果对任意的状态向量 x，当 $x > b$ 时有 $\phi(x) > j$，则 b 称为状态 j 的最大下向量。

下向量类似于二值状态中的割集，上向量类似于二值状态中的路径，最大下向量则类似于二值状态中的最小割集，最小上向量则类似于二值状态中的最小路径。

命题 6.1　设 ϕ 是计算机网络吞吐量的结构函数，则有

$$\phi(f) = \sum_{j=0}^{c_i} \phi(j_i, f) I_{x_i = j} \quad i = 1, 2, \cdots, m。$$

设 F_i 是表示部件 i 的状态的随机变量，则有

$$P[F_i = j] = p_{ij},$$

$$P[F_i \leqslant j] = p_i(j),$$

这里 $i = 1, 2, \cdots, m$，$j = 0, 1, 2, \cdots, c_i$。p_i 表示部件 i 的数据流的概率分布。显然有

$$p_i(j) = \sum_{k=0}^{j} p_{ik},$$

$$p_i(M) = \sum_{k=0}^{c_i} p_{ik} = 1。$$

设 $F = (F_1, F_2, \cdots, F_m)$ 是 m 个部件的状态的随机向量，并且假定 $F_1, F_2, \cdots, F_m$ 统计上相互独立（Statistically Mutually Independent），则 $\phi(F)$ 则是表示计算机网络吞吐量的随机变量，且有

$$P[\phi(F) = j] = p_j, \quad j = 0, 1, 2, \cdots, M。$$

$$P[\phi(F) \leqslant j] = p(j), \quad j = 0, 1, 2, \cdots, M。$$

显然，函数 p 表示的是计算机网络吞吐量的概率分布。

令 $h = E\phi(F)$。则有

$$h = h_p(p_1, p_2, \cdots, p_m),$$

称 h 为计算机网络基于吞吐量的可靠度。

6.7.2　最小路径集算法

为了描述算法，先介绍几个概念。

设 $N_f = \{a_i \in E \mid f_i > 0\}$，$Z_f = \{a_i \in E \mid f_i = 0\}$，$1_i = (\delta_{i1}, \delta_{i2}, \cdots, \delta_{im})$，其中

$$\delta_{ij} = \begin{cases} 1 & i = j \\ 0 & i \neq j \end{cases}。$$

令 $S_f = \{a_i \in N_f \mid \phi(f - 1_i) < \phi(f)\}$。

定义 6.8　计算机网络 $N(G, c, f, s, t)$ 有结构函数 ϕ，f 是它的一个状态向量。当且仅当

（1）$\phi(f) = d$，即这个数据流 f 能使通信节点对 (s, t) 之间的数据流量为 d；

（2）$N_f = S_f$。

则称流 f 是计算机网络 $N(G, c, f, s, t)$ 的一个 d 级最小路径。

这里，条件（2）使得结构函数 ϕ 对计算机网络的每个考虑部件都是敏感的，亦即结构函数 ϕ 是多状态单调关联的。由定义可知，d 级最小路径就是最小上向量。

设通信节点对 (s, t) 之间的数据流期望值为 d，则计算机网络节点对 (s, t) 之间的通信能力为 d 的概率为

$$p_r\{f \mid \phi(f) \geqslant d\}。$$

上式表示，计算机网络 $N(G, c, f, s, t)$ 的一个通信节点对 (s, t) 之间至少能传输 d 个数据单位的能力。

此即为计算机网络传输层的可靠度。

为了更精确地描述数据流的传输，数据流 f 除满足流量守恒定律以外，还假定数据流按单位传输，这个单位就是包或者报文，也就是说一个节点发出的多个报文可能走多条路径，亦即每个报文按自适应路由传输，这样就有下面的结论。

设 P^1，P^2，$\cdots$，P^k 是计算机网络节点对 (s, t) 之间的所有最小路径，对于每一个最小路径 P^j，流经它的最大数据流为 $L_j = \min\{c_i \mid e_i \in P^j\}$。

设数据流 f 是一个 d 级最小路径，t 是在流 f 下流经 k 个最小路径的流，$t = (t_1, t_2, \cdots, t_k)$，则有

$$\sum_{i=0}^{k} t_i = d,$$

$$t_i \leqslant L_i \quad i = 1, 2, \cdots, k,$$

$$\sum_j \{t_j \mid e_i \in P^j\} \leqslant c_i \quad i = 1, 2, \cdots, m。$$

定义 6.9 设 X 是计算机网络的状态向量，所有满足 $\phi(X) = d$ 的 X 称为计算机网络 $N(G, c, f, s, t)$ 的候选 d 级最小路径。

一个候选 d 级最小路径是不是 d 级最小路径，就要看它是否满足 $N_X = S_X$。下面的两个定理可以帮我们快速判断。

定理 6.1 对一个候选 d 级最小路径 X，至少存在一个 d 级最小路径 Y，使得 $Y \leqslant X$。

证明：（1）如果 X 是 d 级最小路径，则令 $Y = X$，定理得证。

（2）如果 X 不是 d 级最小路径，则至少存在一个边对 $\phi(X)$ 不是敏感的。设这个边为 e_i，$e_i \in N_X$，则必有

$$\phi(X - 1_i) = \phi(X) = d。$$

令 $X^1 = X - 1_i$。

如果 X^1 是 d 级最小路径，则令 $Y = X^1$，定理得证。

否则，再令 $X^2 = X - 1_i$，如此重复，经有限步必停止。

设重复过程有 $k-1$ 次，则得

$$X^k \leqslant X^{k-1} \leqslant \cdots \leqslant X^1 \leqslant X，\text{有 } \phi(X^k) = d，\text{且 } N_{X^k} = S_{X^k}。$$

令 $Y = X^k$，定理得证。

定理 6.2 如果网络 $N(G, c, f, s, t)$ 是非循环的，则它的每一个候选 d 级最小路径都是 d 级最小路径。

证明：设 $X = (x_1, x_2, \cdots, x_m)$ 是任意的一个候选 d 级最小路径。

依据定理 6.2 可知，至少有一个 d 级最小路径 $Y = (y_1, y_2, \cdots, y_m)$ 有关系 $Y \leqslant X$。

故此有 $\phi(X - Y) = 0$，也就是在 $X - Y$ 状态下，没有数据流从 s 流到 t。

但是，$X \neq Y$，则向量 $I = \{i \mid x_i - y_i > 0\}$ 不空，且集合 $\{e_i \mid i \in I\}$ 中的边必然形成了循环。这与前提假设相矛盾。

因此，如果网络 $N(G, c, f, s, t)$ 是非循环的，则它的每一个候选 d 级最小路径都是 d 级最小路径。定理得证。

设有一个网络 $N(G, c, f, s, t)$，通过矩阵运算，已求出了它的所有最小路径 P^1，P^2，$\cdots$，P^k，通过下面的算法即可求出它的所有 d 级最小路径。

算法：

（1）分别计算 P^j 的最大容量 $L_j = \min\{c_i \mid e_i \in P^j\}$，$j = 1, 2, \cdots, k$。

（2）由下面的方程组寻找所有的可行解 $(f_1, f_2, \cdots, f_k)$。

$$\begin{cases} \sum_{i=1}^{k} f_i = d \\ f_j \leqslant L_j, \ j = 1, \ 2, \ \cdots, \ k \\ \sum_{j} \{f_j \mid a_i \in P^i\} \leqslant c^i, \ i = 1, \ 2, \ \cdots, \ m \end{cases}$$

这里，对于 $j = 1, \ 2, \ \cdots, \ k$，$f_j$ 是一个非负的整数。

(3)将可行解都转换成候选 d 级最小路径 $X = (x_1, \ x_2, \ \cdots, \ x_m)$。

这里，对于 $i = 1, \ 2, \ \cdots, \ m$，$x_i = \sum_{j} \{f_j \mid a_i \in P^i\}$。

(4)检查每一个候选 d 级最小路径是否 d 级最小路径

• 如果网络图是非循环的，则所有的候选 d 级最小路径是 d 级最小路径。

• 如果网络图是循环的，且设 $\{X^1, \ X^2, \ \cdots, \ X^l\}$ 是所有的候选 d 级最小路径，则通过下面的几步即可找到所有的 d 级最小路径。

①令 $I = \Phi$(空)

②for t = 1 to l

③for j = 1 to l with j ≠ t and j ∉ I

④if $X^j < X^t$ then X^t 不是一个 d 级最小路径，$I = I \cup \{t\}$，转移到⑦。

⑤next j

⑥X^t 是一个 d 级最小路径。

⑦next t

6.7.3　应用举例

例 6.1　如图 6.20 是一个简单的计算机网络拓扑图。已知 $m = 5$，$c = \{c_1, \ c_2, \ c_3, \ c_4, \ c_5\} = (1, \ 2, \ 2, \ 2, \ 1)$，且 $\phi(c) = 4$。

显然它有三个最小路径，即 $P^1 = \{a_1, \ a_2\}$，$P^2 = \{a_3\}$，$P^3 = \{a_4, \ a_5\}$。

网络节点对 $(s, \ t)$ 之间的数据流共有 5 个级别：0，1，2，3，4。

现设 $(s, \ t)$ 之间的数据流的期望值为 2，亦即 $d = 2$，则算法过程如下：

第 1 步：$L_1 = \min\{1, \ 2\} = 1$，$L_2 = \min\{2\} = 2$，$L_3 = \min\{1, \ 2\} = 1$

第 2 步：求下列方程的可行解 $(f_1, \ f_2, \ f_3)$

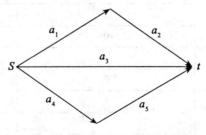

图 6.20　无循环网络图

$$f_1 + f_2 + f_3 = 2$$
$$(f_1, \ f_2, \ f_3) \leqslant (1, \ 2, \ 1)$$

$$\begin{cases} \sum_j \{f_j \mid a_1 \in P^j\} = f_1 \leqslant 1 \\[1em] \sum_j \{f_j \mid a_2 \in P^j\} = f_1 \leqslant 2 \\[1em] \sum_j \{f_j \mid a_3 \in P^j\} = f_2 \leqslant 2 \\[1em] \sum_j \{f_j \mid a_4 \in P^j\} = f_3 \leqslant 2 \\[1em] \sum_j \{f_j \mid a_5 \in P^j\} = f_3 \leqslant 1 \end{cases}$$

f_1, f_2, f_3 是非负整数。

解这个方程组，共有四个可行解：$F^1 = (1, 1, 0)$，$F^2 = (1, 0, 1)$，$F^3 = (0, 1, 1)$，$F^4 = (0, 2, 0)$。

第 3 步：将这四个可行解转换成四个候选 2 级最小路径：$X^1 = (1, 1, 1, 0, 0)$，$X^2 = (1, 1, 0, 1, 1)$，$X^3 = \{0, 0, 1, 1, 1\}$，$X^4 = (0, 0, 2, 0, 0)$。

第 4 步：因为这个网络拓扑图是非循环的，依定理 6.2 可知，这四个候选 2 级最小路径都是 2 级最小路径。

例 6.2 图 6.21 显示的是一个有循环的计算机网络拓扑图。它的每个边的可能状态及概率如表 6.1。

表 6.1   **边的状态及概率**

边	状态	概率
a_1	3	0.60
	2	0.25
	1	0.10
	0	0.05
a_2	2	0.60
	1	0.30
	0	0.10
a_3	1	0.90
	0	0.10
a_4	1	0.90
	0	0.10
a_5	1	0.90
	0	0.10
a_6	2	0.70
	1	0.25
	0	0.05

已知 $c = \{c_1,\ c_2,\ c_3,\ c_4,\ c_5,\ c_6\} = (3,\ 2,\ 1,\ 1,\ 1,\ 2)$，且 $\phi(c) = 4$。

显然它有四个最小路径，即 $P^1 = \{a_1,\ a_2\}$，$P^2 = \{a_1,\ a_3,\ a_6\}$，$P^3 = \{a_2,\ a_4,\ a_5\}$，$P^4 = \{a_5,\ a_6\}$。

网络节点对 $(s,\ t)$ 之间的数据流共有 5 个级别：0，1，2，3，4。

现设 $(s,\ t)$ 之间的数据流的期望值为 3，亦即 $d = 3$。则算法过程如下：

第 1 步：$L_1 = \min\{3,\ 2\} = 2$，$L_2 = \min\{3,\ 1,\ 2\} = 1$，$L_3 = \min\{2,\ 1,\ 1\} = 1$，$L_4 = \min\{1,\ 2\} = 1$。

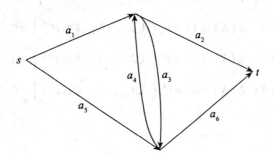

图 6.21　有循环的网络图

第 2 步：求下列方程的可行解 $(f_1,\ f_2,\ f_3,\ f_4)$

$$f_1 + f_2 + f_3 + f_4 = 2$$
$$(f_1,\ f_2,\ f_3,\ f_4) \leqslant (2,\ 1,\ 1,\ 1)$$

$$
\begin{cases}
\sum_j \{f_j \mid a_1 \in P^j\} = f_1 + f_2 \leqslant 3 \\[2mm]
\sum_j \{f_j \mid a_2 \in P^j\} = f_1 + f_3 \leqslant 2 \\[2mm]
\sum_j \{f_j \mid a_3 \in P^j\} = f_2 \leqslant 1 \\[2mm]
\sum_j \{f_j \mid a_4 \in P^j\} = f_3 \leqslant 1 \\[2mm]
\sum_j \{f_j \mid a_5 \in P^j\} = f_3 + f_4 \leqslant 1 \\[2mm]
\sum_j \{f_j \mid a_6 \in P^j\} = f_2 + f_4 \leqslant 2
\end{cases}
$$

f_1，f_2，f_3，f_4 是非负整数。

解这个方程组，共有四个可行解：$F^1 = (2,\ 1,\ 0,\ 0)$，$F^2 = (1,\ 1,\ 1,\ 0)$，$F^3 = (2,\ 0,\ 0,\ 1)$，$F^4 = (1,\ 1,\ 0,\ 1)$。

第 3 步：将这四个可行解转换成四个候选 3 级最小路径：$X^1 = (3,\ 2,\ 1,\ 0,\ 0,\ 1)$，$X^2 = (2,\ 2,\ 1,\ 1,\ 1,\ 1)$，$X^3 = \{2,\ 2,\ 0,\ 0,\ 1,\ 1\}$，$X^4 = (2,\ 1,\ 1,\ 0,\ 1,\ 2)$。

第 4 步：因为这个网络拓扑图是循环的。逐个检查每一个候选 3 级最小路径，发现 $X^2 = (2,\ 2,\ 1,\ 1,\ 1,\ 1)$ 不是 3 级最小路径，其余的 3 个都是 3 级最小路径。

在找到所有的 3 级最小路径后即可计算可靠度了。

设 P^1, P^2, $\cdots$, P^k 是所有的 d 级最小路径，则

$$R_d = P_r\{X: \phi(X) \geq d\} = P_r\{ \bigcup_{i=1}^{k} \{X: X \geq P^i\} \}。$$

要计算这个表达式，可采用容斥法，不相交集之和法或状态分解法等方法来求解。如本例，我们用状态分解法求解得：

$$R_3 = P_r\{X: \phi(X) \geq 3\} = P_r\{ \bigcup_{i=1}^{k} \{X: X \geq P^i\} \} = 0.611415。$$

同样的有：

$$R_0 = P_r\{X: \phi(X) \geq 0\} = P_r\{ \bigcup_{i=1}^{k} \{X: X \geq P^i\} \} = 1,$$

$$R_1 = P_r\{X: \phi(X) \geq 1\} = P_r\{ \bigcup_{i=1}^{k} \{X: X \geq P^i\} \} = 0.98892,$$

$$R_2 = P_r\{X: \phi(X) \geq 2\} = P_r\{ \bigcup_{i=1}^{k} \{X: X \geq P^i\} \} = 0.883$$

$$R_4 = P_r\{X: \phi(X) \geq 4\} = P_r\{ \bigcup_{i=1}^{k} \{X: X \geq P^i\} \} = 0.20412$$

习   题

1. 简述通信在测控系统中的重要作用。
2. 测控系统通信有哪些常用的协议？各有何特点？
3. 通信网络流量有何特点？
4. 传统网络流量模型有哪几种？各有何特点？
5. 举例说明通信网络性能的多状态特性？
6. 网络时延的产生有哪些原因？
7. 工业控制网络与信息网络的区别是什么？在信息安全方面的安全措施有哪些？

第7章 测控系统可信设计

7.1 可信性定义及属性

近年来，随着信息技术领域的迅速发展，人们加速了对信息技术新领域、新产品（数字计算系统）的研究和开拓。由于信息技术学科理论、技术和产品，不仅广泛应用于诸如航空航天、军事、国防及与国民经济相关的各高科技领域，而且已经发展到与人类社会、人们生活，乃至生命、财产的安全等问题息息相关。因此，人们对信息技术领域里的新技术、新产品必然会提出更高的需求和更严格的条件，即除了在传统意义上要求产品具有更高性能、更低成本，以及便于使用、易于维修等一般性规格和标准外，人们还一致认为更重要的标准则是计算系统所提供的服务是否是"可信的"。于是，计算机系统的可信性（dependability，也称为诚信性 trustworthy）问题的重要性和迫切性开始备受人们的关注。由于人类的生活乃至生存空间对信息技术及其相关产品的依赖程度愈来愈高，人们很自然地会对任何一个所应用的数字计算系统（或一件产品），提出一个"它能否为自己提供可信服务"的问题。因为计算系统已经不是一般意义上的商品了，它的可信服务已经成为衡量其质量最重要的标准之一。在过去，由于受到各种条件（包括经济、理论和技术）的限制，"可信系统"的研究和开发只是计算系统领域中的阳春白雪，对一般用户来说，往往是可望而不可即，仅仅极少数几个发达国家在某些特定要求下，才有可能和能力去开发和应用可信计算系统。例如，在航天飞机飞行姿态控制系统、原子核反应堆控制系统、导弹防御系统、铁路运输信号控制系统以及金融部门的监督系统等都需要提供完全可信的服务才可能完成其所承担的任务。这些测量控制系统中的任何隐患都将带来严重的甚至是灾难性的后果。尤其是在当今的普适计算（pervasive computing）时代中，由于测控系统已经渗透到社会的各个领域，其中包括计算机网络的高度发展和广泛使用，网格计算的日趋普及以及计算系统在人类各种经济活动和社会领域中的应用等，使得人们愈来愈期待着自己所应用和依靠的各种计算系统都是可信赖的。因此，可信计算和可信计算系统的开发和研究必将成为今后计算系统发展的主要趋势。

一个测控系统的可信性是指该系统可以提供确实可信服务的综合能力。之所以称它为一种综合能力，是因为衡量这个能力的标准并不是，也不可能是单一的，而是一个由多方面综合因素确定的评价体系。它主要涉及如下 6 个属性：可靠性（reliability）、可用性（availability）、可测性（testability）、可维护性（maintainability）、安全性（safety）以及保密性（security）等。上述诸方面组成了度量可信性的属性。

7.2　影响测控系统可信性的主要因素

每一个测控系统在其运行期间都可能受到来自各方面的干扰和影响，以致降低和损害了系统的可信性。其中，影响可信性最重要的因素有：故障(fault)、错误(error)、失效(failure)。这三个因素是造成系统可信性受损的直接原因，而三者之间有着密切的因果关系。

7.2.1　失效的定义及后果

系统在运行到一定的时间，或在一定的条件下偏离它预期设计的要求或规定的功能。这种现象通常称为失效。也就是说，失效是不可避免的。例如，美国科罗拉多州首府丹佛的国际机场，由于行李管理系统失效而延期开张达数月之久；雅丽安娜5号火箭因电子控制系统系统中错写了一个常数而引起的失效不得不使它的首次发射日期多次改期。这样因计算机控制系统出现失效的导致严重后果的事例还有很多。这说明功能强大的计算机系统在给人类带来便利的同时也存在因失效而产生的严重后果的可能性。

失效可以从以下4个不同的失效模式进行分析。

a. 失效的值域模式

(1)数值失效，也称静态失效，指系统提供了非正常(过大或过小)的数据。

(2)时间失效，也称为动态失效，指系统的响应时间不准确(太快或太慢)。

b. 失效的时域模式

(1)持续性失效，系统在一段运行期间出现的非正常现象。

(2)瞬时性失效，系统在某一时刻出现短暂的错误行为。

c. 失效的感受模式

(1)一致性失效，系统所有用户所感受到的失效情况是相同的。

(2)非一致性失效，不同的用户感觉到的失效情况是不同的。

d. 失效的后果

(1)轻微损坏，因失效而产生的后果或造成的损失不大于该系统在正常运行时其本身所提供服务的量值。

(2)严重损坏，失效造成一定的经济损失和人员受伤等后果。

(3)危险损坏，因失效而产生的后果或造成的损失大于该系统在正常运行时所提供服务的价值。

(4)灾难性损坏，系统可能发生"崩溃"，并且在系统发生崩溃后，其执行的一切任务也立即停止，其后果是不可接受的。

7.2.2　故障

失效是一个系统在运行时发生偏离预期规定而出现非正常的一种表现。产生这种失效的根本原因可以归纳为"故障"。故障可以认为是系统产生失效的似然条件和推理上的原因。故障和失效存在着密切的因果关系。从失效现象找寻产生失效的根源——故障，没有直接的明显的方法，只能根据失效的表现形式，依靠分析和推理，去发现失效的原因。例如，对一个硬件系统中存在的故障，或许只需找到故障所在的模块即可，但是有时还必须作进一步诊断以确定故障在芯片中的哪一个门电路上，或者更为详细地需要了解故障是由哪一个 MOS 电路或晶体管造成的。所以通过分析研究寻找到失效的根源——故障，只能是该失效推理上的起因。

1. 故障的起源

a. 故障的来源

系统的故障主要来自于两方面：系统内部故障和系统外部故障。

系统内部故障指系统本身由于某种原因(包括人为的、非人为的)而产生的故障。它可以在系统的规格说明、设计、生产和运行等各个阶段中产生并显示它的后果。例如，由于在飞行器的导航程序中存在某个故障，使得该飞行器在作某些飞行动作时发生失效。这个故障是在该软件设计阶段产生的；在一个数字电子线路中由于元件的老化而产生的短路故障，该故障可能导致整个线路的错误动作而引起系统的失效。这个故障是在系统运行中发生的。

系统外部故障主要来自于人为因素(如输入错误、按键错误、数据错误等)和外部环境的影响(如温度、湿度、震动)，这些原因都可能引起系统中某一部分的故障。

b. 故障形成的时间

失效一般是在系统的运行中表现出来的，但是，引起失效的故障却可以在系统的整个生命周期都可以形成，包括系统的规格说明阶段、设计阶段、生产制造阶段和运行期间。

2. 故障的性质

(1)从故障的基本性质分析。

功能性故障：以人为造成的为主，由于人为(主要指非故意行为)的原因，在系统整个生命周期都可能引入功能故障。

技术(工艺)性故障：又称为物理故障或硬故障，主要发生在硬件系统。例如，信号线的开路或短路。

(2)从故障的故意性来分析，有非故意性故障和故意性故障。

(3)从故障的持续时间来分析，有永久性故障和暂时性故障。

7.2.3　错误的定义及传递性

1. 错误的定义

故障的出现并不意味着它的影响一定会在系统的功能上立即表现出来。一般情况下，一旦出现故障，在系统外部并不是立即暴露，因而也无法立即发现故障的存在。这是因为在一段运行期间内，故障的出现可能并不立即影响或反映在系统所提供的服务上。例如，一个硬件系统中，某一个逻辑门发生了故障，但是在当前运行的任务中，该逻辑门恰好处在不工作或等待状态，于是这个故障不会影响系统的正常工作。可见，从出现故障到系统的失效之间存在一段延迟时间，称为故障潜伏期。潜伏期可以很短，也可能很长，视具体系统和故障的不同而不同。在潜伏期中的故障称为被动故障或非活动故障。当故障一旦被激活产生后果时则称为活动故障。但是，即使是活动故障也未必会立即引起系统的失效。这是因为活动故障所产生的后果需要一定的条件：时间(延迟)和通路(称为故障链)。有了时间和通路，活动故障产生的后果，才能传递到系统的输出端，使系统因功能发生改变而失效。因此，故障的后果必定先影响到它所在的部分功能或状态，然后逐步向外传递。将系统内部的某一个部分（模块）由于故障而产生了非正常（违背了设计要求和说明规格）行为或状态的现象称为错误。显然，错误是故障的产物和后果，故障是错误的起因。错误是系统内部出现故障而导致非正常状态的表现和反映。错误就像传染病一样具有传递性和扩散性，把原始故障的影响传递到系统的输出端为止，最终可能导致整个系统的失效。

2. 错误的传递

故障一旦被激活并形成错误后，就可能在系统内部扩散、传播直到系统的输出端，这种现象称为错误的传递性，如图 7.1 所示。在一定运行条件下，设备 A 中潜在的缺陷被外在干扰激活为错误，称为缺陷激活。设备 A 中的错误连续地在系统内传播，当传播到服务界面时，导致设备 A 提供的服务失效。而设备 B 接收到设备 A 提供的不正确服务，错误从设备 A 传播到设备 B 并作为其外部缺陷继续转变成其他的错误，最终传播到 B 的服务界面，导致 B 提供的服务失效。

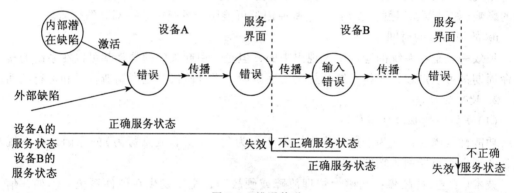

图 7.1 错误传递

7.3 测控系统的故障模式与可信保障

7.3.1 故障模型及分类

数字系统可信性领域的研究对象首先在于分析使系统成为不可信的主要因素和根源：故障、错误和失效。而在这三个因素中，故障则是根本的原因。因此，首先必须详细研究故障的特点和与它相关的性质和影响。然而，由于物理概念上的故障形式（包括硬件和软件方面的故障）可能千变万化，举不胜举，所以对各种物理故障逐一进行精确的描述和分析，实际上是不可能的。因此，在实践应用过程中，人们总是将数字系统中可能存在的各种故障模式抽象化、模型化，使之易于归类，便于描述，从而有利于对它们作精确的分析和详细的研究。并且，由于同一类型的故障具有相同的性质，因此，可以使用同一种或相类似的方法进行测试、诊断或作其他方面的处理，可以有效降低处理故障和解决问题的复杂性。一般来说，就硬件系统的故障而言，一个具体的物理故障由于其各种复杂的条件和表现形式，很难进行形式化的描述，也难以对其进行测试和诊断。解决这个问题的一般方法就是将物理故障用逻辑（数学）形式使其模型化。而逻辑故障往往易于用数学或逻辑形式来处理。这样就有利于对故障进行检测。故障的检测往往是通过其表现形式——错误来实施的。因此，讨论故障及故障检测必须要有一个与逻辑故障性质密切相关的模型，然后在这个逻辑故障模型的假设下进行检测或诊断。

故障的性质若与系统的结构有关，则称为结构类故障；若与系统的功能有关，则称为功能类故障。例如，一个功能故障可能会改变一个部件的真值表。事实上，在硬件系统中，从故障的逻辑模型观点来分析的话，应用结构故障模型时，往往假设系统中的每一个元件本身是正确的（无故障的），故障只可能表现在元件的输入或输出线上，即元件之间的连接信号线上。这样做的目的是为了避开（电子）元件内部物理故障的复杂因素（这部分的工作应该属于电子工艺、设计工程师们的范围）。其中，典型的逻辑故障是固定型故障（stuck-at fault），简称 s-a-V 型故障、$V \in \{0, 1\}$ 或者固定故障），桥接故障（bridge fault），又称短路故障）和开路故障（open fault）等。固定故障是指信号线不随输入信号的变化而变化，而是固定在某一个不变的值 V 上（$V \in \{0, 1\}$）的故障。而桥接故障是指几个不应相连的信号线发生了连接而产生的故障。开路故障则是由于信号线的断开而形成的故障。

从宏观原理上看，故障是对原定（设计）行为的一种不正常（或不确切）的改变。而从这种改变所引起的后果来看故障同样可以分为两大类：结构性改变和功能性改变。一般来说，结构类故障会引起系统的结构性改变，而功能类故障则可能使系统引起功能上的改变。其中，结构性改变（也称为物理性改变）指的是系统（或部件、模块）的静态结构发生的改变；而功能性改变则是指系统（或部件、模块）的（行为）功能发生了改变。相对而言，结构类故障主要是原发性的故障，即由于其自身结构（包括工艺和制造质量，元件的性质等）的改变而直接产生的故障。例如，从硬件方面来看，电路中连线的开路或短路，造成信号线的 s-a-0/1 故障；印刷线路板的槽口错位等故障均属于结构类故障。从软件方面来看，程序中的违反语法规则等这一类故障就属于结构类故障。而功能类故障则往往是继发性的，也就是由其他故障而引起的故障。因此，根据以前对错误的定义，功能类故障实际上可以认为是一种错误。例如，在硬件方面的例子，当一个逻辑或门的一条输入端线上输入逻辑值为"1"时，其输出端却是"0"，就是一个功能类故障的例子。这是因为很可能是由其他诸多故障而引起的：如这条输入线开路（与输入断开），或是该逻辑或门错（安装）成了或非门等。因此，它属于功能类故障。在软件方面的例子，当一个程序中规定"某一个变量必须在一个规定范围之内"，这样，凡是造成变量不在该规定范围之内的故障都属于功能类故障。

因此，对应于上述两大类故障，可以建立两类相应的故障模型：结构类故障模型和功能类故障模型。结构类故障模型主要是描述由结构改变而引起的故障集合；功能类故障模型则是描述有功能改变而引起的故障集合。不过，这种对故障的分类并非是绝对的，这两类故障之间既有区别又有联系。同时，在有些情况下，可能很难分清一个特定故障是属于哪一类的。但是，无论怎样，故障模型的建立对进一步研究软硬件故障以及它们之间的关系有着相当重要的意义。下面将从故障的特点和性质的角度统一考虑软硬件的故障模型。

虽然，一个数字系统（包括软件和硬件）所包含的各种故障数可能是无限的，因而对其所有可能的故障进行枚举是不可能的，但是，对其重要的（可能影响到系统产生严重后果的）、常见的（发生频率较高的）故障进行分类并建立相应的模型则是有可能的，而且是十分有必要的。这也是本书主要目的之一。事实上，一个系统可能发生的故障可以从系统的层次和系统的生命周期来分析，因而也可以根据这一点来建立相应的故障模型。

表 7.1 列出了一个数字系统的不同层次可能出现的一些重要的结构类和功能类故障的例子。

表 7.1　　　　　　在不同层次中结构类故障和功能类故障的例子

序号	层次	各种系统的例子	结构类故障和功能类故障的例子
1	系统设计（总体）	有限状态自动机，规格说明	自动机状态设计错误（结构类故障） 规格说明中存在矛盾（结构类故障）
2	程序级（软件）	程序设计语言	语句的语法错误（结构类故障） 常数设置错误（结构类故障）
3	功能级（硬件）	寄存器传输语言（RTL）	RTL 功能描述错误（结构类/功能类故障） RTL 控制描述错误（结构类/功能类故障）
4	逻辑电路（硬件）	触发器、门电路	门电路的输入输出端 s-a-0/1 故障（结构类/功能类故障）
5	电路级（硬件）	MOS，CMOS 电路	引线的 s-a-0/1，开路故障（结构类/功能类故障） 引线之间耦合故障（功能类故障）
6	工艺级（硬件）	芯片制造，布线布局	布局设计故障引起寄生电容（结构类/功能类故障）

7.3.2　硬件结构类/功能类故障模型

逻辑故障实际上是反映了由于物理故障的存在而引起在该系统上发生的异常行为。故障可以影响系统的逻辑功能，也可影响系统的运行时间（或速度）。目前讨论的内容多属于逻辑故障。将物理故障用逻辑故障来代替，至少有以下几个好处：

（1）将故障处理成为一个逻辑问题，而不是一个物理问题。这样做可以使许多不同形式的物理问题都归纳成统一的逻辑问题，因此物理故障中的复杂问题可以大大地简化了。

（2）故障模型的一个特点是，其与构成系统（元件）的物理器件、物理性能无关。因此往往一个逻辑模型可应用于多种不同的物理器件和不同的工艺技术。

(3)有些物理故障由于它们的表现形式太复杂而难以求得对它的研究方法(包括测试诊断技术等)。但使用逻辑模型化后可以很容易地对其进行较为彻底地研究。

逻辑故障模型可分为显式和隐式两类。显式逻辑故障模型定义了一类故障,其中每一个故障都可以十分清楚地枚举出来并加以分析。而隐式逻辑故障模型定义了一类性质相同的故障,它们是无法逐一枚举的。尽管在现实世界中,出现在硬件系统(从晶体管到整机系统)中的故障可能不胜枚举,但是,大体上可以将它们归纳成如下三大类故障模型:

(1)故障的静/动态模型。静态故障模型是指该模型中的故障都是以稳定状态出现的。例如,一个门的输出应该是"1",但却输出"0",就是一个静态故障。反之,动态故障模型是指该模型中的故障是以不稳定的,或瞬变的形式出现的。例如,一个门的输出应该是"1",但是它却输出了一串("0","1"之间变化的)脉冲,就是动态故障的一个例子。

(2)故障的持续性模型。永久性故障模型表示故障一旦出现后会长期驻留而不可能自动消失。例如,电路中的固定 0/1 故障(stuck at 0/1),或桥接故障等就是永久性故障;暂时性故障模型则表示故障的持续时间是相对短暂的。根据故障持续时间的长短,暂时性故障又可以分为间歇性故障和瞬时性故障。

(3)故障的对称性模型。对称性故障模型是指发生不同故障状态的概率是相同的,例如出现 s-a-0 故障和 s-a-1 故障的概率相同故障模型。反之,则是不对称故障模型。

除此以外,从同一时刻出现故障的数量上来看,又有单故障模型和多故障模型之分。这是因为在同一时刻,一个系统(或模块)中可能只出现一个故障,但是也可能出现多个故障。因此,当研究和处理故障时,若仅考虑只有一个故障的情况,则这样的故障模型称为单故障模型;若同时考虑到有多个故障发生的情况,则称为多故障模型。在讨论一个故障测试时,我们经常先假设在该系统中同时至多出现一个逻辑故障,这种称为单故障的假设在一般情况下是可行的,因为我们可以对系统施以足够多的测试次数,以致在每次测试时系统中至多只存在一个逻辑故障。与单故障的假设相对应的就是多故障。实际上多故障的现象也并不少见,尤其是在某些产品初测阶段,产品中往往存在不止一个故障,这就要求对多故障的情况进行认真的分析和研究。然而,多故障的情况毕竟比单故障的要复杂得多。因此,在一般情况下,总是先从对单故障模型的测试着手进行研究。只有在必要时,才对多故障的发生、检测、诊断作进一步研究。另外,上述所有的故障模型只是为了提供研究故障时的方便和需要才提出的,它们相互之间也不是相互孤立的,相反,它们是相互关联的。例如,当考虑一个在某一条信号线上出现一个 s-a-0 逻辑故障时(假设在该电路中出现故障 s-a-0 和 s-a-1 是等概率的),就可以将它归纳成一个"静态的"、"永久的"、"对称的"和"单故障"。

1. 逻辑电路的结构类/功能类故障模型

事实上,硬件中结构类和功能类故障是不太容易区分的。这是因为,一般来说,判断一个故障是原发性的还是继发性的需要作深入的研究。例如,在故障测试技术中使用最广泛的一个故障模型是逻辑门电路中固定型故障,(s-a-0/1),由于它发生原因的不同,可能使它成为不同类型的故障,也就是说,它可能是一个结构类故障,也可能是一个功能类故障。如图 7.2 所示,与门 G 的一个输入端 x 发生了 s-a-1 故障,而输出端 z 发生了 s-a-0

201

故障。从门电路一级来看，此类故障应该是属于结构类故障。但是，究其发生原因，发现这两个故障都是由于门电路内部的 MOS 电路发生了故障而引起的。因此，在 x 上的 s-a-1 故障和 z 上的 s-a-0 故障都是继发性故障，即功能类故障。

总之，原发性故障和继发性故障(实际上就是错误)是相对而言的。从不同的角度或层次来看，它们完全可以相互转换的。图 7.3 表示一个 MOS 开关电路。该开关电路除了在信号线上有上述提到的 s-a-0/1 故障外，还可能有晶体管常开故障(stuck OFF 或称为 stuck OPEN)和常闭(stuck ON)故障，以及桥接故障等。这些故障一般都认为是原发性的结构性故障。以图 7.3 所示之电路为例，该电路正常时，实现 $F = xy + \overline{y}z$ 的逻辑功能。假设，晶体管 T_2 发生了 stuck OFF 故障，则该电路的右侧部分始终是截止的，因而，电路变成了 $F_1 = xy$。如果电路在 a 点处发生了桥接故障(图中用虚线表示)，则电路变成为 $F_2 = x + z$，即成为一个功能类故障。

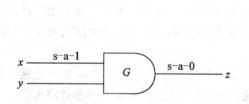

图 7.2 与门输入输出端上的固定型故障

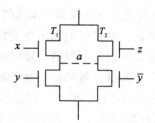

图 7.3 一个 MOS 电路上的故障

2. CMOS 门电路的结构类/功能类故障模型

由结构类故障所引起的功能故障(也可称为错误)，两者的故障类型并非一定是相同的。例如，一个结构类故障是桥接故障，但是由它引起的功能故障未必也是桥接故障，而很有可能是其他类型的故障。下面以 CMOS 电路上的故障为例阐明这个现象。图 7.4 和图 7.5 分别为由 CMOS 电路组成的逻辑或门(OR)和与非门(NAND)(虚线框内分别为它们内部结构图)及其与之相应的外部逻辑示意图。

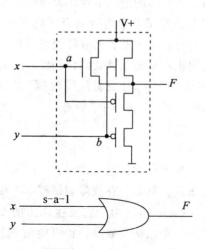

图 7.4 CMOS 或门电路及其逻辑表示

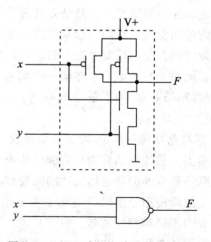

图 7.5 CMOS 或门电路及其逻辑表示

　　假设在 CMOS 或门电路中，a 点与电源的正极 V+发生短路(见图 8.8)，从电路内部来看，这是个结构性的桥接故障，此时，该电路的输出 F 变为常 1。然而，从其实现的外部功能(即从门电路的角度)来看，就相当于是输入线 x 上的一个 s-a-1 的功能类故障，并且其故障的效果也是使输出线 F＝1。对于这样的故障，可以使用输入(xy)＝(00)检测出来。因为，当输入(xy)为(00)时，其正常的输出应为 F＝0，但是，当发生故障时，输出 F＝1。同样，如果 CMOS 电路中的 b 点与接地线发生了短路的话(结构类故障)，则相当于门电路的输入线 y 发生了 s-a-0 的固定型故障(功能类故障)。实际上，这些故障的类型的区别只是同研究人员的分析层次有关。例如，对一个半导体电路(工艺)设计者来说，需要弄清楚结构类故障的起因，如 a 点与 V+之间是否发生桥接故障，以确保工艺设计的正确性。但是，对于一位逻辑设计者来说，门级电路是最底层的研究对象，因而他可能只需要弄清一个门电路的外部逻辑功能及相关故障即可，如某一条信号线(门电路的输入、输出线)是否有 s-a-0/1 等故障。于是，对一个逻辑设计者来说，上面例子中的或门输入线 x 上的 s-a-1 故障可以认为是一个原发性的结构类故障，而没有必要对电路内部找寻更为原始的"发源地"了。

7.3.3　软件结构类/功能类故障模型

　　本节中将考虑有关软件的故障模型。虽然从前面的讨论可知，软件故障多为功能类故障，但是，它同样存在着结构类故障。对结构类故障来说，主要是发生在源代码上的故障。下面先来考虑在软件(程序)源代码上的故障。

1. 软件结构类故障模型

软件结构类故障模型事实上可以归纳为程序中源代码的各种语法错误。在程序设计时，一旦确定了一种明确的程序设计语言，那么任何违反该语言语法规则的错误是一种软件结构类故障。例如，下面是一段不规则的 C 语言程序的片段。

```
while (C>0) print C
C--
if (a>5&&b>10)
x = 10
else
x = 0
```

它违反了语法规则中语句定义的正确使用,因此,需改成:

```
while (C>0)
    {
    print   C
    C--
    }
if (a>5&&b>10)
    {
    x = 10
```

```
    }
    else
    {
    x = 0
    }
```

而所有在语法规则和语句定义上的违规都属于这类模型的故障。

2. 软件功能类故障模型

先来考虑软件功能类故障中的基本分类。同硬件故障类似,软件功能类故障同样有静/动态故障,永久性/暂时性故障和单/多故障之分。然而,故障的静态和动态,永久和暂时,以及单个和多个之间的区别都是相对的,视不同的环境和情况而定的。前面(关于讨论硬件故障的性质时)已经介绍过它们的含义,但是,就大多数人而言,对它们的具体表现和鉴别方法还是比较生疏的,以下用几个具体的例子来进一步说明功能类故障的情况:

(1)静态故障和动态故障模型。假设一个软件采样系统,每隔 50ms 对一个传感器的值进行一次采样,并且将采样取得的值存入变量 V 中。如果其中采样函数漏检若干次,则 V 中的值就会在漏检的几次中有误(既可能是上一次的值,也可能是被"清"空的值)。但是,由于是发生了若干次错误,因而这样的故障是动态变化的,所以是属于动态功能类故障。而在一个模数转换的软件中,如果在转换中发生了采样的错误而被存入变量的故障,就是一典型的静态类故障。

(2)永久性故障和暂时性故障。永久性故障是指在程序运行中一旦出现故障后,不会自行消失;反之,暂时性故障只是在较短的一段时间中存在,以后可能自行消失。例如,在程序中的一个变量 R(相当于一个寄存器)为两个以上的任务所共享。假设,任务 A 是进行周期性的运行和计算,且每次运算后,即将其结果周期性地存入变量 R 中。然后,由任务 B 从 R 中将当前存入的运算结果取出,作为该任务的一个输入数据。如果,在某个周期运算中,任务 A 产生了一个错误的结果,而以后又恢复了正常。于是任务 B 在该周期中就获取一个错误的数据。假如,任务 B 在整个运行期间从变量 R 中只提取一次数据,那么这个错误的数据(在任务运行期间)就永远地驻留在 B 任务中,而产生了一个永久性的功能故障。但是,如果任务 B 在整个运行期间需要周期性地不断从变量 R 中提取数据,那么这个错误的数据就只能驻留一个周期的时间,因而在 B 任务中的错误是一个暂时性的功能故障。

(3)单故障和多故障。软件中单故障和多故障的概念与硬件中的概念并不完全相同。

在硬件中,所谓多故障是指在一个系统中有多个不相干的故障同时发生的情况。但是,对软件系统来说,单故障和多故障的区别在于一个故障所影响的范围。如果一个故障的发生只影响到一个模块(或一个单元),则称该故障为单故障;如果可能影响到多个模块(或多个单元),则称它为多故障。所以所谓的单故障模型和多故障模型完全是相对而言的。因为模块的大小可以有很大的差别,同时模块的划分也不尽相同。如果将一个模块分成若干个小模块,那么一个单故障很可能就成为多故障了,因为这个故障在大模块中只影响到一个模块,但是将这个模块分成若干小模块后可能会同时影响到多个小模块,因此,就成了多故障了。

a. 源代码级的功能类故障

（1）在当前使用高级语言的软件中，程序不仅需要按照语法的规定撰写，而且还必须有正常的句法和明确的语义。而源代码级的功能类故障主要就是由程序语义上的错误所引起的。虽然这类故障是由源代码的错误所引起，但是它却没有明显的语法上的错误，因而，它不是结构类故障，在编译时也检查不出语法错误。属于这类故障模型的具体故障形式是相当多的，无法一一列举。但是，这种故障可能对一个程序系统带来致命的伤害。下面列举了 6 种常见的、可能给系统造成严重后果的故障形式，供读者参考。

（2）函数未返回结果值。任何一个函数（功能模块）在执行结束后应将其运行的结果送回。但是可能由于程序员少写、漏写或者是由于某种原因破坏了诸如"return X"之类的返回语句，致使函数在执行完后未能将结果值送回。这是一个属于这类模型中较为典型的故障例子。

（3）子程序的参数变量未初始化。这种故障将导致子程序无法运行。

（4）在子程序执行完后对它的输出变量没有赋值。例如，在执行了子程序 temperature(T) 以后，没有将最后的结果返回给 T，致使 T 的值或是"0"，或是以前残留值。

（5）变量越界。在程序运行中出现变量的值超过了原来规定的范围。例如，考虑下面一段程序片段：

subtype stream_temperature if integer range $90\cdots120$；

boiler_temperature：stream_temperature；

　⋮

boiler_temperature：=E　　//E 为一表达式

而经过计算后 E 的结果为 -25。这就说明在变量 boiler_ temperature 中的值发生了越界，即超出了定义范围，于是可能给以后的运算带来严重的后果。

（6）存储器（内存）泄露。这种故障也是十分常见的，它是指程序在运行时，只有使用内存的命令，而在使用完上述内存后却没有释放内存的指令，致使内存被不断地"侵占"成为内存容量被泄露的故障。这种故障严重时可以给软件系统带来灾难性的后果。

（7）任务调用失败。在多道任务时，当任务 A 调用任务 B 时，任务 B 可能不存在，可能还未形成，也可能早已经退出系统等。总之，在任务相互调用时由于种种原因而失败也是一个十分严重的故障。除此以外，还有许多其他形式的故障，诸如空指针故障、路径覆盖故障等，都是这类故障的表现形式，在此不再赘述。

b. 可执行代码级的功能类故障

这类故障主要是由可执行代码的属性错误引起的。因此，一般来说，这类故障只有在程序运行后才能暴露出来。所以对这类故障的测试需要考虑它的动态性能。下面的例子反映了这类故障的具体表现形式。

（1）子程序返回失败故障。这是指一个被调用的子程序在遇到 return 指令后并没有返回主程序，而是继续在子程序中运行。因为在 return 指令中必须指明该子程序的返回地址，但是由于某种原因，如子程序中使用了 jump 等跳转指令或返回地址计算错误等，造成返回地址的错误而继续返回到子程序中的某一个地址，使得程序无法返回到主程序。地址计算错误的情况在进行编译时也时有发生。事实上，这类故障的种子也同样是在程序设计（包括编译）初期就已经埋下，只是当时难以检测出来而已。

（2）执行堆栈溢出故障。堆栈主要是保存了用来处理子程序的调用、返回以及中断等有关信息的（如返回地址、局部变量和中间变量等）。但是在程序设计（包括编译）时很可能使这些信息发生错误，导致对堆栈的容量的估计不足等，产生了堆栈溢出的故障。这种故障的发生可以引发程序的崩溃。

3. 软件功能类故障的一个实例

下面以求一个数组算术平均值的程序片段作为例子，来说明软件中功能故障的情况。假设数组 M 中存放了 6 个浮点数，即，$M = (3, -3, 6, 14, -4, -2)$。并且限定平均值的范围应该是在 [0.0, 10.0] 之间的浮点数。程序计算出 M 中 6 个数的平均值为 2.5。为易于阐述，并且不失一般性，采用类 Ada 语言写出求平均值的程序如下：

Function Average (M = 3, -3, 6, 14, -4, -2), subtype Unit is float range 0.0…10.0, return
Unit is S : Unit : = 0.0   //工作单元 S 初始化清零（A）
　　begin
　　　　for I in M'range loop
　　　　　　S : = M(I) + S;   //求和语句（B）
　　　　end loop;
　　　　return S/(M'last-M'first+1) ;   //求平均值（C）
　　end Average

首先，假如在上述程序中有一个功能故障时：在"求平均值"语句（C）中，漏写了"+1"，语句变成了如下形式（C'）：

Return S/(M'last-M'first) ;   //求平均值（C'）

于是，根据该公式计算得到的平均值为 3，而不是原来的 2.5。这个故障实际上只有在程序运行以后才能被激活，从而引起错误。而且，这样的故障即使从程序运行后的结果来分析也是较难发现的。这是因为错误的结果（平均值）与正常结果相差不大，能否检测出这个故障必须视具体的情况（包括用户的检查是否仔细等因素）而定。尤其是在数组中存放的变量个数比较多时，该错误产生的误差可能很小，不易被发现，而当数组中存放的元素个数比较少时，错误引起的误差就可能比较明显，比较容易检测。但是，在某些特殊情况下，这个故障也可能根本就不被激活。例如，当 M 中的总和为 0 时，则该故障就不会被激活，因而，这个故障在这种情况下，也不会引起错误。

其次，假定在"求和语句"（B）中发生故障为"+"号误写成了"-"号，即"求和语句"变成了如下形式（B'）：

S : M (I) —S;

于是，按照本例所设置的数据，可以得到最后的平均值为-3.33 而不是原来的 2.5。而这个功能故障引起的错误是很显然的，因为其最后的结果已经明显地超出了原来的关于平均值应在 [0.0, 10.0] 范围之内的规定。当然，当 M 中存放的所有数都为 0 时，则这个故障同样也不会被激活的。

最后，考虑一个上面提到过的变量未初始化的故障。如果在本例程序中未对变量 S 进行初始化，即"初始化"语句（A）遗漏或有误，则造成在求和时程序将地址为 S 中的原有的值（假设为 V）也作为一个数加到了总和里面。即语句（C）成为

return V+S/N;   （C"）

当 V 的绝对值很大时,其计算结果就会产生很明显的错误。因而这个故障也可能引起严重的错误。由此可见,软件功能类故障与硬件功能类故障一样,可以被激活而引起计算运行结果的错误(可以是十分明显的大错误,也可以是不引起注意的小错误),同时,在很多情况下故障也可以根本不被激活,而成为一种隐患埋藏于软件之中。所以,软件功能故障有时也被称为数据敏化(data sensitive)故障,即该故障的激活与使用的数据有着密切的关联,而软件的输入数据往往可以被看成是无限的。所以,这个例子也说明了为什么在一般情况下,软件故障比硬件故障更难发现的道理。

a. 故障模型的建立标准

前面已经引入了故障及其模型的概念。故障模型的引入主要是为了使在软硬件系统中各种不同表现形式的、千变万化的故障归纳成一些较为统一的类型,以便于对故障作进一步研究,从而找到防止、发现、检测、诊断故障的措施和技术,达到提高系统可信性的目的。

但是,建立故障模型必须具有一定的标准,使得所建立的故障模型能提供人们良好的可操作性和可控制性。前面已经提到过,所谓一个故障模型实际上是一类有某种相同属性的故障集合。如在硬件系统中的固定型故障 s-a-0/1 和桥接故障等,在软件系统中的功能类故障——变量越界和内存泄露等都是一种故障模型。而所谓的"相同属性"其实是相对的。如果模型的属性所规定的性质并非十分确切,则该模型所包含的故障类型可能比较多;反之,如果规定的性质比较严格、确切,则该模型包含的故障就可能比较少。例如,在硬件中,固定型故障和桥接故障应该分别属于不同的故障模型。这是因为两者有着各自的定义:前者指的是一条信号线在工作中不再随输入信号的变化而变化,即固定在一个逻辑值(0 或 1)上;而后者则是表示有两条(或两条以上)信号线发生了非正常的接触,形成了线逻辑的一种故障。然而,事实上一个固定型故障有可能是由桥接故障形成的。即一条信号线与接地线发生桥接故障的表现形式与该信号线上发生 s-a-0 故障的现象是一致的,而且用一般的检测手段是无法区分两者的不同。同样,一条信号线与电源线(如+5V 电源)发生桥接故障的表现形式与该信号线上发生 s-a-1 故障所表现的现象也是一致的,而且用一般的检测手段同样也是无法区分的。由此可见,固定型故障模型可以归纳到桥接故障模型中去。即,桥接故障模型包含了更多的故障类型,例如,桥接故障模型包括了固定型故障模型。这种情况说明,故障模型的选择有很大的相关性和随机性,因此,必须注意到选择模型的合理性。另外,一个故障模型所包含的故障类型不能过多,也不能太少,两者都不利于对故障的评价和研究。以下提出的几点在建立故障模型时可作为主要的参考标准。

b. 故障模型的不足

虽然故障模型在分析和研究数字系统的故障方面有着不可或缺的重要性,但是,使用故障模型也给人们带来一定的局限性,对故障的研究往往囿于故障模型所规定的故障类型而忽视对许多其他应该注意的故障类型的研究。

要说明这个问题,给出如下的例子:图 7.6 是一个由三个与非门组成的逻辑电路 N。从逻辑功能来看,其中一共有 7 条信号线(包括 4 条初级输入线 w, x, y, z,2 条内部线 u, v 和 1 条初级输出线 F)。根据单固定型故障模型的定义,每一条信号线都可能有 s-a-0 和 s-a-1 故障,因此电路 N 单固定型故障的总数应该为 $7 \times 2 = 14$。而根据多固定型故障模型的定义,该电路可能存在的多固定型故障的总数则是:$3^7 - 1 = 2187 - 1 = 2186$。这就是说,按照单固定型故障模型的定义来计算在电路 N 中可能出现的错误行为只有 14 种。而即使使用多固定型故障模型的定义来估计电路 N 中可能发生的故障数至多是 2186 种。

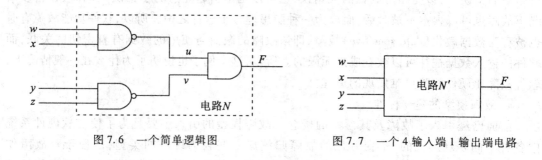

图 7.6　一个简单逻辑图　　　　　　图 7.7　一个 4 输入端 1 输出端电路

但是，根据逻辑设计原理，如果将一个具有 4 条初级输入线和一个输出端的逻辑电路，如图 7.7 所示电路 N'，看成一个具有一定逻辑功能的黑盒，那么，这个黑盒可能实现的所有不同逻辑行为的总数为 $2^{16}=65536$ 种。即，从理论上说，电路 N' 可以实现 65536 种不同的逻辑功能。而图 7.6 所示电路 N 实际上只是实现了 65536 种不同逻辑功能中的一种。换句话说，电路 N 除了一种正常状态之外，还可以有 $65536-1=65535$ 种错误的行为发生。而这个数字与上面计算出的所有可能的 14 种单故障行为和所有可能的 2186 种多故障行为的差距十分大。究其原因，就是因为我们在分析电路故障行为的时候仅仅考虑了固定型（包括单、多）故障一种模型，而忽视了许多其他可能发生的故障行为。例如，在图 7.6 中，一个与非门电路变成了与门或者是其他类型的逻辑电路的故障就不属于固定型故障的模型。它的故障行为（它导致的错误）无法用固定型故障来描述。这就意味着一个故障模型只能将电路（也可以看作一个系统）可能发生的错误行为限制在一个很小的范围内，因此，对一个电路系统）的故障分析是极为不利的。

事实上，一方面，故障模型可以帮助人们对故障进行分析以及采取必要的测试和诊断的措施；另一方面，故障模型却又妨碍着人们的"视线"和对故障的全面了解和深入研究。这里仅举了硬件系统的例子，实际上软件系统的故障模型同样存在相同的问题。

图 7.8 说明每一个故障模型所能描述的故障都只是一个系统（包括软件和硬件）所有可能的故障集合中的一部分。事实上，没有一个故障模型可以将所有的故障全部包括在内。假设 U 是一个系统所有可能发生的故障产生的错误行为的集合，FM1 和 FM2 则是分别由故障模型 F1 和 F2 所定义的故障所产生的错误行为的集合。而集合 FM1 和 FM2 都只可能是集合 U 的真子集，且 FM1 和 FM2 可以相交，也可以不相交。

7.3.4　测控系统可信性保障

故障可能发生在系统生命周期的各个阶段，即从一个系统的需求分析、规格说明进入设计阶段，到产品完成，然后投入运行直到系统结束生命为止，每一个阶段都可能引入新的故障。每引入一个新故障，不会降低系统可信性程度。所以对一个可信的系统来说，从它的生命周期一开始就应该做到使系统中的故障愈少愈好，最好是不存在任何故障。提高系统可信性的方法有：

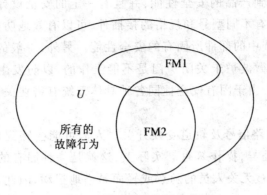

图 7.8　故障模型的覆盖范围

故障防止(fault prevention):在系统的开发和维护阶段防止故障的发生或引入。软件方面,包括结构化编程、信息隐藏、模块化等;硬件方面,包括严格的设计、屏蔽、防辐射等。维护阶段的故障防止方法有人员培训、严格的维护规程、防火墙等。

故障容忍(fault tolerance):当系统存在故障时,保证系统仍然提供正确的服务。故障容忍是一种通用的可信性保障机制,其目的是使系统在运行中出现错误时能够继续提供标准或降级服务。容错技术能够处理多种类型的缺陷和错误,例如硬件设计缺陷和软件设计缺陷。通常,容错被分为硬件容错、软件容错和系统容错。常用的容错方法包括错误检测、错误处理、系统恢复三个过程。

故障排除(fault removal):在系统的开发和使用阶段及时发现并排除故障。开发阶段的故障排除包括验证系统功能、诊断错误、更正错误。使用阶段的故障排除是在系统正常运行中错误更正维护和正常检修。

故障预报(fault forecast):通过根据系统缺陷存在和激活情况,对系统行为进行评估,预测可能发生的错误。包括定性评估和定量评估。定性评估主要是对错误类别、环境因素等可能导致系统或子系统失效的事件进行分类、识别。定量评估主要基于概率论方法来估计表达可信性测度各属性满足一定要求的程度。评估方法包括失效模式分析、Markov 链、随机 Petri 网、可靠性框图、故障树等。

7.4　故障安全

故障安全技术可以认为是可信系统保证可信性的最后一道"防线"。当容错技术无法处理系统中的故障,确保系统正常运行时,可能会引起系统的失效甚至崩溃,以致给用户及环境造成严重的影响。为了给系统最终"崩溃"之前,保证其最后的结果(状态、输出影响等)处于一个可以接受的安全范围之内,通常利用故障安全技术来实施这一任务。

7.4.1　利用固有的安全性

固有安全性是指为了保证系统的安全性,对系统中每一个部件(元器件)在生产、制造过程中,都已经考虑到产品的安全性能,并且有一定的安全设计指标的特性。同时各种电气、电子元器件都有不同型号和规格的接插件,可以有效地防止相互之间的错接、错插等。这一切就是系统中的部件所固有的安全性能。另外,一般的电器产品还规定了一些必要的操作说明,如微波炉未关闭炉门是不能工作的,以防发生微波伤人等现象也是系统固有的安全性能。由于固有安全性同各种具体系统有密切关系,因此无法提供统一的标准或解决方案。

例7.1 笨重的铁路信号及轨道变换开关。人们可能会感到奇怪,铁路道轨上的变换开关为何造的形态怪异,操作笨重。实际上,这就是一种固有的安全模式。笨重怪异的变换开关,可以防止被无关人员的随意或轻而易举地拨动,因此,可以保证铁路系统的安全。

例7.2 机器人的安全性问题。由于机器人具有一定的智能性,在机器人的工作期间可能经常与人类进行交互联系。例如,使用打扫房屋机器人时,要注意进入房间的人的安全性问题,防止机器人的误操作而伤害人类。为了防止发生类似的情况,在设计机器人时,经常需要考虑机器人所使用的工具应该无危害性,机器人的动作速度不宜过快,幅度不宜过大,重量不宜过重。

上述以固有安全性为主的安全性技术属于被动式的安全性技术,也就是说,这种措施是依靠尽量避免在系统中可能产生严重后果的故障。而系统本身已经产生的后果是被动的,无法抗拒的。相反,主动式的安全性技术,则需要使用冗余技术来主动控制系统发生故障以后的后果,因此是一种比较积极有效的提高安全性的办法。

7.4.2 利用结构冗余技术的安全性

结构冗余技术,可以提高系统的安全性,其原理主要是利用结构冗余技术后,可以将一部分认为有严重后果的状态分离出来作为是冗余状态,这样,就可以降低发生严重后果的概率。事实上,这种技术旨在控制系统在发生故障后所产生的影响和后果,使得系统在可以产生严重后果,立即将该(严重)状态转换成一种无害的"中立状态"以免发生这种严重后果。例如,当一个系统由于某种故障将发生严重后果时,系统可以使自己的所有输出(或者所有寄存器状态)转换成全0,或者全1(假设系统输出为全0或全1表示系统为关闭状态,且认为是无害的,或者无危险的状态),于是在这种情况下,系统就不可能继续产生严重后果而停止工作,或处于无害状态,虽然系统不能继续运行,但是它也不可能产生危害性的后果。

事实上,使用结构式冗余技术来提高系统的安全性能,与应用冗余技术来实现容错的思想是相似的,但处理的方式和目标却有所不同。

图7.9说明了结构冗余故障安全的基本原理。对于故障安全技术来说,它对系统的任务不在于维护系统的正常运行,或者实施容错功能,而是使得系统在发生故障后尽可能地留在已经定义的安全范围内,即图7.9所示的粗黑线所的安全范围内。同时,系统在发生故障后陷入严重后果的概率必须小于某一个预定值。为了进一步说明上述原理,下节将分析故障安全系统的例子。

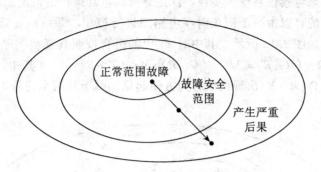

图 7.9　结构冗余故障安全原理图

7.4.3　结构冗余设计故障安全实例

本节介绍应用结构冗余设计故障安全系统的一个实例。

图 7.10 所示为交通信号控制系统的安全性问题。图中显示了最简单的十字路口的交通控制情况。其中 A 街(横向)和 B 街(纵向)来表示道路及交通方向。交通灯使用红(R)、黄(Y)、绿(G)来表示(在图中,为清晰起见,只画出路口的两组交通信号灯),其路口相对的交通信号是相同的(只有 A 和 B 两个方向,因此省去了相对方向的两组信号灯)。交通规则是,A 和 B 无论哪一个方向只有在本方向 G 灯亮时,才允许该方向通过。这个每个方向为 3 值(R,Y,G),共有两个方向。因此,交通信号的组合总数为 $3^2 = 9$ 种。其中,$(A,B) = Z_1$:$\{(R,R),(R,Y),(Y,R),(G,R),(R,G)\}$ 的 5 种输出组合属于正常范围内状态,而 $(A,B) = Z_2$:$\{(Y,Y),(G,Y),(Y,G)\}$ 的 3 种输出组合则为故障安全范围内的状态。只有最后一种组合,即 $(A,B) = Z_3$:$\{(G,G)\}$ 属于严重后果,是应当避免发生的状态,按图 7.9 可以将它们分为 3 类,如图 7.11 所示。

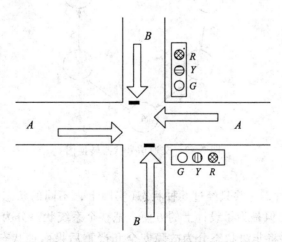

图 7.10　交通信号灯控制系统的故障安全设计

从图 7.11 可知,所需要的故障安全系统应该有能力将产生严重后果的 (G,G) 输出排除在外。现在进一步来考察该系统的实现。首先分析其正常运行的情况。根据交通信号正常的变换过程，该系统可以由一个同步时序电路来进行控制。系统的正常功能应该是在 Z_1 集合范围内进行，如图 7.12 所示。其中对 Z_1 中的组合按照其变换顺序进行编号为：$(R, G) = 1$；$(R, Y) = 2$；$(R, R) = 3/6$；$(G, R) = 4$；$(Y, R) = 5$。（其中 $(R, R) = 3/6$ 说明在每一周期中，组合 (R, R) 出现两次，为方便起见，赋予其两个编号 3 和 6）。

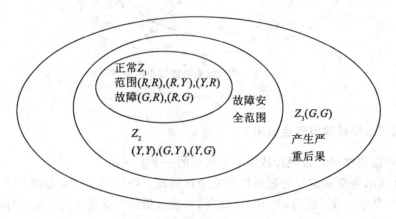

图 7.11　交通信号的 3 种组合类

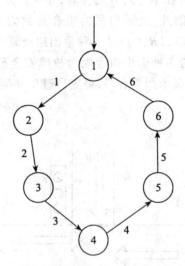

图 7.12　交通信号状态转换图

由于在正常运行时，一共只经过 6 种状态（实际上，不同的状态只有 5 个，其中状态 3 和 6 均为 (R, R)）。但是为了设计上的方便，把整个系统状态分为两部分，即正常运行状态和非法状态（不再将非法状态分为故障安全和严重后果两种状态）。所以本系统实际的设计原理是：将上述正常运行的 5 种状态以外的其他状态都归纳到一个所谓中性状态（即无损害后果的状态），这样就可以避免出现严重后果。该时序电路可以由如下方式实现：

（1）正常情况下，只需应用 3 个触发器即可表示 6 种状态。为了提高安全性，采用冗余方式，即用 4 个 D 触发器（D_1，D_2，D_3，D_4，其相应的输出端分别为 Q_1，Q_2，Q_3，Q_4），组成 4 取 2 的编码形式，得到 $C_4^2 = 6$ 个状态的表示方式。其状态编号以及状态表可以由表 7.2 给出。

表 7.2　　　　　　　　　　　故障安全信号控制系统状态表

当前状态 T		下一状态 $T+1$	
状态（A，B）	编号 Q_1，Q_2，Q_3，Q_4	状态（A，B）	编号 Q_1，Q_2，Q_3，Q_4
1（R，G）	1100	2（R，Y）	1010
2（R，Y）	1010	3（R，R）	1001
3（R，R）	1001	4（G，R）	0110
4（G，R）	0110	5（Y，R）	0101
5（Y，R）	0101	6（R，R）	0011
6（R，R）	0011	1（R，G）	1100

（2）根据表 7.2，容易得到所有 D 触发器 Q_1，Q_2，Q_3，Q_4 的激励函数 D_1，D_2，D_3，D_4 分别为

$$D_1 = Q_1 Q_2 + Q_1 Q_3 + Q_3 Q_4 \tag{7.1}$$
$$D_2 = Q_1 Q_4 + Q_2 Q_3 + Q_3 Q_4 \tag{7.2}$$
$$D_3 = Q_1 Q_2 + Q_1 Q_4 + Q_2 Q_4 \tag{7.3}$$
$$D_4 = Q_1 Q_3 + Q_2 Q_3 + Q_2 Q_4 \tag{7.4}$$

同时，可以分别得到 A 方向和 B 方向信号灯的输出控制为：

$$R_A = Q_1 Q_2 + Q_1 Q_3 + Q_1 Q_4 + Q_3 Q_4 \tag{7.5}$$
$$Y_A = Q_2 Q_4 \tag{7.6}$$
$$G_A = Q_2 Q_4 \tag{7.7}$$
$$R_B = Q_1 Q_4 + Q_2 Q_3 + Q_2 Q_4 + Q_3 Q_4 \tag{7.8}$$
$$Y_B = Q_1 Q_3 \tag{7.9}$$
$$G_B = Q_1 Q_2 \tag{7.10}$$

根据式（7.1）～（7.10）可以得到系统的逻辑实现，如图 7.13 所示。其中使用两级与或电路作为 D 触发器的激励输入电路（见图 7.13（a））以及 A、B 两个方向的交通信号灯控制电路（见图 7.13（b））。

图 7.13（a）为状态激励函数的实现，图 7.13（b）则分别表示了输出 R_A，Y_A，G_A，R_B，Y_B，G_B 的实现。从图中可知，由于使用了 4 个 D 触发器，除了全 0 和全 1 状态外，该系统可以有 14 种状态。但是根据故障安全设计仅使用了其中的 6 种状态。其他状态都属于非正常状态而被禁止。其保证安全的基本原理就是，一旦出现非法状态，控制系统就会自动地转向全 0，或者全 1 状态，即 $Q_1 = Q_2 = Q_3 = Q_4 = 0(1)$。而全 0(1) 状态被认为是中性状态（或者是系统关闭状态），即系统出现故障，但是不会产生严重后果。

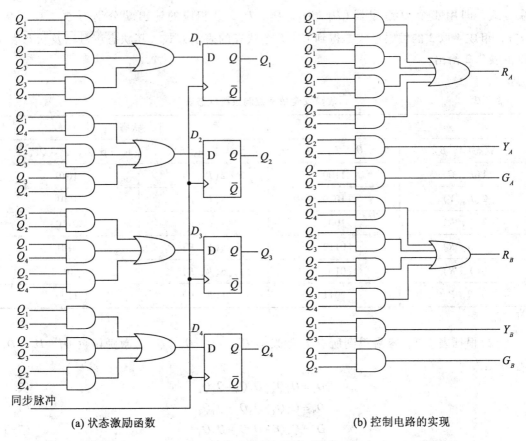

(a) 状态激励函数　　　　　　　　　　　　(b) 控制电路的实现

图 7.13　交通信号故障安全控制系统的逻辑实现

现在来分析系统中发生故障以后的情况，即在系统发生故障后共安全功能是如何实施的。不妨以当前使用最广泛的固定型故障模型为例来说明。

(1)考察图 7.13(a)部分中任意一个与门的输入端发生 s-a-0 故障的情况。假设 Q_1，Q_2，Q_3 或 Q_4 中任何一个触发器发生固定型故障，不失一般性，考虑 Q_1 为 s-a-0 故障，则从激励函数议程得到所有的激励函数输出(D_1，D_2，D_3，D_4)均为 0。于是，当下一个脉冲到来时，所有的 D 触发器就有 $Q_1 = Q_2 = Q_3 = Q_4 = 0$。而且当状态为(0000)，系统便进入了陷阱状态，而不会改变。

(2)考察图 7.13(a)部分中任意一个或门的输入端 D_i($i = 1$，2，3，4)的输入端发生 s-a-0 故障的情况。因为，或门的三个输入端中，每次只有一个输入端为 1，所以，当正常为 1 的输入端发生 s-a-0 的故障后，该或门的输出 D_i 将变成 0。于是在当前脉冲打入后，则 4 个 D 触发器 Q_1，Q_2，Q_3，Q_4 只有一个为 1，而其他均为 0。这样，就相当于变成上面(1)叙述的情况，即存在一个 Q_i($i = 1$，2，3，4)为 s-a-0 故障。于是当打入第二个脉冲时，所有的 D 触发器都为 0，即同样出现了(0000)的全 0 状态。

(3)再考虑 s-a-1 的情况。假设任何一个或门 D_i($i = 1$，2，3，4)发生 s-a-1 故障，则在 D 触发器将变成有 3 个 1 的状态，破坏了 4 取 2 的编码规律，因此当第二个脉冲打入以后，D 触发器的状态将成为全 1，即(1111)而进入陷阱状态。

事实上，任何单(固定)故障的出现，都将会使系统自动进入陷阱状态，即(0000)或(1111)，也就是说，当 D 触发器的状态为 2 个 1 时，系统为正常运行状态，当 D 触发器的状态为少于 2 个 1 时，则系统会自动将状态归到(0000)，反之，当 D 触发器的状态为多于 2 个 1 时，则系统会自动将状态归到(1111)，而使系统进入中性安全状态，因此对这样的故障来说，该系统可以认为是一个故障安全系统。如果进一步将(1111)状态设计为路口四面都是亮红灯状态，而将(0000)设计为所有交通信号灯进入全部关闭状态。则就实现了一个实用的故障安全控制系统。

不过，该系统还有两个主要的缺陷：一是对多故障来说，该系统尚不能完全进行故障安全处理；二是系统设计是在假定时钟脉冲功能无故障的基础上实施的。因此，系统对时钟脉冲电路的故障安全问题并没有考虑在内。当然增加一定的冗余度，是可以克服这些缺陷的。

7.5　差错控制码

实现各种容错技术(包括故障检测、诊断、屏蔽、动态冗余和软件容错等)，从本质上说都是对检错、纠错码的应用。以检错、纠错码为基础，只要增加少量的硬件，在数据的传输、存储、变换、加工、运算、处理过程中，就可以实现对系统的错误检测、定位、纠正(或容忍)等功能，提高系统的可靠性。本节介绍一些在可靠性设计中常用的检错、纠错码及其基本原理。

7.5.1　检错纠错码概述

1. 检错纠错编码原理

利用编码技术进行检错和纠错，实质上是一种基于信息冗余的容错技术。凡具有检错、纠错能力的可靠性编码，除具有代表有用信息的信息位外，必然还具有一定数量的冗余的校验位，使原来不相关的信息位通过校验位变得相关。这样，在数据的传输、存储、处理过程中，才能根据信息位和校验位之间的这种相关性进行检查，判定信息是否出错、错在哪里，并进行纠正。

设对 k 位信息码，增加 r 位校验码，构成 $n=k+r$ 位码元组成的码字。k 位信息码共有 2^k 个信息组，这些信息组通过编码后相应得到 2^k 个长度为 n 位的不同码字。一般称这 2^k 个码字的集合为 (n, k) 码。目前应用最多的 (n, k) 码是线性 (n, k) 分组码。分组码指一个码字(组)内的校验码元仅与本码字内的信息码元相关；线性码则是指它的校验码元和信息码元之间具有线性关系，可用一组线性方程来描述。

(n, k) 码既然有 n 位码元，其可能的码字就有 2^n 个，但其中只有 $2^k(k<n)$ 个 n 位的码字为许用码(合法码)，剩下的 2^n-2^k 个 n 位码字为禁用码(非法码)。显然，一个系统正常时其输出端出现的码那是许用码。如果输出端一旦检出有禁用码出现，即可判断系统出错；如果输出端未出现禁用码，而接收其输出信息的接收端检出有禁用码，则说明传输系统出错。

可见，可靠性编码问题就是如何从 2^n 个可能的码字中按一定的规则选取 2^k 个许用码字的问题。不同的选取规则，即不同的增加 r 个校验位的规则，就构成了不同的码制。

下面以三位码为例，进一步说明编码技术与检错、纠错的关系。

设有 4 个代码：$A=001$，$B=010$，$C=100$，$D=111$。这 4 个代码构成一个许用码集。这些许用码经过传输后，由于传输过程出错，到了接收端就不一定是许用码，而可能是下列 8 种代码之一：

$$000 \quad 001 \quad 010 \quad 011$$
$$100 \quad 101 \quad 110 \quad 111$$

其中除 4 种许用码外，还有 4 种禁用码。

如果传输过程中只可能生单位错（即 3 位中只有 1 位 0 错成 1 或 1 错成 0），则 A、B、C、D 从发送端传输至接收端的情形如图 7.14 所示。图中实线表示无错的传输，虚线表示有错的传输。

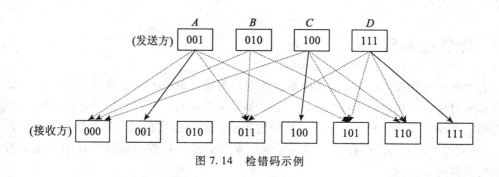

图 7.14　检错码示例

从图中可以看出，无错和有错的传输对接收方来说是分开的，所以该编码可以检测单位错。

但是，当传输出错时，原来的正确码是哪一个（即哪一位出错）知道，因为接收端的任一个禁用码（错码）均可来源于三个许用码之一，这样的编码只能检错，而不能纠错。

如果发送方只发送上述的 A、C 两个代码，即 $A=001$，$C=100$，则传输情形如图 7.15 所示。从图中可看出，实线所指向的正确码与虚线所指向的单位错码是分开的，因此可检错。而且，有两个错码 011 和 110 分别只对应一条虚线，据此可推断它们的正确代码应分别为 001 和 100，说明这两个错码是可纠正的。但是，000 和 101 这两个错码分别对应两条虚线，当收到它们时，无法进一步判断它们究竟应该是 A、C 中的哪一个。至于 010 和 111，如果收到它们，说明传输途中发生了 2 位以上的错误。综合起来看，图 7.15 表示的是一种对单位错具有检错和部分纠错能力的编码。

如果将图 7.15 中的编码方式再作改变，例如改成 $A=001$，$C=110$，如图 7.16 所示，则由于不仅实线所指的正确码和虚线所指的单位密码是完全分开的，而且每个单位错码只唯一地对应于一个正确码，因此这种编码对于任何单位错码不仅可以检测，而且可以纠正。

综上所述可知，一种编码能否检错和纠错，取决于出错后的代码相对于原正确代码如何分布。图 7.16 的示例中，由于 A、C 代码在出错分布后不重复，因此能纠错，这种编码称为纠错码。而在图 7.14 的示例中，虽然代码在出错分布后重复，但并不包含正确代

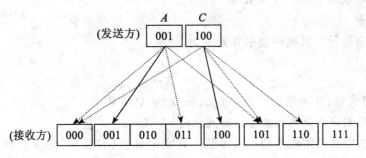

图 7.15　部分检错、部分纠错码示例

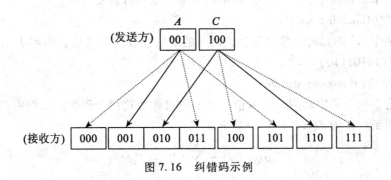

图 7.16　纠错码示例

码，所以它不能纠错，但能检错，这种编码称作检错码。图 7.15 的示例中，因代码在出错分布后有的重复，有的不重复，所以有的错码(不重复的)能纠正，有的错码(重复的)则只能检测不能纠正。

图 7.17 给出了这种检错、纠错能力与出错代码分布的一般关系示意图。

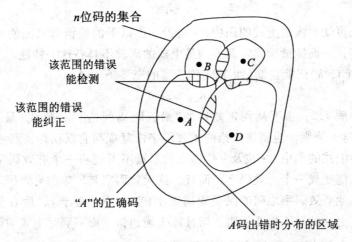

图 7.17　检错、纠错能力与出错代码分布的一般关系示意图

2. 关于编码技术的几个基本概念

a. 编码效率

对 (n, k) 分组码，其编码效率 R 定义为

$$R = \frac{k}{n} = \frac{k}{k+r} \qquad (7.11)$$

式中，k 为信息位数；r 为校验位数；n 为 (n, k) 码总位数。

编码效率的倒数叫码的冗余度，即冗余度 $= 1/R = n/k$。

编码效率和检错纠错能力是一对矛盾。冗余信息位(校验位)越多，检错纠错能力越强，但编码效率越低；反之相反。所以，可靠性编码所研究的问题，就是如何寻求在满足检错、纠错要求的情况下，尽可能提高编码效率，以降低设备成本。

b. 汉明权(Hamming weight)

一个码字中"1"码元的个数被称为该码字的汉明权或汉明重量。码字 X 的汉明权记为 $W(X)$，如 $W(10101110)$。$= 5$。

c. 汉明距离(Hamming distance)

码字集合中两个码字对应位上取值不同的数目称为这两个码字的汉明距离。两个码字 X 和 Y 的汉明距离记为 $d(X, Y)$，根据定义有

$$d(x, y) = \sum_{i=1}^{n} (X_i \oplus Y_i) \qquad (7.12)$$

码距是衡量 (n, k) 码抗干扰能力的重要参数。码距越大，抗干扰能力越强。

3. 码距与检错、纠错能力的关系

一种码的码距与它的检错、纠错能力有密切关系。码距为 1 的码，由于代码发生 1 位错误后就成了其他有效码，所以不具有检错和纠错能力。码距等于大于 2 的码才有可能具备检错与纠错能力。两者之间的关系可用下列性质来描述。

性质 7.1 (n, k) 码能检测 e 位差错的充要条件是

$$d_{\min} \geq e + l \qquad (7.13)$$

由码距定义可知，满足上式的码中，e 位及 e 位以下的差错都只能使一个有效码字变成一个无效码字，从而能被检出。而不满足上式的码就不具备这一特性。

性质 7.2 (n, k) 码能诊断(纠正) e 位差错的充要条件是

$$d_{\min} \geq 2e + l \qquad (7.14)$$

为了理解性质 7.2，需要从纠正差错的"最近距离纠错"原则(或"最大似然译码"原则)出发。根据这一原则，应将需纠错的无效码字恢复成与它汉明距离最小的一个有效码字。显然，满足上式的码中，e 位及 e 位以下的差错不可能将一个有效码字变成另一个有效码字，而只可能变成一个无效码字；而且，该无效码字与原来的有效码字之间的汉明距离一定比它与其他有效码字之间的汉明距离更小(前者小于等于 e，后者至少等于 $e+1$)。这就保证了满足上式的码不仅能检错，而且能正确纠错。而不满足上式的码就不具备这一特性。

性质 7.3 (n, k) 码能诊断(纠正) e_1 位差错，同时又能检测 $e_1 + e_2$ 位差错的充要条件是

$$d_{\min} \geq 2e_1 + e_2 + 1 \qquad (7.15)$$

性质 7.3 是将性质 7.1 和性质 7.2 结合起来的结果，实质上它反映的也就是码距与检错、纠错能力之间的一般关系。

根据性质 7.3，从码距 d_{min} 出发，可找出满足上式的 e_1 与 e_2 的组合。例如：

(1) $d_{min}=1$ 时，$e_1=e_2=0$，无检错、纠错能力。

(2) $d_{min}=2$ 时，$e_1=0$，$e_2=1$，可检 1 位错。

(3) $d_{min}=3$ 时，有两组解：①$e_1=0$，$e_2=2$，可检 2 位错；②$e_1=1$，$e_2=0$ 可纠 1 位错。

(4) $d_{min}=4$ 时，有两组解：①$e_1=0$，$e_2=3$，可检 3 位错；②$e_1=1$，$e_2=1$ 可纠 1 位错并检 2 位错。

(5) $d_{min}=5$ 时，有三组解：①$e_1=0$，$e_2=4$，可检 4 位错；②$e_1=1$，$e_2=2$ 可纠 1 位错并检 3 位错；③$e_1=2$，$e_2=0$，可纠 2 位错。

……

按照这种规律，回过头去看图 7.14 和图 7.15 所示的码，前者由于 $d_{min}=2$，所以它是一种可检 1 位错的检错码；后者则因 $d_{min}=3$，所以它是一种可纠 1 位错的纠错码（或是可检 2 价错的检错码）。

7.5.2 奇偶校验码

奇偶校验码是一种最简单、但也是最常用的检错码，而且是许多较复杂检错、纠错码（如循环码、汉明码等）的基础。这种码仅在信息字后增加一位校验位，使码字中 1 的个数为偶数（称为偶校验）或奇数（称为奇校验）。通过校验码字中 1 的个数是否为偶数或奇数，可以检测差错。

最简单的奇偶校验码是 $(n,n-1)$ 码，它的码距 $d_{min}=2$，所以只能检测 1 位差错。但实际上这种码还能检测奇数位多位错。

在独立差错模型下，即单个部件失效只影响码字中一个码元的场合，最适于采用奇偶校验码检错。这种码被广泛应用于计算机的存储器和异步串行通信中作为检错手段。

1. 奇偶校验码的生成和检测

奇偶校验码的生成实际上就是校验位的生成，将生成的校验位加在信息位后面，即是奇偶校验码。

奇偶校验码的检测则是对奇偶校验码的校验。

根据奇偶校验码的定义可知，其校验位 b_{k-1} 的生成方程为

$$\begin{cases} \text{对偶校验，} & b_{k+1}=b_1\oplus b_2\oplus\cdots\oplus b_k \\ \text{对奇校验，} & b_{k+1}=b_1\oplus b_2\oplus\cdots\oplus b_k\oplus 1 \end{cases} \tag{7.16}$$

校验（检测）奇偶校验码码字正确性的差错信号（F）方程为（$F=1$ 表示出错，$F=0$ 表示无错）：

$$\begin{cases} \text{对偶校验，} & F=b_1\oplus b_2\oplus\cdots\oplus b_k\oplus b_{k+1} \\ \text{对奇校验，} & F=b_1\oplus b_2\oplus\cdots\oplus b_k\oplus b_{k+1}\oplus 1 \end{cases} \tag{7.17}$$

(7.16) 和 (7.17) 两式中，b_{k+1} 为校验位，$b_1 \sim b_k$ 为信息位。

从 (7.16) 和 (7.17) 两式不难看出，无论奇偶校验位生成还是码字的奇偶性检测，都可用"异或树"实现，如图 7.18 所示。该图给出的是采用奇偶校验码的存储器结构。当数据写入存储器时，先由异或树组成的奇偶校验位生成器生成校验位，并一起写入存储器；

当数据被读出时，再由异或树组成的奇偶性检测器进行检测，发出差错信号。

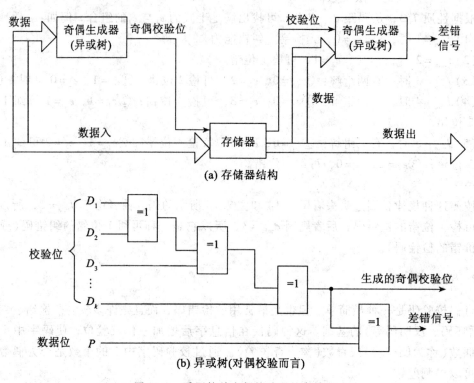

(a) 存储器结构

(b) 异或树(对偶校验而言)

图 7.18　采用简单奇偶校验码的存储器

2. 奇偶校验矩阵与生成矩阵

为了给出一个奇偶校验码，我们可直接列出该码的所有码字(又叫码向量)。但是，这种方法既不简洁又不便于分析。下面我们介绍用矩阵来表示奇偶校验码的方法。

定义 7.1　设 H 是一个 $r \times n$(r 行，n 列)矩阵，H 的元素取 0 或 1，X 为任意一个 n 维向量，则满足矩阵方程 $HX = 0$ 的所有 n 维向量的集合称为 H 的零空间。

性质 7.4　设 H 是一个 $r \times n$ 矩阵，若 H 的秩为 r(即 H 的所有行线性无关)，则 H 的零空间是一个恰好包含 2^k 个向量的向量子空间，其中 $k = n - r$。

由奇偶校验码的定义可知，一个秩为 r 的 $r \times n$ 矩阵 H 的零空间 S 是一个奇偶校验码。S 常称为 (n, k) 奇偶校验码。H 则称为 S 的奇偶校验矩阵。以下凡涉及 $r \times n$ 矩阵，均假设其秩为 r。

一个 (n, k) 码中的所有 2^k 个码向量可以用其中 k 个线性无关的码向量(称为一组基)的线性组合来表示。我们用这 k 个线性无关的码向量组成一个 $k \times n$ 的矩阵 G，显然该 (n, k) 码也可由这个 G 矩阵唯一地确定。G 称为 (n, k) 码的生成矩阵。

例如，设有一个 2×5 矩阵：

$$H_1 = \begin{bmatrix} 11011 \\ 11100 \end{bmatrix} \tag{7.18}$$

H_1 对应的 (n, k) 码 $S_1 = \{(00000), (00011), (01110), (01101), (10110),$

（10101），（11000），（11011）}。从 S_1 中任选三个码向量作为一组基（如 $X_1 = 00011$，$X_2 = 01110$，$X_3 = 10110$）来构成生成矩阵

$$G_1 = \begin{bmatrix} 00011 \\ 01110 \\ 10110 \end{bmatrix} \tag{7.19}$$

据此可得到由 X_1、X_2、X_3 的线性组合表示的 8 个（5，3）码向量。

由于 G 矩阵的每一行 X_i 是码向量，所以满足 $H \cdot X_i^T = 0$，由此可得

$$H \cdot G^T = 0 \tag{7.20}$$

式中，$\mathbf{0}$ 是一个 $k \times r$ 的全 0 矩阵。这是奇偶校验矩阵 H 与生成矩阵 G 间的关系式，利用它可实现 H 与 G 间的转换。后面将看到，对于"规则"码，这种转换极简单。

性质 7.5　一个奇偶校验码 G 的码距

$$d_{\min} = \min_{\substack{X_i \in S \\ X_i \neq 0}} \{ W(X_i) \} \tag{7.21}$$

即 S 的码距等于它所有非零向量的权的最小值。

例如，在前例的 S_1 中，除（00000）外，（00011）的权最小，因此 S_1 的码距 $d_{\min} = 2$。

往往也可从奇偶校验矩阵 H 中直接看出它对应的奇偶校验码 S 的码距：若 H 中有全 0 列，则 S 的码距 $d_{\min}$ 为 1；若 H 中没有全 0 列，则 $d_{\min} \geq 2$；若 H 中不存在两个相同列，则 $d_{\min} \geq 3$。

如果一个矩阵 H_A 通过行列交换或运算可变为另一个矩阵 H_B，则称 H_A 和 H_B 对应的码 A 和 B 是等价的。例如将式（7-18）中 H_1 的第 3、5 列交换得到的对应（n，k）码 $S_2 = $ {（00000），（00110），（01011），（01101），（10011），（10101），（11000），（11110）} 与 S_1 是等价的。

在一个（n，k）码 S 的所有 2^k 个 n 维码向量中，如果任意两个码向量的前 k 位都不相同，则称 S 为规则码。规则码的前 k 位为信息位，后 r 位（$r = n - k$）为校验位。可以证明，任何一个奇偶校验码都等价于某个规则码；任何一个产生码 S 的 $k \times n$ 矩阵 G 都可以变换成一个产生等价规则码 S' 的 $k \times n$ 矩阵 G'。

规则码的生成矩阵可以有一种规整的形式（一种码的生成矩阵不是唯一的），即 $G' = (I_k, P)$，其中 I_k 是一个 $k \times k$ 的单位矩阵，P 是一个 $k \times r$ 矩阵。例如，令 $k = 3$，$r = 2$ 和

$$P = \begin{bmatrix} 11 \\ 11 \\ 10 \end{bmatrix}$$

则矩阵 $G' = (I_k, P)$ 为

$$G' = \begin{bmatrix} 10011 \\ 01011 \\ 00110 \end{bmatrix}$$

这个 G' 正是前述的规则码 S_2 的生成矩阵。

如果 A 是一个需要编码的 k 维信息向量，则对应的 r 维校验向量 $C = A \cdot P$。例如在 S_2 中，若 $A = (001)$，则

$$C = (001) \cdot \begin{bmatrix} 11 \\ 11 \\ 10 \end{bmatrix} = (10)$$

对应于 A 的码字就是 $(A, C) = (00110)$。

利用式(7.20)的关系 $H \cdot G^T = 0$ 可以证明，规则码的奇偶校验矩阵也有一种规整的形式 $H' = (P^T, I_r)$。例如 S_2 的奇偶校验矩阵为

$$H_2 = \begin{bmatrix} 11110 \\ 11001 \end{bmatrix}$$

从奇偶校验矩阵的规整形式中可看出：规则码的校验位仅仅是信息位的线性组合，而与其他校验位无关。

3. 常用奇偶编码方案

前述简单的 $(n, n-1)$ 奇偶码的主要弊端是不能检测某些常见的偶数位多位错，如采用4位一片的存储器有一个芯片损坏会引起4位信息错，但用简单奇偶校验却无法检测这种错。为此，产生了奇偶校验的几种变形编码方案。实际中常用的奇偶编码方案有以下6种。

(1)按字校验的奇偶编码。

这种编码是为每个信息字加一位奇偶校验位，如图 7.19(a)所示。这就是前述的 $(n, n-1)$ 奇偶校验码。它的优点是简单、冗余度低，缺点是偶数位多位错检测不出；全0错无法被偶校验检出：全1错无法被奇校验(对奇数位码字)或偶校验(对偶数位码字)检出。

(2)按字节校验的奇偶编码。

这种编码是将一个信息字分为几个字节，每个字节加一位奇偶校验位，如图 7.19(b)所示。如果一个字有2个字节，则常用一个字节采用奇校验，另一个采用偶校验。这种方案对检测的覆盖率会有所改进，对整个字的全0错或全1错有很高的检测能力，还能检测相当多的多位错。对奇数位多位错的检测自不必说，对偶数位多位错例如双位错，只要出错的双位不同时包括在一个字节内，也都可被检测出来。这种编码方案的缺点是对有些多位错仍无检测能力，例如存储器芯片的整片错。

(3)隔位交织、分组校验的奇偶编码。

这种编码方案是将 b 位字长的信息隔位交织地分为 m 组，每组各位形成一个奇偶编码组，共有 m 个奇偶校验位，如图 7.19(c)所示。这种校验模式不仅可检测出单位错，而且可检测出不同时落在一个奇偶编码组内的多位错，对于全0错或全1错也有很高的检测覆盖率。对于相邻位错，这种模式的检测效果尤为明显。由于总线错常表现为相邻位错(相邻位短路)，存储器也常表现为整个芯片出错(一种特殊的相邻位错)，所以这种模式非常适合于检测总线错和存储器错。

(4)多片一位、交织校验的奇偶编码。

这种编码方案如图 7.19(d)所示。其特点是：每个芯片的对应位分属一个奇偶组，对应一个校验位：所有校验位单独在一个芯片上。这种编码的形式与图 7.19(c)的隔位交织、分组校验编码很相似，只是前者要受存储器物理组织的限制，而后者不受这种限制。因此，两者的检测能力也基本相同，即可检测多位错。该方案除适于信息码组的检测(如RAM、ROM中数据)外，还常用于检测控制信号，因为由一个芯片产生的一组控制信号分

别包含在多个奇偶码中时，若该芯片失效，这一组信号都可被检测出来。

（5）按片校验的奇偶编码。

这种编码方案如图 7.19（e）所示。这种方案的特点是：每个芯片作为一组奇偶码的有效位，所有校验位放在一个芯片上，奇偶组的组与组之间呈交织状态。当 b 位信息字是由位宽为 W 的 b/W 个芯片组成时（如高档微机的 RAM、ROM 那样），特别适于采用这种编码方案。它的主要优点是有更好的错误定位能力，可将错误准确定位到芯片上。此外，它还可检测单片失效和整个字的单向错。

（6）行列校验的奇偶编码。

这种编码方案如图 7.19（f）所示。它的特点是对每行和每列都采用奇偶校验。这种编码方案不仅能检测而且能纠正 1 位错，例如假定 D_{ij} 位出错，必然会造成 P_{ri} 和 P_{rj} 两个校验位出错，因此可实现错误定位，并通过对错位求反而纠正。对于多位错，这种方案有很高的检测覆盖率（但不能纠正），尤其可检测大量偶数位多位错。例如，当某一行出现偶数位错时，虽然此行不能检测出这种错误，但通过出错位所在的各列奇偶校验码却能检出这些错位，因为一行中的偶数个错位分别属于所在的列，而每一列只含有一个错位。同理，对某一列出现的偶数位错，这种行列校验编码也可通过行奇偶校验进行检测。

但是，对于双向成偶错，这种方案仍无法检测。例如，若图 7.19（f）中的 D_{22}、D_{24}、D_{42}、D_{44} 位出错，此方案就无法检测。再如，若 D_{23}、D_{24}、D_{32}、D_{33}、D_{42}、D_{44} 位出错，此方案也无法检测。读者不难发现，这两个例子中出错的行与列均有偶数个错，因此称为双向成偶错。

4. 奇偶预测

前述几种奇偶校验编码都是主要用于发现代码传输过程中所发生的错误。在这种应用中，校验位是不变的（除非校验位出错）。如果用奇偶校验码来检测代码运算过程中的错误，则其校验位必须重新确定，即运算后结果代码的正确校验位必须根据运算前参与运算的各个操作码的校验位预先确定，并据此检测结果代码的错误。此即为奇偶预测所要完成的功能。

下面介绍几种典型的算术、逻辑运算中奇偶预测的方法。

（a）加法运算的奇偶预测

设有两个代码 A 和 B：

$$A = a_{n-1}\ a_{n-2} \cdots\ a_i \cdots\ a_0$$
$$B = b_{n-1}\ b_{n-2} \cdots\ b_i \cdots\ b_0$$

执行 $A+B=Y$ 运算，若

$$Y = Y_{n-1}\ Y_{n-2} \cdots\ Y_i \cdots\ Y_0$$

根据加法运算规律，有

$$Y_i = a_i \oplus b_i \oplus c_i$$

式中，c_i 为第 $i-1$ 位向第 i 位的进位，$i=0$ 时为 0。

如果采用偶校验，则可得 A、B、Y 的校验位分别为

$$P(A) = a_{n-1} \oplus a_{n-2} \oplus \cdots \oplus a_1 \oplus a_0 = \sum_{i=0}^{n=1} a_i \quad （模 2 加）$$

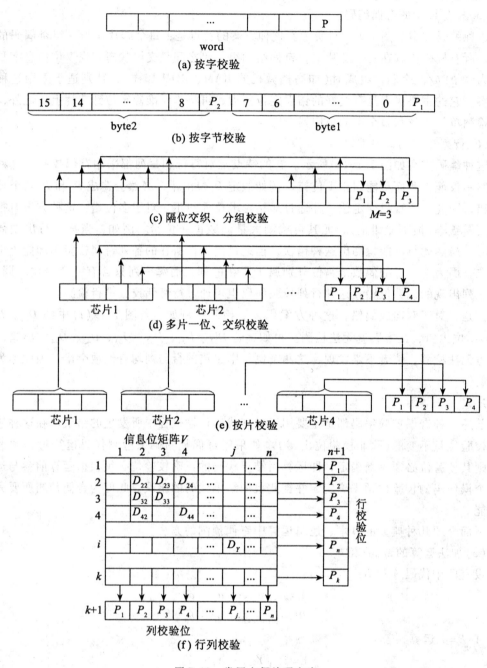

图 7.19　常用奇偶编码方案

$$P(B) = b_{n-1} \oplus b_{n-2} \oplus \cdots \oplus b_1 \oplus b_0 = \sum_{i=0}^{n-1} b_i \quad （模 2 加）$$

$$P(Y) = P(A+B) \sum_{i=0}^{n-1} Y_i \quad （模 2 加）$$

$$= \sum_{i=0}^{n-1} (a_i \oplus b_i \oplus c_i) \quad （模 2 加）$$

$$= \sum_{i=1}^{n-1} a_i \oplus \sum_{i=0}^{n-1} b_i \oplus \sum_{i=0}^{n-1} c_i \quad （模 2 加）$$

$$= P(A) \oplus P(B) \oplus P(C) \quad （模 2 加） \tag{7.22}$$

从(7.22)式可看出，$A+B$ 运算的和数 Y 的校验位 $P(Y)$ 是两加数的校验位 $P(A)$、$P(B)$ 与进位代码的校验位 $P(C)$ 三者的半加和，且 $P(C) = \sum_{i=0}^{n-1} c_i$。

图 7.20 给出了利用奇偶预测来检测加法运算错的示意图。图中 $P(C)$ 产生器包括两部分逻辑：先根据 A、B 两个加数产生进位代码 $c_{n-1}c_{n-2}\cdots c_i \cdots c_0$，再根据 $P(C) = \sum_{i=0}^{n-1} c_i$ 产生进位代码的校验位。

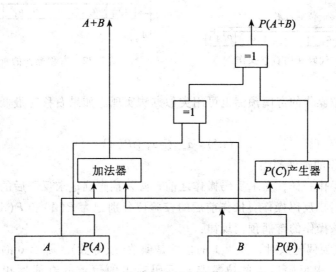

图 7.20　加法运算的奇偶预测示意图

利用奇偶预测来对加法运算进行检错，具有很高的检测覆盖率需要增加一个产生 $P(C)$ 和 $P(A+B)$ 以及对和数进行奇偶校验的电路。

b. 移位操作的奇偶预测

仅以图 7.21 所示的一种右移操作为例，说明移位操作的奇偶预测。

该右移操作的最高位补一位 A_{in}，最低位移出，记为 A_{out}，移位之前操作数 A 的校验位记为 $P(A)$。移位后，最高位由 a_{n-1} 变成了 A_{in} 最低位内 a_0 变成了 a_1，A 代码变成了另一个代码（设为 A'）。对应于新代码 A' 应有的校验位记为 $P(A')$。这样，该移位操作的奇偶检测应该通过由 A' 和 $P(A')$ 组成的奇偶码来进行。

实际上，$P(A')$ 在移位操作之前即可预先确定，因为代码 A 每右移一次，只有最高位和最低位两位的变化对其奇偶性有影响。这种影响不外乎两种情况：

(1)若 $A_{in} = A_{out}$，则 $P(A') = P(A)$；

(2)若 $A_{in} \neq A_{out}$，则 $P(A') = \overline{P(A)}$。

225

据此可得出移位后的校验位表达式:

$$P(A') = A_{in} \oplus A_{out} \oplus P(A) \tag{7.23}$$

图 7.22 给出了右移操作的奇偶预测示意图。图中所示符号是移位前的状态。移位以后,在最高位和最低位发生变化的同时,校验位 $P(A)$ 将被 $P(A')$ 代替。如在有移操作中发生了错误,均可在右移后的奇偶检测中予以发现。若连续右移,则新的 $P(A')$、将不断刷新上次产生的 $P(A')$。

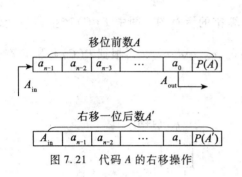

图 7.21 代码 A 的右移操作

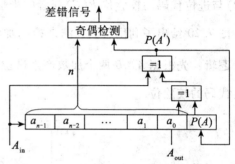

图 7.22 右移操作的奇偶预测

其他种类移位操作的奇偶预测也可用类似方法实现。如果右移时最低位移走,最高位保留不变,则有

$$P(A') = a_{n-1} \oplus a_0 \oplus P(A) \tag{7.24}$$

c. 求反码操作的奇偶预测

同上面两种操作一样,在求反码操作之前,必须预先确定求反码后的正确校验位。例如,对代码 A 进行求反码操作,操作前后的校验位分别记为 $P(A)$ 和 $P(A')$。分析下列两种情况,可找出该操作的奇偶预测规律:

(1)当代码 A 为偶位数时,如果 1 的位数是偶数(或奇数),那么 0 的位数必定是偶数(或奇数)。这样,求反码后 1 的位数与求反码前 1 的位数的奇偶性相同,即 $P(A') = P(A)$。

(2)当代码 A 为奇位数时,如果 1 的位数是偶数(或奇数),那么 0 的位数必定是奇数(或偶数)。这样,求反后 1 的位数与求反前 1 的位数的奇偶性相反,即 $P(A') = \overline{P}(A)$。

综合(1)、(2),代码 A 求反码后的校验位为

$$P(A') = \begin{cases} P(A), & A \text{ 为偶数位时} \\ \overline{P}(A), & A \text{ 为奇数位时} \end{cases} \tag{7.25}$$

5. 奇校验与偶校验的比较

就奇偶校验而言,奇校验与偶校验似乎没有多大差别,两者都能检测单向错或奇数位错,而不能检测偶数位错。但是,随着大规模集成电路的应用,使得错误的类型有了新的变化,有时不再是一位或几位错,而是一个芯片的失效造成多个相邻位或整个字所有位同时出错,尤其是全 0 错或全 1 错。针对这类差错,奇校验与偶校验将在不同的条件下有不同的检测效果。例如有一个代码,有奇数个有效位,1 个校验位,如果全码字(包括有效位和校验位)出现全 1 错,则这种差错利用奇校验是可以检测出来的,但用偶校验却检测

不出。

表 7.3 列出了在不同情况下奇校验和偶校验对上述单向错的可检测性。表中码字位数包括 1 位校验位。由表可看出，在不同情况下，针对各种单向错出现的概率，应合理选择校验方式，切不可随意使用。例如，如果码字为偶数位，出现全 1 错和全 0 错的概率很大，则应选用奇校验；而如果码字为奇数位，且出现全 1 错的概率大，则宜选用偶校验。

表 7.3　　　　　　　　　　　奇校验和偶校验对单向错的检测情况

校验方式	码字位数	单向错类型	可检测性
奇校验	奇数位	全 1 错	不可检测
		全 0 错	可检测
	偶数位	全 1 错	可检测
		全 0 错	可检测
偶校验	奇数位	全 1 错	可检测
		全 0 错	不可检测
	偶数位	全 1 错	不可检测
		全 0 错	不可检测

7.5.3　循环冗余码

循环码是一类特殊的奇偶校验码，它的基本特点是，其任一有效码字经任意次循环移位后仍是一个有效码字。循环码除具有良好的数学结构外，还可通过线性反馈移位寄存器来方便地实现编码和译码，因此在顺序存取设备（如磁带、磁盘）和同步串行数据通信短路等场合获得了广泛应用。

1. 循环码概念

循环码是一种线性 (n,k) 分组码，其编码/译码及检错是以线性编码理论和码多项式原理为基础的。循环码的生成可以用一个生成多项式或由生成多项式转化而来的生成矩阵来描述。换言之，每种循环码都可用它的生成多项式或生成矩阵来表征。

为了说明循环码的代数特性，先引入码多项式的概念。所谓码多项式，就是将二进制码字的各位码元作为多项式的系数，而把码字表示成多项式。例如可将 6 位码字 110101 表示为码多项式：

$$B(X) = 1 \cdot X^5 + 1 \cdot X^4 + 0 \cdot X^5 + 1 \cdot X^2 + 0 \cdot X + 1$$
$$= X^5 + X^4 + X^2 + 1$$

由表达式可见，用码多项式来描述码字是与二进制的代数运算一致的，只要令 X 等于 1 就得到了码字的有效位。由于 0 系数项被省略，非 1 的码位补 0。

作为一般形式，一个 n 位码字可表示为码多项式：

$$B(X) = \sum_{i=0}^{n} a_i \cdot X^i, \text{ 其中 } a_i = 0 \text{ 或 } 1 \tag{7.26}$$

参照代数多项式的因式分解，二进制码多项式也可分解成几个多项式因子的乘积，例如：

$$X^7 + 1 = (X^3 + X^2 + 1)(X^4 + X^3 + X^2 + 1) \tag{7.27}$$

它与一般代数因式分解有所不同：码多项式的同阶项系数需按"模 2 加"作加法运算，例如 $x^6 + x^6 = 2 \cdot x^6 = 0$。

有了码多项式概念，根据编码理论可以证明下列定理：

定理 7.1 若 $g(X)$ 是一个 $n-k$ 次多项式，且为 $X^n + 1$ 的因子，则 $g(X)$ 可生成一个 (n, k) 循环码。其生成矩阵为下列多项式矩阵的系数矩阵：

$$G(X) = \begin{bmatrix} X^{k-1} \\ X^{k-2} \\ \vdots \\ X \\ 1 \end{bmatrix} g(X) \tag{7.28}$$

$g(X)$ 称为该循环码的生成多项式。

这里以实例进行说明和验证。

不妨以式 (7.27) 为例。这里 $n = 7$，$n-k = 3$，3 次多项式 $X^3 + X + 1$ 是 $X^7 + 1$ 的因子，利用它可生成一个 $(7, 4)$ 循环码。其生成多项式为 $g(X) = X^3 + X + 1$

且从

$$G(X) = \begin{bmatrix} X^3 \\ X^2 \\ X \\ 1 \end{bmatrix} g(X) = \begin{bmatrix} X^6 + 0 + X^4 + X^3 + 0 - 0 + 0 \\ 0 + X^5 + 0 + X^3 + X^2 - 0 + 0 \\ 0 + 0 + X^k + 0 + X^2 + X + 0 \\ 0 + 0 + 0 + X^3 + 0 + X + 1 \end{bmatrix} \tag{7.29}$$

可以得到其生成矩阵为

$$G = \begin{bmatrix} 1011000 \\ 0101100 \\ 0010110 \\ 0001011 \end{bmatrix} \tag{7.30}$$

根据这一生成矩阵，利用下式可得到 $(7, 4)$ 循环码中的任一码字：

$$c_{(7,4)} = mG = (m_3 m_2 m_1 m_0) \begin{bmatrix} 1011000 \\ 0101100 \\ 0010110 \\ 0001011 \end{bmatrix} \tag{7.31}$$

式中，$m = m_3 m_2 m_1 m_0$ 是 4 个信息位组成的信息组。就是说，每给定一个信息组，通过式 (7.31) 便可求得其相应的 (7.4) 码码字。

表 7.4 中 I 栏所列的 $(7, 4)$ 码就是根据式 (7.31) 得到的。从表中可看出，编号为 1，2，4，7，8，9，11，14 的码字之间具有循环关系；编号为 3，5，6，10，12，15 的码字间具有循环关系；0 号和 13 号字是自身循环的。即是说，16 个码字中的任何一个经循环移位后，得到的新码字仍是这 16 个码字中的一个。可见该 $(7, 4)$ 码完全符合循环码的特点。

表 7.4　　　　　　　　　　　　　　　　　　　（7，4）循环码

编号	信息位 $c_6 c_5 c_4 c_3$	I（生成矩阵 G） $c_6 c_5 c_4 c_3 c_2 c_1 c_0$	II（生成矩阵 G_R） $c_6 c_5 c_4 c_3 c_2 c_1 c_0$
0	0000	0000000	0000000
1	0001	0001011	0001011
2	0010	0010110	0010110
3	0011	0011101	0011101
4	0100	0101100	0100111
5	0101	0100111	0101100
6	0110	0111010	0110001
7	0111	0110001	0111010
8	1000	1011000	1000101
9	1001	1010011	1001110
10	1010	1001110	1010011
11	1011	1000101	1011000
12	1100	1110100	1100010
13	1101	1111111	1101001
14	1110	1100010	1110100
15	1111	1101001	1111111

这个（7，4）循环码是一个不规则码，其信息位与对应码字的前 4 位（$c_6\, c_5\, c_4\, c_3$）不一致。这不仅使应用时难以识别，而且使得编码、译码时所需的硬件增加。如果码字的前 4 位能与对应信息位相同，则编码时只要产生后 3 位即可，而且能使校验位与信息位明显分离。为了产生这种规则的（7，4）循环码，我们可以利用循环码的线性特征对式（7.30）的生成矩阵作如下线性处理：

（1）将第一行与第三、四行相加（模 2 加），以相加的结果作为新的生成矩阵的第一行；

（2）将第二、四两行相加，得到新的生成矩阵的第二行；

（3）保留原有的第三、四行不变。

至此，得到一个新的生成矩阵 G_R：

$$G_R = \begin{matrix} c_6 c_5 c_4 c_3 c_2 c_1 c_0 \\ \begin{bmatrix} 1 & 0 & 0 & 0 & 1 & 0 & 1 \\ 0 & 1 & 0 & 0 & 1 & 1 & 1 \\ 0 & 0 & 1 & 0 & 1 & 1 & 0 \\ 0 & 0 & 0 & 1 & 0 & 1 & 1 \end{bmatrix} \end{matrix} \tag{7.32}$$

该生成矩阵的前 4 列为单位方阵。利用它生成的（7，4）码就可保持原有的信息位不变，如表 7.4 中的 II 栏所示，此即为规则的（7，4）循环码。实际应用中，为简明起见，一般都采用规则循环码。

上述(7，4)循环码的校验矩阵为

$$c_6 c_5 c_4 c_3 c_2 c_1 c_0$$

$$H = \begin{bmatrix} 1 & 1 & 1 & 0 & 1 & 0 & 0 \\ 0 & 1 & 1 & 1 & 0 & 1 & 0 \\ 1 & 1 & 0 & 1 & 0 & 0 & 1 \end{bmatrix} \tag{7.33}$$

从式(7.30)、式(7.32)和式(7.33)不难验证：

$$GH^T = G_R H^T = 0 \tag{7.34}$$

2. 循环码的编码与译码

综合上述内容可看出，循环码有两个重要性质：

(1)由式(2.21)~(2.23)可推知，通过生成矩阵得出的循环码多项式均为生成多项式$g(X)$的整数倍。因此，循环码的任一个码字对应的码多项式都可被$g(X)$整除。

(2)对于规则的$(n，k)$循环码，其基本的编码过程可简化为：先将k位信息码向左移$r(=n-k)$位，再在移位后的M右面附加r位代码作为校验码。R位校验码的获得方法是：将左移r位后的信息码多项式$M(X)$除以生成多项式$g(X)$，所得余数多项式即为校验码多项式。

根据这两条性质可知，规则$(n，k)$循环码的编码和译码都可用多项式除法电路来实现。

a. 编码

编码时，将信息码多项式$M(X)$乘以X^{n-k}(即代码M左移$n-k$位)，然后除以给定的生成多项式$g(X)$(模2除)，得出余式$r(X)$。将$r(X)$对应的$n-k$位二进制码接在k位信息代码M后面，便构成了一个n位的$(n，k)$循环码。

实际应用时，该编码过程可用一组线性反馈的移位寄存器加少量控制逻辑来实现。图7.23给出了前述(7，4)规则循环码的编码器逻辑电路。编码开始前，$FF_1 \sim FF_3$组成的移位寄存器先被清"0"，在编码过程中，时序控制脉冲P共发出7个脉冲。

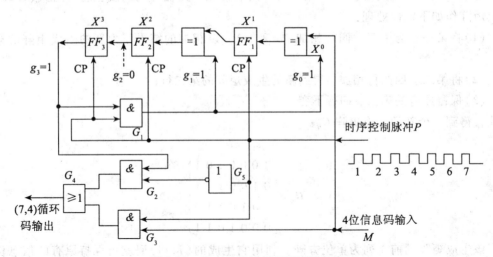

图7.23 (7，4)规则循环码编码电路

在 $P_1 \sim P_4$ 脉冲作用下，4 位信息码 M 自高位开始串行通过与门 G_3 和或门 G_4，在输出端先串行输出 7 位循环码的高 4 位。与此同时，4 位信息码射串行通过 $FF_1 \sim FF_3$ 组成的三位移位寄存器，进行对 $M(X) \cdot X^3$ 除以 $g(X)$ 的除法操作，最后得到与余式 $r(X)$ 对应的 3 位校验码，保留在寄存器中。余式最后产生的时间刚好在 P_4 脉冲作用时。

从第 5 个脉冲起，即 $P_5 \sim P_7$ 处于低电平期间，3 位校验位通过门 G_2 和门 G_4，紧接 M 码的最低位输出，形成 7 位循环码的低 3 位。

图 7.23 中的 3 位移位寄存器，在这里称为除法移位寄存器，它是按生成多项式 $g(X) = X^3 + X + 1$ 的规律构成的（将 $X^3 + X + 1$ 写成 $g_3 X^3 + g_2 X^2 + g_1 X + g_0$ 形式时，相当于 $g_3 = g_1 = g_0 = 1$，$g_2 = 0$）。在移位寄存器中执行对 $M(X) \cdot X^3$ 除以 $g(X)$ 的操作，最后在其中保留余式码。当 X^3 位为"1"时，由于各半加器（异或门）的作用，将改变 X^1、X^0 两位的输出，就像多项式除法中求部分余式那样。因此在 P_4 脉冲时即求得了余式 $r(X)$，并保留在寄存器中。

现以实例说明之。设信息 1010 要编码，在信息位串行输入过程中，移位寄存器的内容变化情况如表 7.5 所示。输入结束后，即得到 $FF_3 = 0$，$FF_2 = FF_1 = 1$，也就是校验位为 011。这样，输出端得到的循环码码字便为 1010011。

表 7.5　　　　　　　　　　　信息码 1010 的校验位生成

信息输入	移存器内容 $FF_3\ FF_2\ FF_1$		
（清 0）	0	0	0
1	0	1	1
0	1	1	0
1	1	0	0
0	0	1	1

b. 译码

循环码的译码，主要是对循环码码字的检测和对多位突发错的纠错。

由循环码的性质知，它的任一码字所对应的码多项式都可被生成多项式整除。因此，对 (n, k) 循环码译码时，可将输入的循环码用它的生成多项式 $g(X)$ 除。如能除尽（余式为 0），说明输入码无误；如除不尽（余式不为 0），说明输入码出现了不多于 $n-k$ 位的突发差错。由此可见，循环码译码器可采用和编码器同样的除法移位寄存器来实现。图 7.24 给出了 $(7, 4)$ 规则循环码的译码器电路。其译码过程如下：

（1）将要译码的循环码码字从高位到低位由循环码输入端输入。结束后，移位寄存器中内容即为该码字的"症状"信号。

（2）如症状为全 0，说明码字无误；否则码字有错，并可按"症状"指示纠错位。

例如输入的码字为 1010011，经 7 个时序控制脉冲后，移位寄存器中内容为 $FF_1 = FF_2 = FF_3 = 0$，说明输入的码字是正确的循环码。其译码过程的寄存器状态变化情况如表 7.6 所示。假若输入的码字为 1000011，则经译码操作过程（7 个移位操作）后，在移位寄存器中将得到 $FF_3 = FF_2 = 1$，$FF_1 = 0$，即 110。这一"症状"信号表明输入码字有错，并且

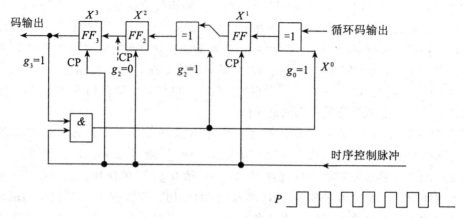

图 7.24 (7,4)规则循环码译码电路

由此可判断校验方程 1、2(校验方程可由式(7.33)的校验矩阵写出)出错,而与 FF_3、FF_2(相当于校验位 c_2、c_1)有关,与 FF_1 相当于校验位 c_0)无关的数据位是由左至右第 3 码位(即 c_4),因此只要对该位求反即从 0 变成 1,便可得到正确码字,完成纠错功能。

表 7.6　　　　　　　　　　码字 1010011 译码过程寄存器状态

输入	寄存器状态 $FF_3\ FF_2\ FF_1$			输入	寄存器状态 $FF_3\ FF_2\ FF_1$		
(清 0)	0	0	0	0	0	0	1
1	0	0	1	0	0	1	0
0	0	1	0	1	1	0	1
1	1	0	1	1	0	0	0

7.5.4 汉明码

汉明码本质上也是一种奇偶校验码,只不过它是包含多重奇偶校验的一种更一般类型的奇偶编码。由于其编码效率较高,纠错成本较低,纠错时间较短,又有较廉价的纠错电路芯片可选用,所以它在计算机系统特别是存储器子系统中应用很广。

基本的汉明码能纠一位错,所以又称 SEC 码(single error correcting codes)。它的原理是基于重叠奇偶校验的概念:将原始信息位分成若干个重叠的组,每组设一位奇偶校验位。由于组间有重叠,因此每位原始信息分成若干从属于一个以上的校验组,而且每位信息与校验组间的从属关系是不一样的,例如 d_0 位属于 c_1,c_2 组,d_1 位属于 c_1、c_3 组,等等。纠错时,根据哪些组的奇偶校验位出错,就可唯一地确定是哪一位信息出错,将该位求反即可实现纠错。

校验位的位数 f 可根据信息位的位数 k 按下式确定:

$$2^r - 1 \geqslant k + r = n \tag{7.35}$$

式中,n 为汉明码码字长度。

表 7.7 列出了由式(7.35)确定的 1～26 位信息码与最小汉明校验位数 r_{min} 之间的对应关系。

表 7.7   **r 与 k 间的关系**

信息位数 k	校验位数 r_{min}
1	2
2 ~ 4	3
5 ~ 11	4
12 ~ 26	5

对式(7.35)，r 位奇偶校验位表明共有 r 个重叠的分组，共可提供 2^r 个从属关系组合。这些组合应能保证每个信息位和每个校验位都提供一个唯一的组合，同时还要为无差错状态提供一个唯一的组合。

汉明码也是 $(n，k)$ 线性分组码的一种。要生成 $(n，k)$ 汉明码，关键是要知道 $r = n-k$ 位校验位在 k 位汉明码中的位置和根据 A 位信息码确定 r 个校验位的值。

自汉明码定义所决定，r 个汉明校验位 $c_1，c_2，\cdots，c$,应分别置于 n 位汉明码的 2^{i-1} 码位处($i = 1，2，\cdots，r$)，即 c_1 置于 $2^0 = 1$ 码位，c_2 置于 $2^1 = 2$ 码位，c_3 置于 $2^2 = 4$ 码位，c_4 置于 $2^3 = 8$ 码位，等等。它们和信息码在汉明码中的排列次序如表 7.8 所示。

表 7.8   **汉明码中校验位与信息位的排列次序**

码类	码位 1 2 3 4 5 6 7 8 9 10 11 12 13 14 15 16 17…
信息码	d_1　$d_2 d_3 d_4$　$d_5 d_6 d_7$　d_8　d_9　$d_{10} d_{11}$　d_{12}…
校验码	$c_1 c_2$　c_3　　c_4　　　　　　　c_5　…
汉明码	$c_1 c_2 d_1 c_3 d_2 d_3 d_4 c_4 d_5 d_6 d_7$　d_8　d_9　$d_{10} d_{11} c_5 d_{12}$…

各汉明校验位的值是由 r 个与 k 位信息线性相关的奇偶校验方程确定的。而为了得到 r 个奇偶校验方程，必须先将 n 位汉明码分成 r 个校验组，然后每组构成一个奇偶校验方程。分组方法如表 7.9 所示。从该表不难看出校验组的分组原则如下：

表 7.9   **汉明码的奇偶校验分组**

校验组	汉明码码位 1 2 3 4 5 6 7 8 9 10 11 12 13 14 15 …
第 1 组(s_1)	c_1　d_1　d_2　d_4　d_5　d_7　　d_9　　d_{11}…
第 2 组(s_2)	$c_2 d_1$　　$d_3 d_4$　　d_6　d_7　　$d_{10} d_{11}$…
第 3 组(s_3)	$c_3 d_2 d_3 d_4$　　　　$d_8 d_9$　$d_{10} d_{11}$…
第 4 组(s_4)	$c_4 c_5 d_6 d_7$　d_8　d_9　$d_{10} d_{11}$…
…	…

第 1 组(s_1组)从汉明码第 1 位(c_1)起，先取一位，然后每隔一位取一位；

第 2 组(s_2组)从汉明码第 2 位(c_2)起，先取两位，然后每隔两位取两位；

第 3 组(s_3组)从汉明码第 4 位(c_3)起，先取 4 位，然后每隔 4 位取 4 位；

第 4 组(s_4组)从汉明码第 8 位(c_4)起，先取 8 位，然后每隔 8 位取 8 位；

…………

第 r 组(s_r组)从汉明码第 2^{r-1} 位(c_r)起，先取 2^{r-1} 位，然后每隔 2^{r-1} 位取 2^{r-1} 位；

在分组的基础上，每个组内各码位作"模 2 加"，便可得到 r 个奇偶校验方程组成的方程组：

$$\begin{cases} c_1 \oplus d_1 \oplus d_2 \oplus d_4 \oplus d_5 \oplus d_7 \oplus d_9 \oplus d_{11} \oplus \cdots = 0 \\ c_2 \oplus d_1 \oplus d_3 \oplus d_4 \oplus d_6 \oplus d_7 \oplus d_{10} \oplus d_{11} \oplus \cdots = 0 \\ c_3 \oplus d_2 \oplus d_3 \oplus d_4 \oplus d_8 \oplus d_9 \oplus d_{10} \oplus d_{11} \oplus \cdots = 0 \\ c_4 \oplus d_5 \oplus d_6 \oplus d_7 \oplus d_8 \oplus d_9 \oplus d_{10} \oplus d_{11} \oplus \cdots = 0 \\ \cdots\cdots \end{cases} \tag{7.36}$$

方程组(7.36)就是汉明码编码和校验、纠错的基础。

下面以(7，4)SEC 码为例，来说明汉明码的编码与纠错原理。

根据式(7.36)，(7，4)汉明码的 4 位信息位 d_1、d_2、d_3、d_4 和它的 3 位校验位 c_1，c_2，c_3 之间的线性关系可用下列奇偶校验方程组来描述：

$$\begin{cases} d_1 \oplus d_2 \quad\ \oplus d_4 = c_1 \\ d_1 \quad\ \oplus d_3 \oplus d_4 = c_2 \\ \quad\ d_2 \oplus d_3 \oplus d_4 = c_3 \end{cases} \tag{7.37}$$

由式(7.37)，可得到(7，4)汉明码的编码电路如图 7.25 所示(得到的是偶校验汉明码)。

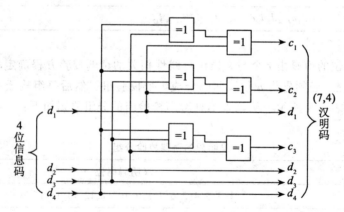

图 7.25　汉明码编码逻辑

对于接收的(7，4)汉明码，则可基于下列方程组来检测和纠错：

$$\begin{cases} s_1 = d_1 \oplus d_2 \oplus d_4 \oplus c_1 \\ s_2 = d_1 \oplus d_3 \oplus d_4 \oplus c_2 \\ s_3 = d_2 \oplus d_3 \oplus d_4 \oplus c_3 \end{cases} \tag{7.38}$$

式中，$s_1s_2s_3$ 为症状信号。$s_1s_2s_3=000$，表明汉明码码字无差错；$s_1s_2s_3\neq000$，表明码字有错，且其 7 种组合分别对应码字 7 个位中的一个确定位发生了差错，将相应位求反，即可得到正确码字，完成纠错功能。据此不难得到 (7，4) 汉明码的差错检测、纠错电路，如图 7.26 所示。

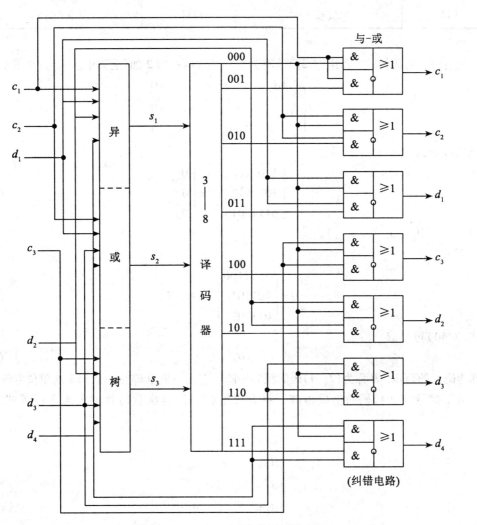

图 7.26　(7，4) 汉明码检测纠错逻辑

图中 $S=s_1s_2s_3$，通过 3-8 线译码器输出 000，001，…，111 八个状态，其中 000 表明无错，它打开 7 位码字的输出门使之按原码通过。如果 $s_1s_2s_3\neq001$，表明 c_1 位出错，则封锁 c_1 位输出门，而通过与或门的下半部先将它求反后再输出。其他位的输出情况依此类推。表 7.10 列出了 $s_1s_2s_3$ 状态与出错码位的对应关系。

汉明码作为一种 $(n，k)$ 线性分组码，我们也可以通过导出其生成矩阵 G 和校验矩阵 H 来理解它的编码和校验、纠错。下面仍以 (7，4)SEC 码为例来加以说明。

表 7.10 $S_3S_2S_1$ 状态与出错码位关系

$s_3s_2s_1$	对应出错码位	$s_3s_2s_1$	对应出错码位
000	无错	100	c_3(位 4)
001	c_1(位 1)	101	d_2(位 5)
010	c_2(位 2)	110	d_3(位 6)
011	d_1(位 3)	111	d_4(位 7)

先将(7,4)码校验方程组(7.37)改写为下列形式(在"模 2 加"运算中，$\oplus$ 与+是等价的)：

$$\begin{cases} d_1+d_2\quad\ +d_4+c_1\quad\ =0 \\ d_1\quad\ +d_3+d_4\quad\ +c_2\ =0 \\ \quad d_2+d_3+d_4\qquad +c_3=0 \end{cases} \qquad (7.39)$$

写成矩阵形式为

$$\begin{bmatrix} 1101100 \\ 1011010 \\ 0111001 \end{bmatrix}C^T=\begin{bmatrix}0\\0\\0\end{bmatrix} \qquad (7.40)$$

式中，$C=[\,d_1\ d_2\,d_3\ d_4\ c_1c_2c_3\,]$。

令

$$H=\begin{bmatrix} 1101100 \\ 1011010 \\ 0111001 \end{bmatrix}=[\,Q,\ I\,] \qquad (7.41)$$

则式(7.40)可写成

$$HC^T=0 \qquad (7.42)$$

C^T 称为码元的列阵，H 称为(7,4)码的校验矩阵，它由一个 Q 阵和一个 3×3 的单位方阵组成。

为了推导(7,4)码的生成矩阵，将方程组(7.37)再次重写并加入 4 个恒等式，可变成：

$$\begin{cases} d_1=d_1 \\ d_2=\qquad d_2 \\ d_3=\qquad\quad d_3 \\ d_4=\qquad\qquad d_4 \\ c_1=d_1+d_2\qquad +d_4 \\ c_2=d_1\qquad +d_3+d_4 \\ c_3=\qquad d_2+d_3+d_4 \end{cases} \qquad (7.43)$$

方程组(7.43)两边求转置，得

$$C=\begin{bmatrix} d_1 & & d_1 & d_1 \\ & d_2 & \overline{d}_2 & d_2 \\ & & d_3 & \overline{d}_3\,\overline{d}_3 \\ & & d_4\,\overline{d}_4\,\overline{d}_4\,\overline{d}_4 \end{bmatrix}$$

将它写成矩阵形式，得到

$$C = [\, d_1 d_2 d_3 d_4 \,] \begin{bmatrix} 1000110 \\ 0100101 \\ 0010011 \\ 0001111 \end{bmatrix} \tag{7.44}$$

令

$$M = [\, d_1 d_2 d_3 d_4 \,]$$

$$G = \begin{bmatrix} 1000110 \\ 0100101 \\ 0010011 \\ 0001111 \end{bmatrix} = [\, I, \ P \,] \tag{7.45}$$

则式(7.44)可写成

$$C = MG \tag{7.46}$$

M 称为信息码元的行阵，G 称为(7，4)码的生成矩阵，它由一个 4×4 的单位方阵和一个 P 阵组成。

从式(7.44)和(7.46)可知，汉明码码字$(d_1\,d_2d_3\,d_4\,c_1c_2c_3)$ DJ 通过信息码元分组$(d_1\,d_2\,d_3\,d_4)$和生成矩阵 G 相乘得到。因此称式(2.36)和(2.38)为(7，4)码生成方程。据此，同样可得到图 7.25 所示的汉明码生成电路。

比较式(7.41)和式(7.45)的校验矩阵和生成矩阵不难看出：$P = Q^{\mathrm{T}}$，且 $GH^{\mathrm{T}} = \mathbf{0}$（注意，矩阵相乘过程中做的加法是"模 2 加"）。

现举例说明如何应用 G 和 H 矩阵来进行编码和校验、纠错。设信息码为 1100，根据式(7.39)可求得其对应(7，4)码码字为

$$C = [\, 1100 \,] \begin{bmatrix} 1000110 \\ 0100101 \\ 0010011 \\ 0001111 \end{bmatrix} = 1100011$$

如经传送或存储后，得到的是 $C' = 0100011$。其校验、纠错过程为先求 H 与 $(C')^{\mathrm{T}}$ 的模 2 乘积，得到的结果称为"症状"信号。对于(7，4)码，它应该是一个有 3 个分量的向量。如 C' 没有出错，则 $C' = C$，且 $HC^{\mathrm{T}} = 0$（符合式(2.29)）；如 $H(C')^{\mathrm{T}} \neq 0$，则表示 C' 出错，这时

$$H(C')^{\mathrm{T}} = \begin{bmatrix} 1\ 1\ 0\ 1\ 1\ 0\ 0 \\ 1\ 0\ 1\ 1\ 0\ 1\ 0 \\ 0\ 1\ 1\ 1\ 0\ 0\ 1 \\ {\scriptstyle d_1 d_2 d_3 d_4 c_1 c_2 c_3} \end{bmatrix} \begin{bmatrix} 0 \\ 1 \\ 0 \\ 0 \\ 0 \\ 1 \end{bmatrix} = \begin{bmatrix} 1 \\ 1 \\ 0 \end{bmatrix}$$

该结果表明，校验方程 1 与 2 式不满足，导致症状向量的前两位不为 0，而校验方程的第 3 式满足，故错误一定是出在 d_1 位，据此可将 d_1 位求反纠为 1，即可恢复成正确的码字。

要说明的是，(7，4)SEC 码的校验方程不是唯一的，因而可以有不同的校验矩阵 H 和生成矩阵 G。由于它只能纠单错，所以对双错无能为力。为了使这种(7，4)SEC 码不仅能纠单错，而且能检双错，可在原(7，4)码的基础上再增设一个校验位 c_4，且令

$$c_4 = d_1 + d_2 + d_3 + d_4 + c_1 + c_2 + c_3 （模 2 加）\tag{7.47}$$

这样得到的即为(8，4)SEC/DED(Single Error Correcting/Double Error Detecting)码。

对这种 SEC/DED 码，译码校验时，c_4 位先不参加求症状向量运算，但需另设一个症状指示位 s_4，使

$$s_4 = d_1 + d_2 + d_3 + d_4 + c_1 + c_2 + c_3 （模 2 加）\tag{7.48}$$

当 $s_4 = 0$ 时，表明无错或有双错(只考虑 2 个以内的差错可能)，再配合症状向量 $s_3 s_2 s_1$，就可区分属于哪一种情况：若 $s_3 s_2 s_1 = 000$，表明无错；若 $s_3 s_2 s_1 \neq 000$，表明有双错，出错位无法判断。当 $s_4 = 1$ 时，说明出现单错，这时若 $s_3 s_2 s_1 = 000$，说明原来 7 位(d_1 $d_2 d_3 d_4 c_1 c_2 c_3$)无错，而是 c_4 位本身出错；若 $s_3 s_2 s_1 \neq 000$，则仍按前述(7，4)SEC 码的办法纠错。

前面主要介绍了(7，4)SEC 和(8，4)SEC/DED 两种汉明码。对于任意字长的代码，均可根据同样的原理构成具有纠错能力的汉明码。汉明码的编码和译码、纠错，既可用硬件实现，也可用软件实现。

7.5.5 差错控制码的选择

前面介绍了奇偶检验码、循环冗余码、汉明码的设计原理。还有一些差错控制码，如 AN 码、剩余码、m/n 码、伯格码等，可参考相关文献。

差错控制码的种类繁多，选择什么样的编码来对信息进行差错控制？主要取决于码的特性和实际需求。码的特征通常用编码的成本和编码的有效性来表征。编码的成本又可用冗余度和编译码的硬件开销和时间开销来衡量；编码的有效性则用它能检错、纠错的位数来衡量。表 7.11 综合了几种常用编码的主要特征及应用范围。

表 7.11 　　　　　　　　　　　　几种常用编码的主要特征及应用范围

码制	编码的特征				主要应用场合
	冗余度	编码译码电路	检/纠错能力	编码的可分性	
奇偶码	一般	异或树	检单错和奇数位错，有的变形方案也可检多位错、纠 1 位错	可分	存储器、异步串行通信、总线
循环码	低	线性反馈移位寄存器	检多位错	可分码、不可分码都有	海量存储器、同步串行通信链路
汉明码	低	硬件、软件均可	纠单错、检双错	可分	存储器
AN 码	与 A 值、N 值相关	简单	检错	不可分	算术运算
剩余码	与求余的模有关	较简单	检错	可分	算术运算

码制	编码的特征				主要应用场合
	冗余度	编码译码电路	检/纠错能力	编码的可分性	
校验码	低	累加器、比较器	检错	可分	成组数据块传递
m/n 码	可分码低、不可分码高	可分码简单、不可分码复杂	检错	可分码、不可分码都有	控制信号线
伯格码	低	简单	检多位单向错	可分	存储器、通信

7.6　测控系统可信性评估

前面提出了关于测控系统可信性的定义及属性。可信即系统能够提供确实可信服务的综合能力，可见对一个系统的可信性评价并不能简单地用某个单一的标准来衡量，而需要一个具有多方面的综合指标。因为系统的可信性涉及系统的不同属性和功能及各项指标的评价。因此它必须是一个具有多项复合属性的测度，而不是一个指标或一个标准就可以确定的测度。

7.6.1　可测性及其测度

测试是检查和抑制系统中故障的存在和发生的有效方法，欲提高系统的可信性必须要利用各种测试方法和手段。在系统生命周期的各个阶段都需要使用测试的概念。所谓测试就是通过对系统输入一定的序列（称为测试序列或测试向量）后，检查系统的输出响应以确定在系统中是否存在故障的方法。因此，通过对一个系统的全面测试应该完成两件事：一是故障检测（fault detection），即检查是否存在故障；二是故障定位（fault location），即在故障检测的基础上，还须确定发生故障的位置。如果既完成故障检测，又进行故障定位，则称为故障诊断（fault diagnosis）。关于具体的测试方法（算法）将在本书的以后章节中讨论。

既然测试对系统的可信性来说十分重要，因此，必须提高系统的可测性。可测性的测度主要包括对以下几个参数的评估：

（1）对系统进行测试的便利程度，即故障检测和故障定位的难易程度以及输入测试序列的便利程度。

（2）所需要的测试序列的长度，包括需要输入的测试序列的长度和需要观察的输出响应的长度。

（3）所产生的测试序列对系统的故障覆盖率。故障覆盖率是指被检测到的故障总数占系统中所有可能的故障总数的比例。由于"故障总数"可以定义为包括所有不可检测的故障，也可以定义为不包括不可检测故障，因此，故障覆盖率的计算在两种情况下是不同的，具体计算可根据不同的要求来定。

一般认为，一个系统具有较好的可测性就意味着对这个系统的测试十分方便，其中包括，容易生成测试序列（或测试向量），测试序列（测试向量）的个数较少，测试序列有较高的故障覆盖率等等。值得注意的是，可测性参数往往在一个系统的规划和设计阶段就必须预先考虑到。

对系统可测性的评估可以有多种方法，但是，无论哪一种方法都是建立在对系统结构的分析和对系统的可控性(controllability)和可观察性(observability)的评估上面。可控性是指从系统外部通过输入端对系统内部各部分的值进行控制的能力；可观察性是指从系统外部通过输出端观察系统内部各部分值的能力。

事实上，可测性不仅同系统本身结构有关，而且同所使用的技术也有密切的关系。可测性技术现在不仅应用于硬件系统，而且近年来已经在软件系统中得到应用。例如，ISO15942就是一种用来评价Ada语言中程序验证便利性的评估标准。它将不同的功能分成3级：

(1)优先级，即如果使用该功能可以使得程序验证更为方便；

(2)允许级，即如果使用该功能可能需要增加一定的开销，但是对程序验证是有利的；

(3)禁用级，即如果使用了该功能，无法进行程序验证。由于这些分级的使用大大地方便了程序的验证，也就提高了程序的可测性。

虽然，可测性与可靠性分别属于可信性中的两个不同的属性，但是它们之间有着十分密切的关联。优良的可测性有利于检测、诊断故障以及提高测试的故障覆盖率，因此，也就有利于提高系统的可靠性。

7.6.2 可维护性及其测度

对一个数字系统进行维护是保持系统能够正常运行的重要环节之一。本节将对维护和可维护性进行分析和讨论。

1. 维护及其定义

维护的概念是与一个系统生命周期中的运行阶段有着密切的联系。它主要的功能在于终止一个正在运行的系统的任务，进行所谓脱机(offline)测试和维修，然后在确定一个系统确实是处于正常的状态以后再将它返回"原处"，同时还要包括对发现有故障且被撤换下来的部件等进行修复，如图7.27所示。

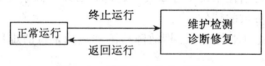

图7.27 维护技术的主要功能

当一个系统可以修复时，称该系统为可修复系统；反之，则为不可修复系统。例如，正在运行的卫星上的部件的故障由于无法接触成为不可修复系统。因此，所谓维护是指一系列可以使系统获得维修或重新建立正常状态的行为。维护主要包括三种类型，它们的功能分别为：

(1)预防型维护。是指在一个故障发展成错误，甚至形成严重后果之前，将它检测出来的，防止它继续发展的一种维护功能。

（2）纠正型维护。是指对一个将要发生，或已经发生的故障进行修复和纠正的功能。

（3）改进型维护。是指在维护系统的同时改进系统性能的功能。

对于预防型维护来说主要是以周期性的检测为主。周期可以是固定的，也可以是不固定的，视不同的系统、情况和环境而定。例如，对一般的汽车而言，需要每行驶至5000～7500km（或者是 3 个月）需要定期由专门技术人员进行一次检测，就属于预防型维护。对许多大型计算机系统的软硬件，同样需要定期检测以防止发生严重的错误和失效。因此，预防型维护还可以分为按系统运行条件（如汽车在行驶至 5000～7500km 即为运行条件）进行的维护，称为按条件的预防型维护；以及按系统运行时间的长短（如汽车运行至 3 个月即为运行时间）进行的维护，称为按时间的预防型维护。

对于纠正型维护，则是指在系统正常运行时发生了某种异常情况而不再能正常工作后进行的维修活动。例如计算机用户发现系统不能正常工作，而将计算机送到维修服务部门进行修理。

而改进型维护则是对现有的正常运行的系统作某些改进，以提高原有系统的功能。例如现在正在使用的软件版本有 1.0 版，后来的 2.0 版等更新版本就是属于对原有的 1.0 版本做了必要的改进型维护后得到的新产品。

有了上述的基本概念，下面可以给出可维护性的定义。

2. 可维护性及其定义

系统的可维护性是衡量一个系统的可修复（恢复）性和可改进性的难易程度。所谓可修复性是指在系统发生故障后能够排除（或抑制）故障予以修复，并返回到原来正常运行状态的可能性。而可改进性则是系统具有接受对现有功能的改进，增加新功能的可能性。

因此，可维护性实际上也是对系统性能的一种不可缺少的评价体系，它主要包括两个方面：首先是评价一个系统在实施预防型和纠正型维护功能时的难易程度，其中包括对故障的检测、诊断、修复以及能否将该系统重新进行初始化等功能；其次，则是衡量一个系统能接受改进，甚至为了进一步适应外界（或新的）环境而进行功能修改的难易程度。

事实上，可维护性是可信性属性中一项相当重要的评价标准。可维护性的优劣可能直接影响到系统的可靠性和可信性。

同推导可靠性 $R(t)$ 的计算公式相似，也可以推导出可维护性的计算公式。假设有 N 个系统，并且在时刻 $t=0$ 时，对每一个系统都注入一个故障。随后，系统开始运行同时允许一个维修人员对它们进行维修。当运行到时刻 t 时，在 N 个系统中有 $N_r(t)$ 个系统的故障被检测，并被修复，但是还有 $N_n(t)$ 个系统中的故障仍然存在而未被修复。由于可维护性是系统在时刻 t 时能够得到修复的概率，因此，可维护性可以由下式表示为

$$M(t) = \frac{N_r(t)}{N} = \frac{N_r(t)}{N_r(t) + N_n(t)} \tag{7.49}$$

将式（7.49）两边对时间 t 求微分得

$$\frac{\mathrm{d}M(t)}{\mathrm{d}t} = \frac{1}{N}\frac{\mathrm{d}N_r(t)}{\mathrm{d}t} \tag{7.50}$$

上式可以改写为

$$\frac{\mathrm{d}N_r(t)}{\mathrm{d}t} = N\frac{\mathrm{d}M(t)}{\mathrm{d}t} \tag{7.51}$$

$N_r(t)$ 对 t 的微分就是在 t 时刻系统的修复率。事实上，在 t 时刻还有 $N_n(t)$ 个系统尚未被修复，于是将 $\dfrac{\mathrm{d}N_r(t)}{\mathrm{d}t}$ 除以 $N_n(t)$，则得到所谓修复率函数为

$$修复率函数 = \frac{1}{N_n(t)} \frac{\mathrm{d}N_r(t)}{\mathrm{d}t} \tag{7.52}$$

如果将上述修复率函数取作一个常数 μ，则 μ 就是每单位时间内修复的故障（部件）数。将式(7.48)代入式(7.49)，可以得到

$$\mu = \frac{1}{N_n(t)} \frac{\mathrm{d}N_r(t)}{\mathrm{d}t} = \frac{N}{N_n(t)} \frac{\mathrm{d}M(t)}{\mathrm{d}t} \tag{7.53}$$

于是，得到微分方程为

$$\frac{\mathrm{d}M(t)}{\mathrm{d}t} = \mu \frac{N_n(t)}{N} \tag{7.54}$$

由于 $N_n(t)/N = 1 - M(t)$，于是

$$\frac{\mathrm{d}M(t)}{\mathrm{d}t} = \mu(1 - M(t)) \tag{7.55}$$

求解上述微分方程，就得到所需要的可维护性表示为

$$M(t) = 1 - e^{-\mu t} \tag{7.56}$$

同样得到修复率 μ 与 MTTR 的关系为

$$MTTR = \frac{1}{\mu} \tag{7.57}$$

一般来说，修复率 μ 与系统的复杂程度有密切的关联。而一个系统的复杂程度并不能由该系统的（规模）大小来决定，还必须视系统的逻辑关系和结构关系诸方面的因素才能确定。例如，在一个软件系统中，不仅要看组成该系统的源代码的行数，而且还要看该软件系统的结构和各种模块之间的连接的复杂性（如共享变量数的多少，调用子程序的次数等）才能确定它的复杂程度。

可维护性 $M(t)$ 与运行时间及 MTTR 的关系由图 7.28 所示。从图 7.28 可见，平均修复时 MTTR 愈短（即修复率 μ 愈大），则其可维护性 $M(t)$ 就愈高。图中的 $MTTR_1 < MTTR_2$，说明前者的可维护性高于后者。

再者，从式(7.56)进一步可以得到，当修复率 μ 为 0 时，其可维护性 $M(t)$ 也是 0。这就是说当一个系统在无论多长的时间内也无法修复时（即 $\mu = 0$ 时，则该系统事实上是一个不可维护的系统。反之，当 $\mu \to \infty$ 时，说明系统的修复时间接近 0。意味着，系统有极高的可维护性，因而也就有很高的可靠性。如果运行时间到达 $t = MTTR$ 时，则可以得到此时系统的可维护性为

$$M(t = MTTR) = 1 - e^{-\mu \cdot (1/\mu)} = 1 - e^{-1} = 0.632 \tag{7.58}$$

如图 7.28 中所示，由于 $MTTR_1 < MTTR_2$，则 $MTTR_1$ 所表示的可维护性曲线比 $MTTR_2$ 表示的曲线能更早地达到 $M(t) = 0.632$，即有更好的可维护性。

事实上，修复率在可维护性的参数中起着十分重要的作用。但是，修复率却是随着不同的系统和其所处的环境而变化。例如，一个银行的计算机系统发生故障，如果该故障可以由银行自己的系统维护人员修复，那么它的修复率就要高于请专门维修人员上门修理的修复率。同样，如果由专门的维修人员上门能够及时修复故障，那么其修复率比必须将故

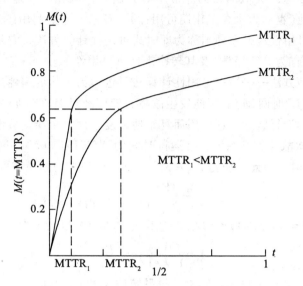

图 7.28　可维护性 $M(t)$ 与时间及 MTTR 的关系

障的系统送到相关的维修部甚至生产厂家进行维修的修复率高得多。由此，人们一般将修复率分成三级：

（1）现场级。就如上述银行计算机系统的例子中，发生了故障由银行自身的维护人员就地修复的情况。

（2）中间级。即上述系统的故障必须请专门维修人员到现场来维修的例子。

（3）最终级。即系统必须重新返回生产部门进行彻底的检修和维护。

7.6.3　可用性及其测度

系统的可用性问题是以该系统的可修复性为基础的。也就是说，只有对可修复的系统才存在可用性的问题。一个系统的可用性是指在任一时刻 t，系统能正常运行的概率，前提是在 $t=0$ 时，假设各种功能都是正常的。可用性属性与可靠性属性的不同之处就在于可用性属性必须考虑到系统的故障诊断、修改和修复等功能。用更容易理解的话来解释，可用性是指一个系统随时可以正常运行的概率，而可靠性则是指系统能在一个给定长的时间内正常运行（不发生故障）的概率。换句话说，可用性是系统能正常运行的时间占据系统总的运行时间（包括维护和修复再内）的比例。不妨设 t_{op} 为系统从 $t=0$ 到 $t=t_{ov}$ 时刻期间的正常运行时间，又 t_{re} 为在该期间中用于修复故障所花费的时间，则该系统在时刻 t_{ov} 的可用性 $A(t_{ov})$ 可以表示为

$$A(t_{ov}) = \frac{t_{op}}{t_{op} + t_{re}} \tag{7.59}$$

基于式（7.59）可知，只要得到系统的正常运行时间和修复所用的时间，就可以计算出该系统可用性的量值。然而，事实上，这种方法并不适用于一个正在进行设计的系统的可用性估算上。因为，当系统尚处于设计阶段时，系统本身是无法运行，也不可能进行任何类似以上所描述的可用性实验。因此，在一般的情况下，为了要估算一个系统的可用性往往

会利用一些其他方法达到类似的目的。常用的方法有两种：一种是基于单参数测度的方法，称为稳态可用性(也称为永久工作期可用性)计算法，它是利用诸如 MTTF 和 MTTR 等参数来计算系统的可用性；另一种则称为即时式可用性计算方法，它是利用马尔柯夫模型的失效率和修复率(作为时间函数)及其转换来计算可用性的。

先来考察第一种方法——稳态可用性计算法，也称为平均可用性计算法。一个正常系统在运行了一段 MTTF 时间(h)后可能发生故障，随即经过 MTTR(h)的修复时间后，系统又重新恢复到正常的运行状态，这样周而复始地重复上面的规律。假设在一段给定的时间中，系统发生了 N 次故障，则系统正常运行时间为 $N(\text{MTTF})(h)$，同时，系统总的修复时间是 $N(\text{MTTF})$小时。因此，根据式(7.58)，可以得到平均的稳态可用性值为

$$A_s = \frac{N(\text{MTTF})}{N(\text{MTTF}) + N(\text{MTTR})} = \frac{\text{MTTF}}{\text{MTTF} + \text{MTTR}} \tag{7.60}$$

由于单系统的 $\text{MTTF} = 1/\lambda$，$\text{MTTR} = 1/\mu$，于是式(7.60)可以表示为

$$A_s = \frac{1/\lambda}{1/\lambda + 1/\mu} = \frac{\mu}{\mu + \lambda} \tag{7.61}$$

分析式(7.60)可知，如果可以通过实验获得系统的 λ 和 μ，则便可以计算出该系统的可用性值。由于修复率 μ 的定义是单位时间(如 1h)内修复的故障数，而失效率 λ 则是系统在单位时间(如 1h)内发生的故障数，因此，我们总是希望系统的失效率 λ 愈小愈好，即系统出现的故障愈少愈好；而希望修复率 μ 愈大愈好，即在单位时间内能修复尽量多的故障，使得系统的可用性 A_s 尽量地接近 1。假设一个系统的修复率为 $\mu = 0.1h$，失效率为 $\lambda = 0.01/100h$，则可以计算其可用性应为

$$A_s = \frac{\mu}{\mu + \lambda} = \frac{0.1}{0.1 + 0.01/100} = 0.999 \tag{7.62}$$

现在来考察利用马尔柯夫模型的即时式可用性计算方法。如图 7.29 所示，一个系统可以用两种状态来表示，其中状态①表示系统处于正常运行的可用状态，而状态②则表示系统发生了故障而处在故障状态。

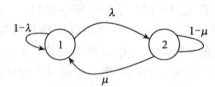

图 7.29　可用性的转换图

图中标有 λ 的弧线表示系统由正常运行状态①转换到故障状态②，转换率即为失效率 λ。而另一条标有 μ 的弧线则表示系统由故障状态②经修复后返回到正常运行状态①，其转换率即为修复率 μ。按照其失效率 λ 和修复率 μ 可以得到即时式可用性的指数表示式为

$$A_s(t) = \frac{\mu}{\mu + \lambda} + \frac{\lambda}{\mu + \lambda} \cdot e^{-(\mu + \lambda)t} \tag{7.63}$$

由式(7.63)可知，当修复率 $\mu = 0$ 时，则该系统为一个不可修复系统，而一个不可修复系

统的可用性与它的可靠性是完全相同的，即 $A_s(t) = R_s(t)$。反之，如果修复率 μ 很大时，则系统的可用性就高于其可靠性，这是因为系统处于正常状态的概率随着修复率的提高而提高，即出现在时刻 0 至 t 期间的故障，在时刻 t 时也许已经被修复而不再存在了。这个原因也可以对式(7.63)的分析得到，因为当 $\mu \to \infty$ 时，有 $A_s(t) \to 1$。

分析可知系统在 Δt 的时段中发生失效的概率可以由 $\lambda \Delta t$ 表示，而系统在 Δt 时段中修复故障而返回到正常工作的概率可以由 $\mu \Delta t$ 表示。于是，马尔柯夫模型的方程式就可以用来表示系统在某一时刻的可用性，它可以写成

$$\begin{bmatrix} p_1(t+\Delta t) \\ p_2(t+\Delta t) \end{bmatrix} = \begin{bmatrix} 1-\lambda \Delta t & \mu \Delta t \\ \lambda \Delta t & 1-\mu \Delta t \end{bmatrix} \begin{bmatrix} p_1(t) \\ p_2(t) \end{bmatrix} \tag{7.64}$$

式中，$p_1(t)$ 和 $p_2(t)$ 分别表示系统在 t 时刻处在正常状态和故障状态时的概率。因此，$p_1(t)$ 事实上也就是该系统的可用性，而 $p_1(t+\Delta t)$ 表示了在某一 Δt 时段系统可用性的计算方法。

7.6.4 安全性及其测度

安全性与系统失效的后果有着直接的关联。一个系统在失效后，所产生的后果有轻重之分，一般分为轻微损坏、严重损坏或特大损坏和灾难性损失。根据系统及其应用环境的不同，对安全性的要求也不同。在某些应用中，系统一旦发生故障可能会使用户、控制对象，甚至周围环境产生严重影响和灾难性的后果。例如在航空器或航天飞机上的嵌入式系统的故障，可能会造成严重后果。美国雅丽安娜 5 号火箭在发射后不久就坠毁了，损失之严重性难以估计，引起了业界人士的广泛重视。专业人员究其原因，一时竟毫无收获。后来经过反复认真的检查和无数次的核对，才发现了使火箭失事坠毁的真正原因竟是让人难以相信的一个数据上的小小错误——有人在其嵌入式系统的软件数据输入中将一个常数(−1.94247)缩小了十分之一变成(−0.194247)。而就是这个缩小了十分之一的数据让雅丽安娜 5 号火箭提前结束了它的生命，造成了不可挽回的重大损失。除了在航天、航空领域外，在国防、铁路等要害部门对安全性也是十分敏感的。例如，铁路信号灯控制系统运行的安全性问题直接牵涉到人们生命财产的安全，因此长期以来受到各国政府部门的重视。

事实上，安全性的定义就是系统一旦在发生故障而失效时，使其自身以及由此造成相关环境的损坏(或损失)保持在一个可以接受(或者是预先规定)的范围之内的概率。换言之，当系统由于某个故障而失效时，不至于造成重大的或灾难性的损坏(损失)。

安全性除了牵涉到系统为了提高可靠性所应用的有关技术以外，还牵涉到系统的使用环境和为了提高安全性而专门设置的有关安全防护的措施和技术。一个比较常见的例子是交通信号控制系统的安全性问题，如图 7.30 所示。图中显示了最简单的十字路口的交通控制情况。其中，南北向(NS)和东西向(WE)的道路只能有一个方向可以通行。按照交通管理的惯例，如 WE 方向为绿灯(表示放行)，则 NS 方向必定是红灯(表示禁止通行)，反之亦然，否则将引起严重的交通事故，导致生命财产的重大损失。假设，在每个方向的路口只有红(用 R 表示)、绿(用 G 表示)两种信号灯。则 4 个路口的信号灯所有可能的组合及其可能产生的安全性后果可以由表 7.12 表示。

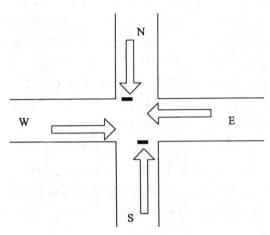

图 7.30 交通信号控制系统的安全性的例子

表 7.12 4 个方向的交通信号组合及其后果

序号	N	S	W	E	是否正常	可能的后果严重性
1	R	R	R	R	否	故障状态下的安全模式
2	R	R	R	G	否	故障状态/无严重后果
3	R	R	G	R	否	故障状态/无严重后果
4	R	R	G	G	是	正常运行状态
5	R	G	R	R	否	故障状态/无严重后果
6	R	G	R	G	否	故障状态/较严重后果
7	R	G	G	R	否	故障状态/较严重后果
8	R	G	G	G	否	故障状态/严重后果
9	G	R	R	R	否	故障状态/无严重后果
10	G	R	R	G	否	故障状态/较严重后果
11	G	R	G	R	否	故障状态/较严重后果
12	G	R	G	G	否	故障状态/严重后果
13	G	G	R	R	是	正常运行状态
14	G	G	R	G	否	故障状态/较严重后果
15	G	G	G	R	否	故障状态/严重后果

从表 7.12 可知，在 16 种信号灯的组合中只有第 4 和第 13 两种组合是属于正常运行状态，而其他的组合都属于非正常运行的故障状态，表中 R，G 分别表示红灯亮，绿灯亮。在故障状态中，4 个信号灯中有 3 个为 R 的状态(状态 2，3，5，9)，由于 4 个方向中有 3 个方向的交通被禁止通行了，因此这种故障一般不会引起严重后果。如果发生了 4 个信号灯

中有两个 R 的故障状态(状态 6，7，10，11)，则就可能发生较严重的后果。而如果发生了 4 个信号灯中只有一个 R 的故障状态(状态 8，12，15)，则将发生严重后果。而一旦发生了最坏情况，即故障状态 16，即 4 个路口全部为 G，则可能给人们带来十分严重的后果和损失。如果发生了第 1 种故障状态，则由于 4 个路口全部为 R，所有交通被禁止通行，等待有关部门的进一步处理。虽然，在时间上有一点的损失，但是可以最大限度地保证生命财产的安全。这也是在控制系统发生故障后人们最希望得到的结果，被称为故障状态下的安全模式。因而，在一个具有安全保障的系统中，在系统一旦发生故障和失效后就应该有能力将系统转入故障状态下安全模式中，以避免和杜绝发生更严重的后果。所以，安全性在某些特殊的应用和环境下是十分重要的。第 12 章将对该例作进一步分析说明，并且以此为例，设计一个具体的故障安全控制系统，以达到交通信号安全控制的目的。

值得指出的是，系统的安全性与可靠性是相互独立的，它们之间并没有直接的关系，可靠性的目的在于尽可能地保持系统在长时间的正常运行中不发生故障，但是不等于说，这个系统在一旦发生故障后也是安全的。换言之，可靠的系统并非一定是安全的。反之，安全的系统也未必一定是可靠的。因此在上面已经讨论过的可信性的几个属性(可测性，可维护性和可用性等)，都与可靠性有着十分密切的关联。但是，安全性却有着它自身的规律和技术。从某种意义上来说，提高了可靠性也可以改善安全性，然而，可靠性是不能代替安全性的。例如，哥伦比亚航天飞机在返回地球时的空中解体，就是一个有力的明证。实际上安全性的重点主要是涉及和处理到系统在可靠性措施失败以后所遇到的问题。所以两者有着本质上的区别。

7.6.5　保密性及其测度

保密性，又称为信息安全性，是可信性中涉及信息安全，即防止和阻止非法访问和处理相关信息的一个属性。该属性主要通过三个方面来衡量。

(1)机密性，要求信息免受非授权的访问和披露。

(2)完整性，要求信息必须是正确和完全的，而且能够免受非授权、意料之外或无意的更改。

(3)可用性，要求信息在需要时能够及时获得以满足业务需求。它确保系统用户不受干扰地获得诸如数据、程序和设备之类的系统信息和资源。

由于近几年来，在信息安全性方面存在较多的问题，特别是各种"病毒"程序以及所谓"黑客"的侵入和干扰，人为地造成了许多不必要的损失。保密性是可信性属性中主要涉及如何防止和处理所谓人为的"故意性"故障及其在系统内外引起的后果。因此，在它的研究领域中除了涉及一些常用的计算机、代数、编码理论、密码学等方面知识外，还牵涉到社会学、伦理学以及政治和经济等领域方面的知识。

7.6.6　可信性的综合评价标准

前面已经对可信性所属的 6 个属性——可靠性、可用性、可维护性、安全性、可测性以及保密性等分别作了讨论。

事实上，所谓可信性评价的定义也可以从一个系统的正常运行到发生故障之间的变换概率来分析。考察下面的三状态概率模型(见图 7.31)。

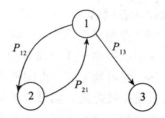

图 7.31　系统可信性的三态概率模型图

图 7.31 中，编号①，②和③分别代表系统所处正常状态、无严重后果的故障状态以及有严重后果的故障状态；P_{12}，P_{21} 和 P_{13} 则分别表示从状态 1 转到状态 2 的概率，状态 2 转到状态 1 的概率，以及从状态 1 转到状态 3 的概率。这里的转换概率 P_{12}，P_{21} 和 P_{13} 实际上就是前面提到的失效率 λ 和修复率 μ，只不过这里用转换概率 P_{12}，P_{21} 和 P_{13} 来代替它们使得分析可以更为一般化。现在，可以来观察一下，可信性 6 个属性中最重要的 4 个属性的评价定义实际上可以由下面的公式来更为精确地表示出来(其中，P 表示实现事件的概率)。

(1)可靠性。$R(t) = P(q(\tau) = 1,\ \tau \in (0,\ t))$ 表示了可靠性可以解释为系统从 $t = 0$ 到 t 时，保持在状态 1 的概率。同时也反映了该系统保持不发生故障的能力。

(2)安全性。$S(t) = P(q(t) \neq 3)$ 表示系统在时刻 t 的处于安全的概率，也就是该系统在时刻从 0 到 t 之间，不会因故障而转到状态 3 的概率。

(3)可用性。$A(t) = P(q(t) = 1)$(对可修复系统而言)这一式表示系统在时刻 t 处于状态 1 的概率，其中从时刻 0 到 t 之间系统可能发生过故障甚至失效。当时经过修复以后又恢复了正常运行，回到了状态 1。因此，不管发生过什么故障，只要在时刻 t 时，系统确实是处在状态 1 即可。

(4)可维护性。$M(t) = P(q(t + \Delta t) = 1 \mid q(t) = 2)$(对可修复系统而言)这个公式表示系统在时刻 t 发生了故障，而在 t 以后的一段时间 Δt 内可以将系统修复，并返回到状态 1 的概率。该定义实际上是可维护性指数定义式的变形，它更强调了在修复过程中时间上的延迟。

在实际的应用环境中，在评估一个系统的可信性时，对上述 6 个属性，实际上并非是一视同仁的。它很大程度取决于系统的应用范围，开发系统的需求和成本以及系统所处的环境等诸方面的条件。因此，对可信性的评价实际上是一个综合评价的过程，由下式表示：

$$D = w_1 R + w_2 A + w_3 M + w_4 T + w_5 S + w_6 U \tag{7.65}$$

且

$$\sum_{i=1}^{6} w_i = 1 \tag{7.66}$$

式中，D 表示一个系统的可信性，R，A，M，T，S，U 分别表示该系统的可靠性、可用性、可维护性、可测性、安全性以及保密性的属性参数值。而 $W_i (1 \leqslant i \leqslant 6)$ 则分别表示该系统对上述各属性重要性的权值。这样，式(7.65)就反映了可信性的综合评价值。其中各个属性的权重由系统的开发者、设计者、用户等相关人员根据具体系统的应用需求、应用环境、开发成本和开发周期等各方面的因素综合决定。因此，两个不同的系统，由于各种不同的复杂因素和应用条件，很难对其可信性方面的评价作定量化的比较。但是，对同一个系统来说，如果对系统进行了某些改动或调整，那么在这些改动或调整完成以后，该系统在改动前后的可信性评价作定量比较是可以实现的。因为在这种情况下，式(7.65)的条件应该是基本相同的。人们之所以青睐定量分析就是因为定量分析和评价毕竟比一般定性化分析更为确切、直接和有效。

在某些实际应用中，在可信性的属性中可能有一个或者几个属性特别重要，而有一些属性甚至可以忽略不计。例如，在宇宙探测器上，对可靠性的要求是十分高的。宇宙探测器在宇宙中应能长时间运行而不发生故障，因此必须有严格的可靠性的要求，如在它的预定工作期间内(例如 12 个月的工作期限)希望其可靠性 R 能达到 0.9999 以上。这是对它的可靠性要求的方面，然而，另一方面又由于宇宙探测器一旦上天后，就无法对其进行任何维护和修复工作，即使该系统发生了任何故障也无法对它进行维修，因此所谓的可维护性的属性对它来说仅仅是虚拟的定义，毫无实际意义。又由于它是一个不可修复系统，因此该系统的可用性就是它的可靠性。另外，如果开发一个通信(电子开关)系统，则最主要的是该系统的可用性，因为一旦应用该系统，则每年给它的维修时间或许只有几分钟至几十分钟，因为维修时间过长，将引起用户的不便。而对一个航空器中的嵌入式控制系统，或者是铁道信号控制系统来说，则安全性肯定应该放在第一位的。一般来说，一个航空器在执行一次飞行任务的时间内，其发生灾难性事故的概率应该小于 10^{-9}。

总之，可信性的最终评价应该根据具体的实际情况(包括上面提到的各种因素)来确定。

习　　题

1. 简述系统可信性的定义，它包括哪些属性？
2. 影响系统可信性的因素有哪些？它们之间的有什么关系？
3. 测控系统有哪几种故障类型？
4. 保障测控系统可信性的方法有哪些？
5. 什么是差错控制码？检错码与纠错码有什么区别？
6. 有哪几种常用的差错控制编码？各有何特点？各应用在什么场合？
7. 码字 01001101 和 11100101 的汉明权分别是多少？这两个码字的汉明距离是多少？
8. 试为某微机 8 位字长的存储器设计一个偶校验逻辑网络。
9. 设有生成多项式 $g(X) = X^3 + X + 1$，试将原始信息 0010 和 1111 编成(7，4)循环码。

第8章 测控系统可靠性研究进展

可靠性工程成为一个专门的领域已有四十多年，受到学术界和工程界的广泛关注，取得了大量的学术和应用成果。20世纪70年代至今，可靠性工程在各个领域中的地位日益提高，从事可靠性研究的人员越来越多，研究的手段和方法也日新月异，设计思想从单一追求性能到抓综合效能，形成了各具特色的流派和分支，取得了一系列理论研究成果和实质性进展。作为工程应用性的学科，可靠性工程包含了获得所需的可靠性特性所进行的一系列设计、研制、生产和使用等各种工作，涉及相当广泛的专业内容。

随着可靠性研究向深度和广度发展，必然遇到许多复杂和用传统方法很难或不能解决的问题，吸取其他学科的成果是解决这些问题的一个有效途径。新的方法和理论的引入必将丰富可靠性工程本身的内容，也能使传统的方法增添新的活力。本章将从学科交叉的角度介绍可靠性工程研究中的一些新的研究进展。

8.1 信息融合技术

信息融合技术自20世纪70年代提出以来，不断发展完善，越来越成为信息处理领域的有力工具，许多国家纷纷将其列入科研基金资助的重点项目。我国自20世纪80年代以来，也掀起了研究信息融合技术的热潮。信息融合作为一门新兴的技术，虽然在技术理论上还需不断完善，但是其应用能力却经受了实践的考验，经证明是有效的。

8.1.1 信息融合的特点及其与可靠性评估的应用结合

目前，多数信息融合技术的应用都集中于军事领域。通过对这些领域中成功实例的分析，可以发现，信息融合技术的最大优势在于它能合理协调多源数据，充分综合有用信息，提高在多变环境中正确决策的能力。信息融合技术能推动可靠性评估发展的特点可以概括为以下两个方面。

（1）信息融合可以扩大系统处理信息的空间覆盖范围。因为多个信息源可以从不同来源、不同环境、不同层次及不同的分辨率来观察同一个对象，得到的关于对象的信息更加充分，这个特性对于系统级的可靠性评估是非常有意义的。众所周知，在系统级可靠性试验数据极少，甚至没有。在这种情况下要进行可靠性评估，必须收集专家可靠性意见、分系统可靠性评估数据、相关（相似）系统可靠性数据以及不同场景下的可靠性数据等信息，使用信息融合技术中提供的丰富的定性-定量融合方法（如专家系统、模糊集理论）来得出可信结论。由于有效综合多源信息，可靠性评估结果的可信度将比单纯依靠分系统可靠性评估结果折合的方法高很多。

（2）信息融合还有强大的时间覆盖能力，亦即利用不同时间点的信息进行优化处理。

融合评估可以综合利用同一产品寿命周期中产品设计、制造、试验、使用和维护等各阶段的可靠性信息。这些信息包括：研制阶段的可靠性方案评审报告；生产阶段的可靠性验收试验、制造、装备、检验记录等；使用中的故障数据、维护修理记录及退役报废记录等。融合评估系统可以以时间为定标尺度，配准历史数据与当时试验数据，使用合理的融合结构和算法，达到去除冗余、克服歧义的目的，得到优化的一致性准确判别。

综上所述，基于信息融合的可靠性评估，就是充分利用各种时空条件下多种信息源的信息，进行关联、处理和综合，以获得关于系统可靠性的更完整和更准确的判断信息，从而进一步形成对系统可靠性的可靠估计或预测。这种评估方法不仅是一种处理复杂可靠性数据的方法，也是建立和谐有效的人-机协同可靠性数据处理环境的基础。

8.1.2　基于信息融合技术的可靠性评估方法

上述分析已经基本证实了信息融合技术在可靠性评估领域的适用性，并指出了可靠性信息融合的两个基本实现途径，即融合同一时刻不同来源信息、同一产品不同时期信息以及两种信息的综合处理。在实现可靠性信息融合评估的过程中，必须在上述思想的指导下，逐步确立该方法实现的准则及模型，并在此基础上设计优化的算法。这样可以充分保证算法的逻辑严密性和可扩充性，也便于问题的进一步研究，同时为可靠性信息融合理论体系的确定奠定了良好的基础。

1. 可靠性信息融合的融合准则

针对工程背景的要求，可以首先确立可靠性信息融合的广义准则，即充分利用多源可靠性信息，进行优化组合，以获得对系统可靠性的一致性解释或描述，提高对系统可靠性点估计的精度，缩短近似估计的置信下限，为系统可靠性评估提供更为准确、可靠的决策依据。在以上广义准则和主要研究方向指导下，针对不同的融合对象和评估环境，又可以确立不同环境下的融合准则，用以指导相应方法的使用和融合模型的构造。

主要融合准则包括：

a. Bayes 准则

Bayes 准则是指充分利用原有可靠性评估的 Bayes 方法，引入多源信息处理接口，以最小化代价函数为目标，进行可靠性信息的充分组合。指导的融合方法有 Bayes 融合方法、人工神网络融合方法。

b. 广义熵准则

广义熵准则基于熵理论并进行扩展，例如联合熵、模糊熵、最小交叉熵、分维熵等，对信息汇集中的各种信息进行信息度度量，以提供信息融合理论研究的基础手段。

基于广义熵准则的融合算法的设计思路是：①利用熵对提供给系统的多源信息进行信息量测度，注意信息熵的选取取决于具体问题的实际背景和融合目标，并以能够最直观、准确地使信息熵数量改变(即不确定性的动态变化)为原则；②进行多源信息的融合，得出融合评估结果，在融合算法的分析设计阶段，这个过程包含了对通过各种融合方案所得到的融合结果的获得及其熵度量，从而可以唯一地确定一个信息融合算法。其实质是从所有满足约束条件的融合算法方案中，选取具有最大熵减的方案，以此作为该准则所指导的信息融合算法。

c. 模糊积分准则(又称 Sugeno 准则)

对于模糊知识，例如专家语言经验、不明确观测值、人的可靠性描述等，使用该准则进行量化分析，使融合后的模糊积分值最大。该准则的目标是：使真实数据支持目标出现的可能性与经验期望值之间吻合程度最好。

该准则的不足之处是：①模糊概念的隶属函数对上下文敏感，这限制了其作为通用算法的能力；②模糊逻辑运算的复杂性依赖于单个隶属函数的结构，因而隶属函数结构的变化常导致计算复杂性的严重变化；③缺少典型的例子来处理由逻辑蕴含所得到的隶属函数。

指导的融合方法有模糊测度积分融合方法、专家系统方法。

d. 最小信任区间准则

对以信任度存在的可靠性评估决策，利用 D-S 证据理论进行信息融合，获得新的评估决策。该准则以融合后决策的不确定性最小为目标，即融合后信任区间最短。其实现思路是：依靠证据的不断积累，不断缩小假设集。不足之处是 D-S 证据理论要求证据间相互独立，这在复杂系统的分析中大多难以得到满足，并且进行信息融合时，组合规则的选取没有严格的理论支持。

2. 可靠性信息融合模型

可靠性信息融合模型的建立是确定融合准则后算法研究的进一步扩展，它依赖融合准则所确立的方式和方法，要求在可靠性信息融合准则的基础上，根据系统可靠性评估以及系统可靠性模型的特点，对可靠性信息融合系统进行建模。可靠性融合模型可以划分为三个部分，这三个部分相互协调构成融合系统的有机整体。之所以进行划分，是为了研究时针对各部分独有的特点，有重点地确立突破口。这三个部分为：

a. 信息源模型

即数据信息的模型化表达。它依赖于对观测对象物理属性的详细描述（对应于失效机理）以及其所处的环境因素（对应于环境因子）。该部分研究可靠性数据建模，以及不同环境下可靠性信息及模型的转换，为可靠性数据信息进行预处理及一致性检验。

根据信息融合系统特点，以及后续融合工作对输入信息的要求，信息源建模时应遵循以下 4 项原则：①要充分描述数据的物理属性和环境特征，减小信息损失；②尽量以简洁的定量形式表述，以利于一致性检验和数据配准；③含参数信息源模型的未知参数要易于通过观测样本提取；④信息源应依照后续融合中心要求建模。在以上原则指导下进行建模，将能够既保证算法的简洁直观，又保证信息的充分利用。

b. 融合中心数学模型

依照上述可靠性融合准则确定融合算法，将其以数学模型形式表达，以描述融合节点的工作特性和运行机制。可靠性信息融合中心，依照其被融合信息和数据的加工深度，可分为原始数据融合（直接观察到的失效数据、可靠性试验记录等）、可靠性特征量融合（底层析入的可靠度、利用试验数据提取的 MTBF、MTTF、失效率等可靠性特征量，同类产品的评估特征等）；评估决策融合（专家判断、已有可靠性评估决策等）三个层次。在实际研究中，可以借鉴信息融合在其他领域已有的应用成果与成功经验，从算法与建模入手，以信息模型为基础，确定适宜的融合算法。

（1）原始数据融合。

原始数据融合是在采集到的原始数据层次上进行的，即对采集到的系统各种可靠性实验数据直接进行组合处理，然后对融合的数据进行分布特征提取和可靠性属性说明。这一层次的融合常用于系统的底层单元，目的是为了克服历史积累的大量数据所带来的信息冗余。在这种情况下，各可靠性数据收集点将得到的原始数据经过一致性检验和配准，再馈入数据层融合中心，该中心的输出结果为对单元可靠性参数的估计和分布形式的判定。

（2）可靠性特征量融合。

可靠性特征量融合是指，把由数据层融合中心进行特征提取所产生的特征矢量以及原来已知的可靠性特征量，通过关联联成有意义的组合，然后融合这些组合后的可靠性特征矢量，提出基于联合可靠性特征矢量的属性说明。其优点在于实现了信息压缩，有利于减小处理复杂度。

（3）评估决策融合。

评估决策融合是指不同类型的多个评估点在其本地完成处理，并建立对所研究的同一产品的可靠性评估结果（以定量指标或语言结论的形式），融合中心对这些结果进行关联处理，输出一个对该产品可靠性的联合评估结果。这种方法的优点是容错能力好，但是由于不同评估点在环境和评估手段上的差异性、先验知识的获取困难等不足，使得指标评估级融合的发展仍然受到阻碍。

c. 融合系统的结构模型

这是对融合系统总体设计的考虑，要采取合理的结构，使之既能保证与可靠性模型和"金字塔"评估模型相协调，又有利于实现融合系统的高效性与准确性。

3. 可靠性信息融合的基本策略

在可靠性信息融合的基本策略中，采用"融合"+"综合"相结合的方法是一种有效的途径。其基本思想是，先采用各种信息融合技术对系统的各组成单元进行可靠性评估；然后再采用多级综合，对整个系统的可靠性进行综合评估（见图 8.1）。

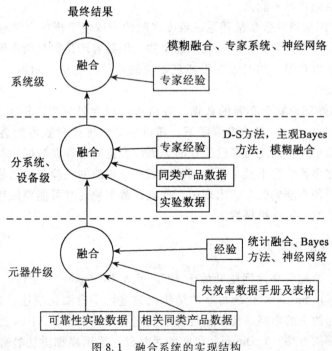

图 8.1   融合系统的实现结构

8.2 模糊理论

1965 年，控制论专家、美国学者 L. A. Zadeh 教授首次提出了模糊集合的概念，从而开创了模糊数学分支。从此模糊数学被广泛地应用于自动控制、人工智能和系统分析等诸多领域并取得了显著的成果。自 20 世纪 80 年代中期以来，在可靠性分析和设计中，会遇到大量不确定因素，按其性质可划分为随机性和模糊性，传统的可靠性理论研究的就是随机性。模糊性是与随机性不同的另一类不确定性，模糊性主要指事物差异的中间过渡中的不分明性。这类不确定性适合用模糊理论的方法来处理。模糊理论的特点是能处理非定量的信息和利用专家经验。因此，对可靠性中存在的不确定性的研究，人们开始引入了模糊数学方法。这样做不是为了把问题模糊化，而是把实际中的模糊事件用精确的数学表达式表示，使问题精确化。

8.2.1 常规可靠性理论的局限性

常规可靠性理论的局限性主要表现在以下三个方面：

（1）常规可靠性理论是建立在普通集合论和二值逻辑基础之上的，因此其可靠性的主要指标，例如失效概率、可靠度、故障率、平均寿命以及系统的故障分析均以此为基础。常规可靠性的定义为：产品在规定的条件下，在规定的时间内，完成预定功能的能力。"预定的功能"具有一定的模糊性，仅用"是"与"不是"二值逻辑来表示，并不能准确地反映这一模糊性。模糊可靠性可以这样定义：产品在规定的条件下，在规定的时间内，在某种程度上完成预定的功能的能力。

（2）复杂化和用精确性数学描述系统难度之间的矛盾使常规可靠性理论陷入困境，现代科学技术的发展要求数学化、定量化描述事物。但随着产品的复杂程度的提高，人们对事物精确认识的能力有限，其根源在于客观事物的差异存在中间过渡、"亦此亦彼"的现象，即存在着模糊性。

（3）常规可靠性理论缺乏必要的数据。在常规可靠性研究中，样本的容量极为重要。当样本的容量较小时，在一定的置信度下，随机变量的统计参数可能会与真实值相差很大。而在工程实际中进行系统可靠性工作时，需以大量的可靠性数据为基础，但由于受多种因素的影响，在多数情况下是难以做到的。因此，先前的经验是数据收集的一个重要来源，但经验是以一种不准确的方式出现的，而且在数据缺乏时可能要依赖于专家的经验来获得数据，这都必然会带来模糊性。

8.2.2 模糊可靠性研究现状

应用模糊数学处理可靠性问题开始于 1975 年 A. Kaufmann 的工作。H. Tanaka 引入了模糊概率的概念。D. Singer 对传统可靠性结构函数进行了模糊化描述。A. K. Dhingra 应用模糊数学对多目标约束的串联系统可靠度最优化进行了研究。R. Viertl 提出了基于模糊寿命数据的可靠性评估方法。T. Onisawa 以实验为基础，采用模糊方法处理人的可靠性。我国青年学者蔡开元博士所建立的率模可靠性理论、能双可靠性理论在可靠性领域引起了巨大的反响。黄洪钟教授对机械模糊可靠性进行了深入的研究，并建立了机械模糊可靠性理论。王永传、郁文贤等对基于故障树各底事件发生概率为模糊数情形的故障树分析方法做了研究。王浩、庄钊文等采用模糊方法优化了频率分集制雷达的可靠性数学模型，探讨和总结了如何确定模糊可靠性分析中的隶属函数问题。陈胜军建立了混合式储备系统的模糊可靠性的数学模型。总的来说，模糊可靠性无论是在理论研究还是工程应用方面都还处在创建阶段没有可供工程应用的实用化技术和方法，针对大型复杂系统的模糊可靠性模型也未建立。因此必须在深入了解大型复杂系统各子系统间相互关系的基础上，对其进行模糊可靠性建模以及适用性分析，尤其是要紧密结合实际的应用系统来确定合理的、物理意义明确的隶属函数，这是进行大型复杂系统可靠性分析与评估的关键技术之一。

8.2.3 常用的隶属函数及其选择

在实际应用模糊数学方法时，可根据所讨论对象的特点来选择隶属函数的形式，再由经验或试验数据来确定比较符合实际的参数，从而获得隶属函数的数学表达式。因此，对于一个具体的、带有模糊性的研究对象，如何建立切合实际的隶属函数是进行模糊设计的前提和关键，判别确定和选定的隶属函数不是看单个元素隶属度的数值如何，而是要看这个函数是否正确地反映了元素从属于集合到不属于集合这一变化过程的整体特性。

1. 确定隶属函数的主要原则

确定隶属函数的方法主要有模糊统计法、三分法、专家打分法和二元对比排序法等。

(1)根据模糊统计试验和对试验结果予以数学推理，确定其隶属函数；

(2)利用专家经验来打分，并结合人为技巧对模糊事物进行推理来确定隶属函数，然后通过应用而进行实践检验，不断修改和完善；

(3)当可用实数闭区间表示论域时，可根据问题的性质，选择适当的隶属函数；

(4)在一定的条件下，可以用二元对比排序法来确定隶属函数的大致形状，从而选择适当的隶属函数模型；

(5)在模糊数学的许多应用领域中，隶属函数可以通过"学习"而不断完善。

2. 几种主要的模糊分布

a. 半梯形和梯形分布

偏小型，如图 8.2(a)所示。隶属函数的表达式为

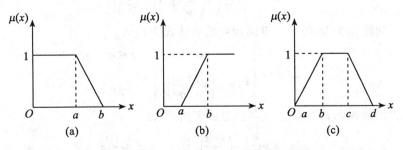

图 8.2 半梯形与梯形分布

$$\mu(x) = \begin{cases} 1 & x \leqslant a \\ \dfrac{b-x}{b-a} & a \leqslant x < b \\ 0 & x \geqslant b \end{cases}$$

当 x 的取值小于 a 时，x 属于模糊集合 $\tilde{A}$ 的程度（隶属度）为 1，即完全属于模糊集合 $\tilde{A}$；当 x 的取值大于 b 时，x 属于模糊集合 $\tilde{A}$ 的程度（隶属度）为 0，即完全不属于模糊集合 $\tilde{A}$；而当 x 在 a 和 b 之间取值时，x 属于模糊集合 $\tilde{A}$ 的程度（隶属度）为 0 到 1 之间的数，即既可能属于模糊集合 $\tilde{A}$ 又可能不属于模糊集合 $\tilde{A}$，就是说 x 是否属于模糊集合 $\tilde{A}$ 是模糊的。因此，若工程实际中的某种模糊性用这种分布形式来描述，在根据经验选择合适的参数 a 和 b 之后，就可得到描述工程实际问题的隶属函数。

偏大型，如图 8.2(b) 所示。隶属函数的表达式为

$$\mu(x) = \begin{cases} 0 & x \leqslant a \\ \dfrac{b-x}{b-a} & a \leqslant x < b \\ 1 & x \geqslant b \end{cases}$$

中间型，如图 8.2(c) 所示。隶属函数的表达式为

$$\mu(x) = \begin{cases} 0 & x < a \\ \dfrac{x-a}{b-a} & a \leqslant x < b \\ 1 & b \leqslant x < c \\ \dfrac{d-x}{d-c} & c \leqslant x < d \\ 0 & x \geqslant d \end{cases}$$

b. 正态分布

偏小型，如图 8.3(a) 所示。隶属函数的表达式为

$$\mu(x) = \begin{cases} 1 & x \leqslant a \\ \exp\left[-\left(\dfrac{x-a}{\sigma}\right)^2\right] & x > a \end{cases}$$

偏大型，如图 8.3(b) 所示。隶属函数的表达式为

$$\mu(x) = \begin{cases} 0 & x \leqslant a \\ 1-\exp\left[-\left(\dfrac{x-a}{\sigma}\right)^2\right] & x > a \end{cases}$$

中间型，如图 8.3(c) 所示。隶属函数的表达式为

$$\mu(x) = \exp\left[-\left(\dfrac{x-a}{\sigma}\right)^2\right] \qquad -\infty < x < \infty$$

c. 柯西分布

偏小型，如图 8.4(a) 所示。隶属函数的表达式为

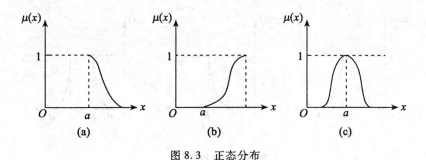

图 8.3　正态分布

$$\mu(x)=\begin{cases}1 & x\leqslant a\\ \dfrac{1}{1-\alpha\ (x-a)^{\beta}} & x>a,\ \alpha,\ \beta>0\end{cases}$$

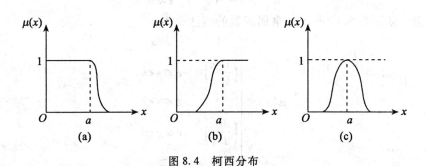

图 8.4　柯西分布

偏大型，如图 8.4(b)所示。隶属函数的表达式为

$$\mu(x)=\begin{cases}0 & x\leqslant a\\ \dfrac{1}{1-\alpha\ (x-a)^{-\beta}} & x>a,\ \alpha,\ \beta>0\end{cases}$$

中间型，如图 8.4(c)所示。隶属函数的表达式为

$$\mu(x)=\frac{1}{1+\alpha\ (x-a)^{\beta}}\qquad \alpha>0,\ \beta\ \text{为正偶数}$$

d. 抛物型分布

偏小型，如图 8.5(a)所示。隶属函数的表达式为

$$\mu(x)=\begin{cases}1 & x<a\\ \left(\dfrac{b-x}{b-a}\right)^{k} & a\leqslant x<b\\ 0 & x\geqslant b\end{cases}$$

偏大型，如图 8.5(b)所示。隶属函数的表达式为

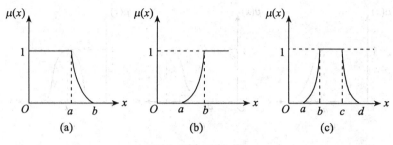

图 8.5　抛物型分布

$$\mu(x)=\begin{cases}0 & x<a\\\left(\dfrac{x-a}{b-a}\right)^{k} & a\leqslant x<b\\1 & x\geqslant b\end{cases}$$

中间型，如图 8.5(c)所示。隶属函数的表达式为

$$\mu(x)=\begin{cases}0 & x<a\\\left(\dfrac{x-a}{b-a}\right)^{k} & a\leqslant x<b\\1 & b\leqslant x<c\\\left(\dfrac{d-x}{d-c}\right)^{k} & c\leqslant x<d\\0 & x\geqslant d\end{cases}$$

8.2.4　串并联系统的模糊可靠度

对于 n 个相互独立单元构成的串联系统，如果已求出每个单元的模糊可靠度 $\tilde{R}_i(t)$，则串联系统的模糊可靠度为

$$\tilde{R}(t)=\prod_{i=1}^{n}\tilde{R}_i(t)\qquad i=1,2,\cdots,n$$

同样，当求得模糊可靠度 $\tilde{R}_i(t)$，n 个单元并联系统的模糊可靠度为

$$\tilde{R}(t)=1-\prod_{i=1}^{n}(1-\tilde{R}_i(t))\qquad i=1,2,\cdots,n$$

8.3　神经网络

人工神经网络是在多年来对神经科学研究的基础之上，经过一定的抽象、简化与模拟的具有高度非线性的大规模非线性动力学系统。它具有自学习、容错性、鲁棒性、善于联想和综合推理等特点。

可靠性数据处理是可靠性工程的重要组成部分，可靠性数据处理是从可靠性数据中提出可靠性信息，根据数据类型不同可得到不同的可靠性信息，如分布类型、分布参数、加速系数等等。数据处理方法和途径非常重要，适当的处理方法和途径可以从较少的数据中得到足够的可靠性信息。相反，不当的方法和途径只能从本来含有丰富可靠性信息的数据中得到少量的可靠性信息，有时甚至是误差较大或错误的信息，这已被信息论和工程实践所证实。传统的处理方法主要是数据统计的方法。李向阳、甘永成曾分析指出神经网络特别适合可靠性数据的处理。王进才、陈振林等人撰文介绍的应用神经网络技术分析和处理可靠性数据的一个具体实例。陈勇等曾对神经网络在可靠性设计中进行了应用研究，它初步探讨如何利用神经网络对可靠性分配方法建模。神经网络的方法在可靠性领域大有所为，它与可靠性工程结合必能使可靠性研究的水平向前迈进一大步。

8.3.1　神经网络的特点

神经网络与可靠性有关的特点分述如下。

(1)神经网络是非线性的，它可用来提取系统输入输出之间复杂的相互关系。从理论上讲，它能实现任意的非线性映射。因而，可用神经网络来表示可靠性领域的变量之间的复杂的关系，减少传统数据处理方法带来的较大误差。一些产品的失效机理不明，影响因素众多，很难或无法用函数关系表达时，则可用神经网络的方法进行系统辨识和参数估计，以求得问题的解决。

(2)神经网络具有容错性。它可以从不完善的数据和图形进行学习和作出决定，局部的损伤可能引起功能衰退，但不会使功能丧失。这对于在一些可靠性数据不完整时，可得出尽可能近似的答案。神经网络具有推广能力，一旦训练成功后，它可以正确处理与训练集相似的数据，在一定的误差容许内，它能由局部联想整体。在多应力加速寿命试验中，如果失效机理改变，用一般的方法很难处理或处理结果误差较大，但利用神经网络描述复杂函数能力和联想功能，就可以比较好的处理。

(3)神经网络具有大规模并行结构和并行处理的能力，同一层处理单元都是同时操作的。因此，它在许多问题上可以作出快速判断、决策和处理。随着可靠工作的广泛开展，数据越来越多，可以用过去的数据来训练网络的结构，并把过去的数据作为训练的初始值，而用目前最有价值的数据来进行参数估计，这样可以减小误差，同时网络的并行处理也为处理速度提供保证。

(4)神经网络与模糊系统具有一定意义上的等价性。因而模糊系统在可靠性领域的应用也可用神经网络来实现，并能增加系统的自学习能力，这样就可以吸收模糊在可靠性领域的已有成果。但是两者各有特点，模糊系统具有被人容易理解的表达能力，而神经网络则具有强的自学习能力，将两者结合起来，可取长补短，就能提高可靠性分析和处理系统的学习能力和表达能力。

(5)可靠性工程是一门大的系统工程。随着社会和科技的发展，可靠性知识将应用于各方面，为了普及和使非专业人员也能够熟练应用等原因，专家系统应然而生。在传统的大型专家系统中，采用的是分明集，因此它的推理能力不强，容易产生匹配冲突、维数灾、组合爆炸等问题。另外知识的获取主要靠人工移植，由知识工程师将专家知识移植到计算机，可靠性数据种类多、量大。因此成本大、效率低，并且无自适应能力。应用神经网络的学习功能，并行处理功能，以及模糊系统的自然语言表示功能来解决可靠性专家系统中知识表示、知识获取和推理等问题，并具有一定的自适应能力，为专家系统开辟新途径。神经网络由于基非线性、容错性和并行性等特点，将成为可靠性智能管理重要一环。

8.3.2 神经网络在容错系统可靠性分析中的应用

1. 容错系统的 Markov 模型

Markov 过程是研究容错系统动态特性的主要方法，假定故障时间的分布与维修时间的分布同为指数分布，发生故障的设备个数为 $X(t)$，则 $\{X(t)\}$ 就形成马尔柯夫过程（生灭过程），并能推导出有关状态概率的微分、差分方程，且利用拉普拉斯变换可求出可靠性的各种指标；当故障时间的分布或维修时间的分布为一般分布时，$\{X(t)\}$ 不构成马尔柯夫过程，而是半马尔柯夫过程或非马尔柯夫过程，可根据系统构成采用辅助变量法或者更新点，将其化为马尔柯夫过程或半马尔柯夫过程进行分析。在一般情况下，任何容错系统均可以用 n 状态 Markov 模型来描述，其状态转移见图 8.6。图中，a_{ij} 为由状态 i 到状态 j 的状态转移率。

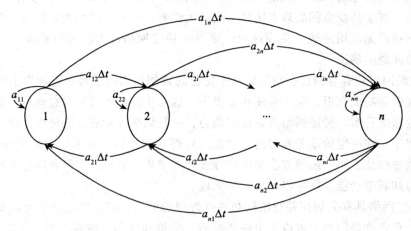

图 8.6 容错系统的 Markov 状态转移图

容错系统的状态方程为

$$P(t+\Delta t) = AP(t) \tag{8.1}$$

式中：

$P_i(t)$ 为系统在时刻 t 处于状态 i 的概率；

$P(t) = [P_1(t), P_2(t), \cdots, P_i(t), \cdots, P_n(t)]^{\mathrm{T}}$；

$P(0) = [1, 0, 0, \cdots, 0]^{\mathrm{T}}$；

$P_i(t+\Delta t)$ 为系统在时刻 $t+\Delta t$ 处于状态 i 概率；

$$P(t+\Delta t) = [P_1(t+\Delta t), P_2(t+\Delta t), \cdots, P_i(t+\Delta t), \cdots, P_n(t+\Delta t)]^{\mathrm{T}}$$

$$A = \begin{bmatrix} a_{11} & a_{21}\Delta t & \cdots & a_{n1}\Delta t \\ a_{12}\Delta t & a_{22} & \cdots & a_{n2}\Delta t \\ \vdots & \vdots & & \vdots \\ a_{1n}\Delta t & a_{2n}\Delta t & \cdots & a_{nn} \end{bmatrix}$$

$$a_{ii} = 1 - \sum_{j=1(j \neq i)}^{n} a_{ij}\Delta t \quad (i = 1, 2, \cdots, n)$$

如果容错系统的实效状态为状态 i 到状态 n，则容错系统的可用度为

$$A(t) = 1 - \sum_{j=i}^{n} P_j(t)$$

2. 容错系统可靠性分析的神经网络模型

当 n 较大或 $T/\Delta t$（T 未容错系统的运行时间）较大时，求 Markov 状态方程的解就变得很困难，必须借助其他方法。本文采用两层循环前馈神经网络模型（见图 8.7）来表示容错系统的 Markov 模型。

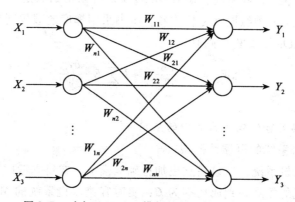

图 8.7　对应于 Markov 模型的循环前馈神经网络

该神经网络模型分为输入层和输出层，每层均有 n 个节点，并分别与 Markov 模型的 n 个状态对应。输入层与输出层之间的连接或联结 W_{ii} 对应于 Markov 模型中状态 j 到状态 i 的转移率。在 t 时刻，该神经网络模型的输入/输出和 Markov 模型的关系见式（8.2）。

$$\begin{bmatrix} x_1 \\ x_2 \\ \vdots \\ x_n \end{bmatrix} = \begin{bmatrix} P_1(t) \\ P_2(t) \\ \vdots \\ P_n(t) \end{bmatrix} \qquad \begin{bmatrix} y_1 \\ y_2 \\ \vdots \\ y_n \end{bmatrix} = \begin{bmatrix} P_1(t+\Delta t) \\ P_2(t+\Delta t) \\ \vdots \\ P_n(t+\Delta t) \end{bmatrix} \tag{8.2}$$

输入层神经元的处理特性为

$$O_i = X_i \tag{8.3}$$

输出层神经元的处理特性为

$$y_i = \sum_{j=1}^{n} W_{ij} * O_j \tag{8.4}$$

于是，容错系统的神经网络模型的计算过程为

$$\begin{cases} Y(t+\Delta t) = WX(t) \\ X(t+\Delta t) = Y(t+\Delta t) \end{cases} \tag{8.5}$$

式中：

$$W = \begin{bmatrix} w_{11} & w_{12} & \cdots & w_{1n} \\ w_{12} & w_{22} & \cdots & w_{2n} \\ \vdots & \vdots & & \vdots \\ w_{n1} & w_{n2} & \cdots & w_{nn} \end{bmatrix} = \begin{bmatrix} a_{11} & a_{12}\Delta t & \cdots & a_{n1}\Delta t \\ a_{12}\Delta t & a_{22} & \cdots & a_{n2}\Delta t \\ \vdots & \vdots & & \vdots \\ a_{1n}\Delta t & a_{21}\Delta t & \cdots & a_{nn} \end{bmatrix} \tag{8.6}$$

参照 Hopfield 网络模型，定义该神经网络的能量函数为

$$E = \sum_{i=1}^{n} (y_i - d_i)^2 \tag{8.7}$$

式中，y_i 为实际输出；d_i 为理想输出。

必须利用神经网络具有的学习与自适应功能对神经网络中的连接权进行适当的调整，以使 E 收敛于一给定值。E 收敛时，由式(8.6)反推可以得到满足容错系统可靠性设计的有关可靠性参数。为了使神经网络尽快收敛，本书采用梯度递减规则来修改连接权值 W_{ij}。令连接权值 W_{ij} 得修改量为 ΔW_{ij}，则有

$$\Delta W_{ij} = -k \frac{\partial E}{\partial W_{ij}} = -k \sum_{m=1}^{n} E_m \frac{\partial y_m}{\partial W_{ij}} \tag{8.8}$$

式中，k 为比例常数。

3. 神经网络在实时容错双机系统中的应用

a. 实时容错双机系统的可靠性模型

对于实时容错双机系统，应该建立更加精确地模型，或建立考虑影响系统可靠性因素较多的模型。令系统的故障判别成功率为 C，实时容错双机系统的 Markov 模型见图8.8，其相应的状态定义为

状态1：双机均处于可工作状态；

状态2：出现了单机故障，但未判明状态；

状态3：一节点机在进行故障诊断和维修，一节点机处于正常工作状态；

状态4：双机均有故障。

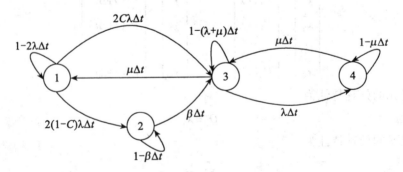

图 8.8 实时容错双机系统的 Markov 模型

本节给出考虑故障判别成功率(C)和故障判别时间($1/\beta$)对系统可用度影响的可靠性模型。

当系统出现单机故障时，若能立即判断出是哪个节点机出故障，系统就直接进入状态

3；若不能，则系统必须采取措施（如运行故障诊断程序、查历史数据等）以判断出故障的节点机，此时系统方可进入状态 3。

　　b. 实时容错双机系统的神经网络模型

　　对应于实时容错双机系统 Markov 模型的神经网络模型见图 8.9，神经网络的连接权值见式(8.9)，神经网络的输入与输出的关系见式(8.10)。

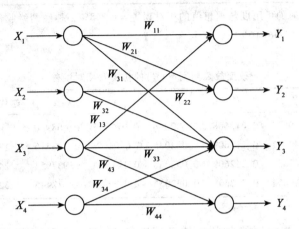

图 8.9　实时容错双机系统的循环前馈神经网络模型

$$W = \begin{bmatrix} w_{11} & 0 & w_{13} & 0 \\ w_{21} & w_{22} & 0 & 0 \\ w_{31} & w_{32} & w_{33} & w_{34} \\ 0 & 0 & w_{43} & w_{44} \end{bmatrix} = \begin{bmatrix} 1-2\lambda\Delta t & 0 & \mu\Delta t & 0 \\ 2(1-C)\lambda\Delta t & 1-\beta\Delta t & 0 & 0 \\ 2C\lambda\Delta t & \beta\Delta t & 1-(\lambda+\mu)\Delta t & \mu\Delta t \\ 0 & 0 & \lambda\Delta t & 1-\mu\Delta t \end{bmatrix} \quad (8.9)$$

$$\begin{cases} y_1 = (1-2\lambda\Delta t)\cdot x_1 + \mu\Delta t\cdot x_3 \\ y_2 = 2(1-C)\lambda\Delta t\cdot x_1 + (1-\beta\Delta t)\cdot x_2 \\ y_3 = 2C\lambda\Delta t\cdot x_1 + \beta\Delta t\cdot x_2 + [1-(\lambda+\mu)\Delta t]\cdot x_3 + \mu\Delta t\cdot x_4 \\ y_4 = \lambda\Delta t\cdot x_3 + (1-\mu\Delta t)\cdot x_4 \end{cases} \quad (8.10)$$

　　c. 仿真结果

　　模型的有关参数的选择见表 8.1，神经网络的仿真结果及 Markov 模型计算结果见表 8.2。模型的初始参数不变，改变故障判别率（β），神经网络的仿真结果及相对误差见表 8.3，表中的相对误差是指神经网络收敛时的可用度与 Markov 模型计算值的相对误差。

表 8.1　　　　　　　　　　　　　　　　模型有关参数的取值

C	β	T	Δt	E
0.8	0.2	10000/h	1h	0.000256

表 8.2 仿真结构与 Markov 模型计算结果

项 目	$P_1(d_1)$	$P_2(d_2)$	$P_3(d_3)$	$P_4(d_4)$	λ	μ
理想值/初始值	0.7	0.05	0.2	0.05	0.04	0.2
收敛值	0.703714	0.058056	0.207606	0.030624	0.04124	0.279642
Markov 模型	0.703766	0.058047	0.207570	0.030617	0.04124	0.279642

注：神经网络收敛时的可用度与理想值的相对误差 = 1.258%；神经网络收敛时的可用度与 Markov 模型计算值的相对误差 1.756×10^{-5}。

表 8.3 改变故障判别率 (β) 的仿真及相对误差

β	P_1	P_2	P_3	P_4	λ	μ	迭代次数	相对误差
0.4	0.705501	0.049855	0.212608	0.032036	0.070665	0.468980	331	1.415×10^{-6}
0.6	0.705501	0.049857	0.212607	0.032035	0.0106004	0.703515	1721	1.198×10^{-6}
0.8	0.705502	0.049854	0.212609	0.032036	0.141330	0.937954	2404	1.089×10^{-6}
1.0	0.705501	0.049854	0.212608	0.032036	0.176663	1.172445	3235	0.98×10^{-6}

由表 8.2 可知，神经网络收敛时的可用度与 Markov 模型计算值的相对误差就更小，从而验证了神经网络模型的正确性。由表 8.3 可知，神经网络模型的收敛与初始值无多大的关系，且达到收敛的迭代次数随故障判别率(β)的提高而增大；神经网络收敛时的可用度与 Markov 模型计算值相对误差的量级均为 10^{-6}，从而再次验证了神经网络模型的正确性。因此，神经网络应用到容错系统可靠性分析中的前景是广阔的，它可以简化容错系统可靠性分析与设计的步骤，另外，由于神经网络具有学习与自适应功能，对于分析较为复杂的容错系统的可靠性，具有更强的竞争力。

8.3.3 神经网络在估计网络可靠性中的应用

1. 基本假设

(1) 网络系统是关联系统；

(2) 网络元件的状态彼此独立；

(3) 网络中所有节点都保持完好状态；

(4) 网络中没有并联边，即从一个节点到另一个节点要么没有连接，要么只有一条边连接；

(5) 网络中边的可靠度或者失效率相等。

2. 方法

对于一个网络系统，结构一旦稳定，从源点到某一确定终点的所有最小路的集合，无论用什么方法获得都是一定的。对这一最小路集合进行不交化运算的结果，会因为算法的选择及运算过程中集合排序的不同在形式上有所不同。但是只要结果正确，经过简单的集合运算，就能够证明这些不同的结果是等价的。进而将网络模型中每条边的可靠度，代入不交化运算表达式中，就可以得到该网络唯一的可靠度。由此可见，网络可靠度是关于网络结构以及网络中边可靠度的高度非线性映射 f。

3. 神经网络的结构

网络系统的结构通常用 $n \times n$ 的联结矩阵 C 描述（n 为网络中的节点数），当假设④成立时，该矩阵第 i 行第 j 列的元素 c_{ij} 满足：

$c_{ij}=1$ 节点 i 与节点 j 之间存在边的联结；

$c_{ij}=0$ 节点 i 与节点 j 之间不存在边的联结。

将系统的源点固定为第 1 个节点，终点为最后一个节点，其他节点依次排列，构造联结矩阵。由于实际系统中通常没有自环，即当 $i=j$ 时，$c_{ij}=0$。故联结矩阵对角线上的元素为 0。除去矩阵中对角线上的元素，将其他元素按照从左至右、从上至下的顺序排列成长度为 n^2-n 的 0，1 序列 s，$s=[c_{1,2}c_{1,3}\cdots c_{1,n}c_{2,1}c_{2,3}\cdots c_{n,1}\cdots c_{n,(n-1)}]$，$s$ 描述了 n 节点网络中所有可能得边的状态（存在或不存在），并且确定了源点和终点的位置。给定一个 s 就可以确定一个网络。当所研究的网络模型的边没有方向时，联结矩阵式对称的，网络结构用 $(n^2-n)/2$ 个元素描述即可，此时 s 是长度为 $(n^2-n)/2$ 的 0，1 序列。

$$s=[c_{1,2}\cdots c_{1,n}c_{2,3}\cdots c_{2,n}\cdots c_{(n-2),(n-1)}c_{(n-2),n}c_{(n-1),n}]$$

若网络中的边的可靠度均为 R_0，则网络可靠度 R 是关于 s 和 R_0 的函数，即

$$R=f(s,R_0)$$

因此，神经网络的输入包括两部分：

(1) 网络系统结构 s，对于有向网络 s 是长度为 n^2-n 的 0，1 序列，对于无向网络 s 是长度为 $(n^2-n)/2$ 的 0，1 序列；

(2) 网络模型中边的可靠度 $R_0 \in (0,1)$。

神经网络的输出就是结构为 s，边的可靠度为 R_0 的网格系统的可靠度 R。

选择单隐层的 BP 网络。要实现对有向网络可靠度评估，BP 网络的结构为：输入层含 n^2-n+1 个神经元；隐含层，n^2-n+1 个神经元；输出层含一个神经元。对于无向网络，BP 网络结构为：输入层含 $(n^2-n)/2+1$ 个神经元；隐含层含 $(n^2-n)/2+1$ 个神经元；输出层含一个神经元。

4. 样本的获取

为了获得神经网络的训练样本，需要计算部分网络模型可靠度的精确值。采用最小路法实现可靠度的运算。该方法主要包括两部分：一是找到从源点到终点的全部最小路集；二是把最小路集不交化。最小路的枚举选用矩阵法，最小路的不交化采用布尔不交化算法。

以上运算过程均用 C 语言编程实现。通过程序随机产生 N 个 M 位的二进制数序列，每个二进制数序列对应一种网络结构，其中 N 为训练样本总数，M 为 s 序列的长度。考虑到实际网络中元件的可用性，网络中边的可靠度 R_0 分别取 0.91，0.93，0.95，0.97，0.99，代入程序即可得可靠度的精确值。

5. 误差的估计

训练好的神经网络是否真实地反映了期望的映射关系，需要对该神经网络模型的误差作出可靠的评价。作者使用组交叉确认（group cross-validation，GCV）的方法确定模型的有效性。该方法将用于训练的 N 个样本平均分成 G 组，每组 H 个数据。分别将第 g 组数据

移出，用剩下的$(G-1)H$个数据训练神经网络，得到第g个用于验证的神经网络，然后用第g组数据对第g个验证网络进行测试，$g=1$，2，$\cdots$，G。G个验证网络绝对误差的平均值，即为所得到的神经网络模型误差的估计$\hat{E}$。计算公式如下：

$$\hat{E} = \frac{1}{n} \sum_{g=1}^{G} \sum_{h=1}^{H} |y_{(g-1)H+h} - \hat{f}(T_g, x_{(g-1)H+h})|,$$

式中，g为被移出数据组的序号；$\{x_{(g-1)H+h}\}$和$\{y_{(g-1)H+h}\}$($h=1$，2，$\cdots$，H)分别表示第g组的输入、输出数据集合；$T_g = \{(x_1, y_1), (x_2, y_2), \cdots, (x_{(g-1)H}, y_{(g-1)H}), (x_{gH+1}, y_{gH+1}), \cdots, (x_n, y_n)\}$表示移出第$g$组数据后剩下的数据；$\hat{f}(T_g, x)$为由样本数据$T_g$训练得到的神经网络。

6. 仿真结果

以5个节点的无向网络系统为例，应用 MATLAB 的神经网络工具箱，对该方法进行验证。所选用的 BP 网络结构如图8.10所示。神经网络的输入节点个数为11；其中前10个元素为0，1序列s，表示网络模型的结构；第11个元素是网络中边可靠度R_0。神经网络的隐含层一个，神经元个数11，激励函数为$g(x) = 2/(1+e^{-2x}) - 1$。

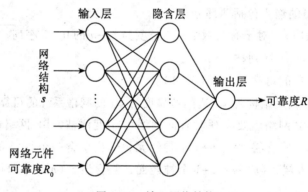

图8.10 神经网络结构

网络的输出为系统的可靠度R，由于$R \in (0, 1)$，故输出层的激励函数选用$g(x) = 1/(1+e^{-x})$，以使网络的输出控制在0—1之间。

在对神经网络进行训练之前，随机产生100个10位二进制数序列，每个序列对应一种网络模型(这些网络模型中至少存在一条从源点到终点的通路)。每种网络模型中边的可靠度分别对应0.91，0.93，0.95，0.97，0.99中之一。应用编写的程序分别计算这些网络模型在边可靠度不同取值下，可靠度的精确值，共得到500组样本数据。分别以样本数据中网络结构、边可靠度为输入，以相应的网络可靠性的精确值为目标输出，对神经网络进行训练。神经网络的训练采用基于动量法和学习率自适应调整策略的改进的误差反向传播算法。

网络训练结束后，用$G=10$的 GCV 方法估计模型误差。将500组样本数据平均分成10组，依次取出其中9组数据训练验证神经网络，用剩余的一组进行验证。10个用于验证的神经网络模型的拟合误差见表8.4。

表 8.4　　　　　　　　　　　10 个验证神经网络误差

神经网络序号	误　差	神经网络序列	误　差
1	0.0143	6	0.0196
2	0.0244	7	0.0311
3	0.0157	8	0.0078
4	0.0190	9	0.0143
5	0.0311	10	0.0171

最终，该神经网络模型的误差为 $\hat{E}=0.0194$。

8.4　动态故障树

8.4.1　动态故障树概述

故障树分析方法经常用来对关键系统进行可靠性分析，但是对于复杂系统的故障树，由于含有较多基本事件，综合分析要花很大的力气，而且，在高级容错系统中，一些重要动态系统无法用一般的故障树来描述。Markov 模型具有明显的无记忆性和随机性，可以用来描述几乎所有的动态系统的状态转移过程，可以与故障树相结合。动态故障树就是在一般故障树分析方法的基础上，结合 Markov 状态转移链方法而发展起来的一种新的可靠性分析方法。它结合了故障树分析方法和 Markov 状态转移链方法两者的优点，同时克服了各自的缺点，具有广泛的应用前景。

8.4.2　动态逻辑门及其向 Markov 状态转移链的转换

在系统的动态故障树模型中，对于一般故障树所不能描述的动态、时序过程，介绍几种新的动态逻辑门来处理，并给出其向 Markov 状态转移链的转换。

a. 功能触发门（FDEP）

如图 8.11 所示，功能触发门由一个触发输入（既可以是一个基本事件，也可以是动态故障树中其他门的输出），一个不相关的输出（反映触发事件的状态）和若干个相关的基本事件组成。相关基本事件与触发事件功能相关，当触发事件发生时，相关事件被迫发生，相关事件以后的故障对系统没有进一步的影响，可以不再考虑。

根据触发事件和相关基本事件的关系，分析图 8.11 所示的包含两个基本事件的功能触发门，可以得到与之相对应的 Markov 状态转移链，如图 8.12 所示。

b. 优先与门

优先与门有 2 个输入事件，它们必须按照特定的顺序发生，它的输出事件才发生。如图 8.13 所示，优先与门的输入为 A 和 B。如果事件 A 和 B 都发生。并且 A 事件在 B 事件之前发生，输出事件才会发生。如果两个输入没有全部发生，或事件 B 在事件 A 之前发生了，输出事件不会发生。

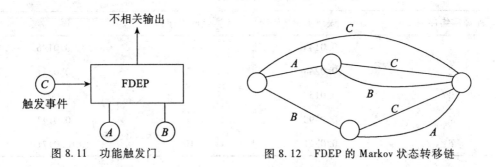

图 8.11　功能触发门　　　　　图 8.12　FDEP 的 Markov 状态转移链

对于事件 A 在事件 B 之前发生，而事件 B 又在事件 C 之前发生的系统行为，可以用图 8.14 的优先与门的组合来表示。对于更多基本事件间发生的这种顺序关系，可以依此类推，也可以用下面介绍的顺序门来表示。

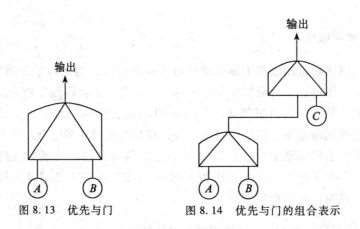

图 8.13　优先与门　　　　　图 8.14　优先与门的组合表示

c. 顺序门

顺序门强迫门下面的事件以从左到右的次序发生。与优先与门相比，优先与门下面的事件可能以任务顺序发生，而顺序门强制事件只能以特定的顺序发生。顺序门包含 2 个或 2 个以上的输入，如图 8.15 所示。

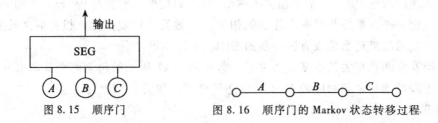

图 8.15　顺序门　　　　　图 8.16　顺序门的 Markov 状态转移过程

顺序门和优先与门都可以表示系统事件的时序性，一个顺序门表示的时序关系，可以由几个优先与门的组合来表示，因此这 2 个门在 Markov 状态转移时是相同的。如图 8.16

即为图 8.14 所示优先与门的组合和图 8.15 所示顺序门的 Markov 状态转移链。

　　d. 冷储备门

　　冷储备门包括一个主输入事件和若干个储备输入事件，如图 8.17 所示。由于储备在主输入运行期间不通电、不运行，其储备故障率为 0，储备期的长短不影响其以后的工作寿命。主输入故障后，第 1 个储备输入通电运行，代替主输入，第 1 个储备输入故障后，才启动第 2 个储备输入；依次类推。当所有的输入都故障后，门的输出事件才发生。

　　由以上所述的逻辑关系，可以得到冷储备门的 Markov 状态转移过程（见图 8.18），这个过程通优先与门和顺序门的状态转移过程十分相似，但是由于冷储备门储备故障率为 0，在 Markov 状态转移链的每个节点上的自身转移概率是不同的。

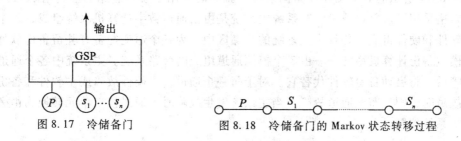

图 8.17　冷储备门　　　　　　图 8.18　冷储备门的 Markov 状态转移过程

　　在以上各种动态逻辑门的 Markov 状态转移链建立之后，就可以借助于有关状态转移链计算公式进行可靠性分析计算。

8.4.3　动态故障树处理方法

　　通常情况下，整个动态故障树只有很少一部分在本质上是动态的。所以，在用动态故障树分析方法对整个动态故障树进行处理时，必须在整个故障树中识别出独立子树，将动态门和静态门区分开来，然后决定是采用一般故障树的处理方法还是用 Markov 模型对独立子树（而不是对整个动态故障树）进行处理。当故障树含有 1 个或更多动态逻辑门时，才考虑使用 Markov 模型处理；当它只含有静态逻辑门时，就用一般的故障树处理方法解决。也就是利用几个 Markov 模型和一般故障树进行处理模型（而不是用一个单一的模型）对整个故障树进行处理。这样，每个处理模型可以很小，再对这些模型进行单独处理就比较简单了。

　　当对整个故障树中的独立子树处理结束之后，可以利用故障树中剩余的故障门来对其处理结果进行综合。即在整个故障树中，自下向上，用具有相应故障概率或故障率的基本事件来代替独立子树。这样，递归处理直至整个故障树的顶事件，就可以计算得到整个故障树发生故障的概率。

8.4.4　应用实例

　　1. 背景

　　一般的计算机系统，经常采用软、硬件容错技术（其基本思想就是余度技术）来获得高可靠性。

　　硬件容错技术，是根据比较"N"通道（其功能、结构相同）的输出来确定系统的故障通道并将其隔离屏蔽。系统仍继续运行，只是其完整性、可靠性降低，而且系统中的一个通道发生故障后影响系统其余通道的可能性非常小。

对于软件来说，其故障是潜在的，存在于软件中的某些程序段中，是在一定的运行状态下，由一定的数据输入时被激发的，但在其他大部分情况下仍然可以运行。备份程序段具有相同的外部特征，但数据结构不同，甚至由不同的程序员来编写。

在容错控制计算机系统中，由于余度技术的应用，硬件可靠性大大提高，比较容易满足指标要求。而软件的容错技术尚未得到完全应用。目前所采用的动态余度技术主要是恢复块技术。这种技术是指当运行中检测出系统有故障时，把系统向后恢复到一个一致的状态，然后重新继续系统的运行。

如图 8.19 所示的数字飞控计算机系统，就同时采用了硬件容错和软件容错技术，其中软件容错采用了恢复块技术。改系统主系统是由三通道数字计算机系统组成，每个通道由一套软件和硬件组成。并且在主系统的存储区中，为各个通道配备有驻留备份软件。系统具有模拟备份计算机系统——由 3 个模拟通道组成的旁路系统。主系统中各个通道中主软件故障后，将启动备份软件代替它。对于每一个通道，当硬件故障或主软件和备份软件都发生故障时，则宣布改通道故障。当主系统发生故障时，通过接口单元转换为由旁路模拟计算机系统控制。

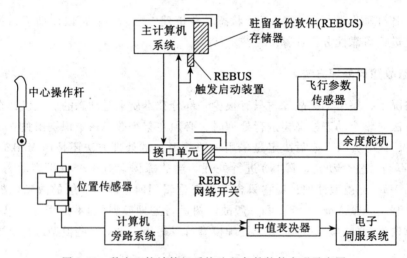

图 8.19　数字飞控计算机系统驻留备份软件实现示意图

每个通道的主软件具有从瞬态错误中恢复的能力，当发生错误后，对主程序连续执行 10 次（总得执行时间为控制系统所允许），以保证错误不再发生。如果程序块还存在故障，则由表决器将它切除。每个通道的备份软件是由各自的处罚装置启动的，而处罚装置的触发信号则由接口网络中的表决器提供。

2. 动态故障树建模

通过对图 8.19 所示的系统进行分析，可以得到以下 4 点：

（1）如果主系统中的 3 个通道由 2 个发生故障，则宣布主系统故障；

（2）主系统中主软件故障由中值表决器表决出，并启动驻留备份软件；

（3）主系统发生故障后，通过接口单元转换为由旁路模拟计算机系统控制；

（4）旁路系统中，只有当 3 个系统全部故障后，整个系统才宣布故障。

基于以上的分析，可以得到整个系统的动态故障树模型，如图 8.20 所示。图 8.20 中
T 为顶事件，代表整个系统故障；P 为主系统故障；H 代表主系统硬件故障，H_a，H_b 与
H_c 分别为 3 个通道的硬件故障；S 代表纯软件部分的故障，S_a，S_b，S_c 和 S_1，S_2，S_3 分别
为 3 个通道中的主软件和备份软件；mv 代表中值表决器；MS 代表由纯软件部分和中值表
决器组成的部分故障；IU 为接口单元；B_a，B_b 和 B_c 为旁路系统 3 个通道；B 表示主系统
故障后，不能转换到旁路系统的故障。在这个动态故障树中，应用了两种动态逻辑门；
SEQ 表示顺序门；FDEP 表示功能触发门。

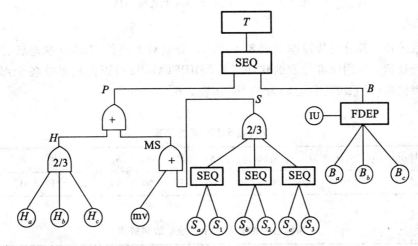

图 8.20　整个系统的动态故障树模型

3. 分析及计算结果

在这个动态故障树中，软件的故障用一个 2/3 表决门和 3 个顺序门（分别表示 3 个通
道的软件故障）来表示。将表示各个通道软件故障的顺序门转换为 Markov 状态转移链，如
图 8.21 所示。

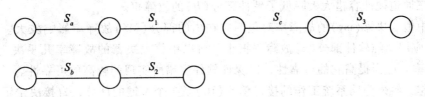

图 8.21　各个通道软件故障的 Markov 状态转移链

在主系统故障后，不能转换到旁路系统的故障 B，用 1 个功能触发门来表示。接口故
障时功能触发门的触发事件，因为一旦接口故障后，旁路系统就无法利用。将这个动态故
障树转换为 Markov 状态转移链，如图 8.22 所示。图中，以 B_b 和 B_c 开始的状态转移链，
同以 B_a 开始的状态转移链相似，可以由以 B_a 开始的状态转移链类推得到。

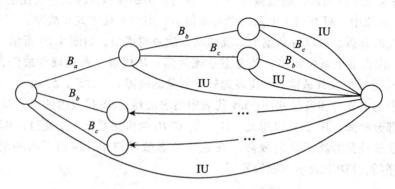

图 8.22　故障 B 的 Markov 状态转移链

假设系统各个部分的故障率如表 8.5 所示，分别对上述的 Markov 状态转移链和一般故障树进行处理，应用作者开发的软件工具(SHDFTA1.0)可以得到系统各个部分及整个系统的故障概率(设系统工作时间为 1h)，如表 8.6。

表 8.5　系统各个部分的故障率

部分代号	H_a	H_b	H_c	S_a	S_b	S_c	S_1	S_2	S_3	B_a	B_b	B_c	IU	mv
故障率(10^{-5}/h)	100	100	100	50	50	50	50	50	50	1	1	1	0.1	0.1

表 8.6　系统各个部分及整个系统的故障概率

故障代号	$H/10^{-6}$	$S/10^{-14}$	$MS/10^{-7}$	$P/10^{-6}$	$B/10^{-7}$	$T/10^{-12}$
故障概率	2.997002	4.682815	9.999995	3.997001	9.999995	1.998502

分析上面的计算结果，可以得到下述结论：

(1)利用恢复块技术实现软件驻留备份之后，大大提高了纯软件部分(S)的可靠性。与单个软件模块相比，故障率降低了数个数量级。

(2)三通道硬件容错大大降低了硬件部分(H)的故障率。

(3)中值表决器(mv)的故障率对包括它在内的部分(MS)故障率影响较大。由于恢复块技术的应用，纯软件部分(S)故障率很小，所以中值表决器的故障率几乎决定了 MS 部分的故障率。应当提高它的可靠性，以保证软件容错所实现的较高的可靠性。

(4)作为触发旁路系统工作的接口单元(IU)是 1 个关键的部分，直接决定了在主系统故障后能否成功地转换到旁路系统。

(5)整个系统由于软、硬件容错技术的综合应用，可靠性有显著的提高。

8.5　其他方法

可靠性仿真是用模型代替实际系统进行试验。按模型不同，仿真可分为数学仿真、物理仿真和半物理仿真三种。随着可靠性技术的不断发展,仿真技术在可靠性中得到了应用,形成了可靠性仿真。目前,可靠性仿真一般采用数学仿真方法。

可靠性仿真的一般步骤:

(1)建立可靠性数据库(RDBF);

(2)构造故障树(FTA);

(3)建立可靠性模型(数学模型);

(4)建立可靠性仿真模型;

(5)编制仿真程序;

(6)可靠性仿真试验;

(7)可靠性仿真结果分析与评定。

可靠性仿真必须解决的两个难点:一是数学模型是否反映真实系统即数学模型的验证;二是校证仿真模型是否正确地实现了数学模型。可靠性仿真作为一门新兴的可靠性技术正在兴起,它必将为可靠性工作提供一种更强有力的工具。

灰色理论是一门新兴的数学分支,它认为一切随机变量都是一定范围内变化的灰色量,一切随机过程都是一定范围内变化的灰色过程。对灰色量不是从找统计规律的角度,通过大样本量进行研究。而是寻找潜在杂乱无章的数据中的规律,这是一种现实规律,而不是先验规律。谭冠军曾应用灰色理论中的 GM(1,1)模型把电子设备失效寿命试验系统看成是一个含未知信息的灰色系统,将实验数据看成灰色量,进行数据生成和拟合,从而进一步缩短了实验时间,节约了实验费用。灰色理论在可靠性数据处理的应用值得进一步的探索。

经过四十多年的发展,可靠性工程已经取得很大的发展,并正处于快速发展之中,新的理论和方法层出不穷,同时也广泛应用到各个领域中。但不可否认的是,许多理论技术尚未完善,还远未成熟,仍需深入探索和研究。

习 题

1. 什么是信息融合技术? 它应用在可靠性研究的哪个方面?
2. 模糊理论引入可靠性研究有何优势?
3. 神经网络与可靠性有关的特点是什么?
4. 什么是动态故障树?
5. 查阅文献,论述可靠性研究的最新进展。

参 考 文 献

[1] 徐拾义. 可信计算系统设计与分析[M]. 北京：清华大学出版社，2006.

[2] 邹逢兴，张湘平. 计算机应用系统的故障诊断与可靠性技术基础[M]. 北京：高等教育出版社，1999.

[3] 王先培，王泉德. 测控系统通信与网络教程[M]. 武汉：武汉大学出版社，2004.

[4] 陈明，张京妹. 控制系统可靠性设计[M]. 西安：西北工业大学出版社，2006.

[5] 王蕴辉，孙再吉. 电子元器件可靠性[M]. 北京：科学出版社，2007.

[6] 李海泉，李刚. 系统可靠性分析与设计[M]. 北京：科学出版社，2003.

[7] 王万良，将一波，李祖欣等. 网络控制与调度方法及其应用[M]. 北京：科学出版社，2009.

[8] 孙传友，孙晓斌. 测控系统原理与设计[M]. 北京：北京航空航天出版社，2007.

[9] 王先培. 测控总线与仪器通信技术[M]. 北京：机械工业出版社，2007.

[10] 王先培. 计算机网络可靠性概念体系及分析方法的研究[D]. 武汉：武汉水利电力大学，1999.

[11] 李正军. 计算机测控系统设计与应用[M]. 北京：机械工业出版社，2004.

[12] 姜同强. 信息系统分析与设计教程[M]. 北京：科学出版社，2004.

[13] 孔凡才. 自动控制系统：工作原理、性能分析与系统调试[M]. 2版. 北京：机械工业出版社，2009.

[14] 张俊，燕永田. 计算机测控系统安全性模型的研究[M]. 计算机及其网络的应用与发展论文集. 北京：北方交通大学电子信息工程学院，1999：250-253.

[15] 张君雁，杨国纬，罗旭斌. 可靠性代价驱动的实时任务调度算法[J]. 计算机科学，2003，30(1)：53-56.

[16] 苏驷希. 通信网性能分析基础[M]. 北京：北京邮电大学出版社，2006.

[17] 梁雄健，孙青华. 通信网可靠性管理[M]. 北京：北京邮电大学出版社，2004.

[18] 罗鹏程，金光，周经伦等. 通信网可靠性研究综述[J]. 小型微型计算机系统，2000，21(10)：1073-1077.

[19] 赵明，赵海，张文波等. 一个基于 RM 的弱硬实时调度算法[J]. 东北大学学报，2006，27(7)：743-746.

[20] 赵明，赵海，张文波等. 针对弱硬实时系统的 DRM 调度算法[J]. 电子学报，2008，36(1)：70-75.

[21] 王强，王宏安，金宏等. 实时系统中的非定期任务调度算法综述[J]. 计算机研究与发展，2004，41(3)：385-392.

[22] 赵德高. 多状态系统模糊可靠性分析[D]. 大连：大连理工大学，2005.

［23］王永吉，陈秋萍．单调速率及其扩展算法的可调度性判定［J］．软件学报，2004，15（6）：799-814.

［24］沈卓炜．不可抢占式 EDF 调度算法的可调度性分析［J］．计算机工程与应用，2006，9：10-12.

［25］赵文俊．提升网络环境下测控系统实时性方法探讨．2008 年全国工业控制计算机年会论文集［G］．北京：空军第一航空学院，2008，297-298.

［26］黄挺，朱北园．可靠性技术的最新进展［J］．质量与可靠性，2002.5：16-20.

［27］徐晓滨，王玉成，文成林．评估诊断证据可靠性的信息融合故障诊断方法［J］．控制理论与应用，2011，28（4）：504-510.

［28］夏亚峰，唐迪．网络系统模糊可靠性分析［J］．甘肃科学学报，2011，23（2）：146-149.

［29］刘本纪，龚时雨．Bayesian 可靠性评估中多源信息融合的概率模型方法［J］．电子产品可靠性与环境试验，2011，29（1）：10-13.

［30］张立民，孙永威．模糊可靠性基础理论研究［J］．电子产品可靠性与环境试验，2010，28（3）：6-10.

［31］李向阳，甘永成．神经网络在可靠性领域中的应用初探［J］．电子产品可靠性与环境试验，1997，5：17-18.

［32］胡华平，戴葵，金士尧等．神经网络在容错系统可靠性分析中的应用［J］．计算机工程与科学，2000，22（3）：10-13.

［33］诸琳．神经网络在软件系统中的可靠性研究［J］．上海船舶运输科学研究所学报，2005，28（2）：82-84.

［34］王芳，侯朝桢．一种用神经网络估计网络可靠性的方法［J］．北京理工大学学报，2003，23（2）：190-193.

［35］程明华，姚一平．动态故障树分析方法在软、硬件容错计算机系统中的应用［J］．航空学报，2000，21（1）：35-38.

［36］李堂经，王新阁，杨哲．动态故障树的综合分析方法［J］．装备制技术，2009.8：22-23.

［37］Dejan Ivezíc，Milǒs Tanasijevíc and Dragan Ignjatoví. Fuzzy Approach to Dependability Performance Evaluation. QUALITY AND RELIABILITY ENGINEERING INTERNATIONAL，2008，24：779-792.

［38］M. Al-Kuwaiti，N. Kyriakopoulos，S. Hussein. A Comparative Analysis of Network dependability，Fault-tolerance，Reliability，Security，and Survivability［J］．IEEE COMMUNICATIONS SURVEYS&TUTORIALS. 2009，11（2）：106-124.

［39］Yong Liu；Singh，C. Reliability Evaluation of Composite Power Systems Using Markov Cut-Set Method［J］．IEEE Transactions on Power Systems，2010，25（2）：777-785.

［40］Hagkwen Kim，Singh，C. Reliability Modeling and Simulation in Power Systems With Aging Characteristics［J］．IEEE Transactions on Power Systems. 2009，25（1）：21-28.

［41］Kai Jiang，Singh，C. Reliability Modeling of All-Digital Protection Systems Including Impact of Repair［J］．IEEE Transactions on Power Delivery，2010，25（2）：579-587.

[42]Khosrow Moslehi, Ranjit Kumar. A Reliability Perspective of the Smart Grid[J]. IEEE TRANSACTIONS ON SMART GRID, VOL. 1, NO. 1, JUNE, 2010: 57-64.

[43]Haifeng Ge, Asgarpoor, S. Reliability Evaluation of Equipment and Substations With Fuzzy Markov Processes[J]. IEEE Transactions on Power Systems, 2010, 25(3): 1319-1328.

[44]Brown, R. E., Hanson, A. P., Willis, H. L., Luedtke, F. A., Born, M. F. Assessing the reliability of distribution systems [J]. Computer Applications in Power, IEEE. 2001, 14(1): 44-49.

[45]Yacoub, S., Cukic, B., Ammar, H. H. A scenario-based reliability analysis approach for component-based software[J]. IEEE Transactions on Reliability. 2004, 53(4): 465-480.

[46]Xiaolin Teng; Hoang Pham. A software-reliability growth model for N-version programming systems[O]. IEEE Transactions on Reliability. 2002, 51(3): 311-321.